下辽河平原地下水脆弱性 与风险性评价

孙才志 郑德凤 吕乐婷 著

科学出版社

北 京

内 容 简 介

　　本书从地下水脆弱性与环境风险评价理论方法和实例应用两方面，对地下水脆弱性与风险性进行系统研究。以下辽河平原为研究区域，综合运用模糊数学方法、多目标综合评价方法、地统计学方法、不确定性理论等方法并结合 GIS 软件对下辽河平原的地下水脆弱性进行实证研究。同时从地下水的功能、价值、污染、生态等方面，运用环境风险评价模型、多目标决策与分析模型、计算数学模型、遥感与地理信息系统理论及方法等对下辽河平原地下水功能、地下水资源价值、地下水系统恢复能力、地下水污染风险进行评价与分析，并提出下辽河平原地下水污染风险的管理建议。

　　本书可供地下水科学与工程、水文学及水资源、自然地理学、水文地质学、环境科学、环境管理及相关专业的科研人员和高校师生参考借鉴，也可供相关的管理人员与工程技术人员阅读参考。

图书在版编目(CIP)数据

　下辽河平原地下水脆弱性与风险性评价 / 孙才志，郑德凤，吕乐婷著.
—北京：科学出版社，2019.5
　　ISBN 978-7-03-060697-6

　Ⅰ. ①下⋯　Ⅱ. ①孙⋯　②郑⋯　③吕⋯　Ⅲ. ①辽河流域-平原-地下水资源-水资源管理-研究②辽河流域-平原-地下水资源-风险评价-研究
Ⅳ. ①P641.8

　中国版本图书馆 CIP 数据核字（2019）第 040515 号

责任编辑：张　震　孟莹莹　韩海童 / 责任校对：王萌萌
责任印制：吴兆东 / 封面设计：无极书装

科学出版社 出版
北京东黄城根北街 16 号
邮政编码：100717
http://www.sciencep.com
*河北鹏润印刷有限公司*印刷
科学出版社发行　各地新华书店经销
*
2019 年 5 月第 一 版　开本：720×1000　1/16
2019 年 5 月第一次印刷　印张：18　插页：4
字数：362 000
定价：129.00 元
（如有印装质量问题，我社负责调换）

前　言

作为水资源重要组成之一的地下水资源，在水资源短缺地区其开采量不断增多，粗放的经济发展方式以及不合理的地下水开发利用，致使地下水污染问题日益突出且污染类型多样、污染范围广泛、污染时间持久，导致世界各国很多地区都面临着不同程度的地下水环境污染与水质恶化问题，严重危害人类健康和社会经济发展，因此重视地下水保护已经成为世界各国提高社会与经济效益的一项重要战略任务。

下辽河平原是东北老工业区的核心区域，随着振兴东北老工业基地战略的不断深入，该区经济持续发展，生产、生活、生态需水量都在增加，水资源供需矛盾更加突出。由地下水资源的开发利用而引起的一系列水文地质问题、工程地质问题、地质灾害与生态环境问题等日益严重，如地下水位持续下降、湿地面积退减、泉水流量减小、海水入侵、地面沉降、水质恶化等。地下水利用的可持续性、地下水价值与功能的正常发挥已受到严峻挑战，并严重危害人类健康和社会经济发展。在此环境背景下，开展地下水脆弱性及风险性评价，不仅能为下辽河平原地下水资源管理、地下水源保护区建立以及土地利用规划提供决策依据，而且也是落实《全国地下水污染防治规划（2011—2020 年）》的必然要求。

世界范围的地下水资源普遍受到现代城市化、工业化、农业和矿业活动污染的威胁，并引发一系列的环境地质问题。由于地下含水介质的隐蔽性和埋藏分布的复杂性，要合理解决不断出现的地下水环境问题以及因地下水开采造成的环境负效应，应采取"以防为主、防治结合、防重于治"的方针。采取区域地下水保护策略是最根本、最经济有效的预防地下水污染的办法。地下水脆弱性与风险性评价正是区域地下水资源保护的重要手段。地下水脆弱性研究是合理开发、利用和保护地下水资源的重要基础性工作，近年来它已成为国际水文地质领域研究的热点问题。

通过开展地下水脆弱性方面的研究，区别不同地区地下水的脆弱程度，评价地下水潜在的易污染性，圈定脆弱的地下水范围，从而警示人们在脆弱区开发和利用地下水资源的同时，采取有效的防治保护措施。从另一个角度讲，地下水脆弱性研究可以为土地使用规划和含水层保护以及地下水资源管理提供一个有效的工具，帮助决策者和管理者制定经济、合理的地下水资源和土地利用与保护措施，从而将有限的资金和人力投入地下水污染的高风险区或脆弱性大的地区。而风险可以体现灾害发生的不确定性，度量灾害产生的损失和影响，因此风险评价与管理已成为目前国际上防灾和灾害管理较先进的措施和模式，并随着其应用领域的扩大和度量手段的成熟，逐渐成为一门集自然科学、灾害科学和地球科学为一体的交叉学科。地下水环境风险是在地下水脆弱性的基础上延伸出来的，地下水环境风险评价尚处于起步阶段，其评价理论与方法有待进一步发展。

本书以下辽河平原为研究区域，综合运用模糊数学方法、多目标综合评价方法、不确定性理论等方法并结合 GIS 软件对下辽河平原的地下水脆弱性进行实证研究。同时从地下水功能、价值、污染、生态等方面，运用环境风险评价模型、多目标决策与分析模型、计算数学模型、压力-状态-响应模型、遥感与地理信息系统理论及方法等对下辽河平原地下水环境进行风险评价。研究取得的脆弱性与风险性评价结果，可为下辽河平原水资源规划与管理、水资源的可持续利用、水环境保护、地下水开发利用等方面提供理论依据，同时为其他水资源短缺地区进行相关地下水研究提供参考与借鉴。

本书是在课题组成员多年从事水文水资源与水环境领域研究成果的基础上撰写而成的。全书由孙才志、郑德凤、吕乐婷统稿，课题组研究生左海军、王言鑫、奚旭、陈雪姣、武晓航、邵艳莹、陈相涛、李秀明、胡冬玲等在部分研究专题中进行了相关问题的计算工作，研究生马奇飞、徐文瑾、刘淑彬、刘晓星、郝帅参与了资料整理与编排工作。本书的出版获得国家自然科学基金项目"浅层地下水系统脆弱性时空辨识与多维调控模式研究——以下辽河平原为例"（项目编号：40501013）、国家自然科学基金项目"流域景观格局对非点源污染影响的定量评估-以辽宁省汤河流域为例"（项目编号：41701208）、教育部高等学校博士点专项科研基金项目"中国北方地下水系统保护区区划方法研究——以下辽河平原为例"（项目编号：20122136110003）的资助。

由于著者水平有限，关于地下水脆弱性和风险性评价尚有很多方面有待深入研究，书中疏漏与不足之处在所难免，敬请广大读者批评指正。

著　者

2018 年 8 月

目　　录

第1章 绪 论

1.1 研究背景与研究意义

1.1.1 研究背景

在中国，水资源分配与人口、资源、耕地分配比例不相协调，北方地区水资源总量不足全国水资源总量的 20%，而耕地约占全国耕地面积的 64%，人口约占全国总人口的 44%。此外，中国大部分地区属于季风气候，降水具有时空分配不均性，北方主要城市多年平均降水量只有 600～700mm，部分地区处于半湿润向半干旱的过渡地带。2014 年中国水资源开发利用率约为 22%，其中北方很多地区已超过 60%，北京、天津、河北、山东、辽宁的水资源开发利用率都已很高。京津冀地区人均水资源量只有 286m³，低于国际极度缺水标准，水资源的供需矛盾日趋尖锐。另外，工农业污染物排放的增加及水资源不合理的开发利用，导致了水资源污染与水资源浪费现象，并产生一系列的生态环境问题（闵庆文等，2002）。根据中国 195 个城市的监测结果，有 97%的城市地下水受到不同程度的污染，其中 40%的城市污染不断加剧（申丽娜等，2000）。根据《全国城市饮用水安全保障规划（2006—2020）》数据，全国近 20%的城市集中式地下水水源水质劣于 III 类，对人类身体健康构成极大的威胁（朱静，2014）。需水量不断增加和水环境日益恶化导致水资源供需矛盾更加突出，水资源安全问题以及如何实现水资源的可持续利用已成为世界性的战略问题之一（陈志恺，2005）。

地下水是工农业生产和人类生活的重要水源，在干旱、半干旱地区具有战略安全保障作用，是维持水土质量、河流湖泊、地质环境、植被以及湿地生态系统安全的关键因素（张光辉，2009）。随着国民经济建设的迅速发展和人口的不断增加，人们对水资源的需求量越来越大，导致水资源供需矛盾日益突出，社会经济的发展也受到制约。地下水以其储量丰富、水质良好、易于开采等优点被大量开发利用，致使很多地区面临不同程度的地下水环境污染与破坏问题，重视地下水污染防治和保护已经成为世界各国提高社会与经济效益的一项重要战略任务（王言鑫，2009），而地下水脆弱性及环境风险评价作为地下水污染防治的重要工作由此展开，成为近年来水文地质领域的研究热点。

地下水作为水资源的重要组成部分，已成为被人们开发利用最广泛的水资源。在中国，有超过 2/3 的城市供水和大量农业灌溉用水来自地下水。粗放的经济发展方式以及地下水不合理的开发利用，导致地下水污染问题日益突出且污染类型多样，不仅对人类身体健康和经济社会发展造成严重危害，还使地下水资源面临严重危机（王琼等，2012）。据中华人民共和国环境保护部公布的《2014 中国环境状况公报》，北方 17 个省（自治区、直辖市）2071 个地下水监测站监测结果显示：水质优良的站点仅占 0.5%，良好的站点占 14.7%，较差和极差的站点则分别占 48.9% 和 35.9%。在中国大部分农村地区居民直接饮用地下水，但是近年来农村地下水污染现象越发严重，化肥农药的大量使用、使用被污染的地表水进行灌溉、生活垃圾的任意堆放以及大量污染严重的企业排放废水废渣，直接导致农村地下水遭受不同程度的污染，农民饮用水遭受威胁，甚至有部分村庄由于村民长期饮用被污染的地下水而成为癌症村。

在中国北方地区，地下水开发利用率已超过 60%，山东、河南、辽宁均已超过 70%，京津冀地区甚至已达到过度开采状态。过度开采地下水可导致地下水位持续下降、产生地下降落漏斗、地面沉降、海水入侵等环境地质问题。在华北平原地区，过度开发利用地下水导致的地面沉降面积超过了区域总面积的 2/3，地面沉降速度之快、危害之大、范围之广，为全国之最（朱菊艳等，2014）。地下水位下降导致很多沿海地区出现海水入侵现象，海水入侵使稀缺的淡水资源矿化度升高、水质恶化、灌溉水源缺乏、生态环境恶化、人畜饮水困难等，不仅造成严重的直接经济损失，甚至威胁着人类的身体健康和生命安全（刘杜娟，2004）。

地下水脆弱性评价作为合理开发、利用以及保护地下水资源的重要基础性工作，是落实《全国地下水污染防治规划（2011—2020 年）》的必然要求，而地下水环境风险评价是保护区域地下水资源的重要依据和有效工具之一，科学合理地开展地下水环境的风险评价研究可以有效保护区域地下水资源，达到地下水资源的持续利用、生态环境良性发展和人水和谐共处的目标。因此，为合理开发和高效利用地下水，保护地下水环境，贯彻国家可持续利用水资源的战略计划，迫切需要对地下水脆弱性及环境风险进行评价，为水资源规划与管理决策提供参考与依据。

1.1.2 研究意义

地下水系统存在大量的不确定性，各种政策因素、人为因素、随机因素、认知水平限制造成的模糊性、随机性等，使得地下水环境系统的发展方向亦是不确定的，因此从时间和空间角度分析地下水脆弱性的不确定性特点，探究其时空分布特征，并以不确定性模型为工具，开展地下水脆弱性评价对于丰富地下水脆弱性研究具有重要意义。此外，地下水系统是个开放系统，受土地利用、人口变化、污染物排放等人为因素的长期影响，影响地下水脆弱性的相关因子状况发生变化，且地下水环境具有地域性、时效性和可变性特点（董华等，2008），因此地下水脆弱性在时空分布上具有复杂性、随机不确定性和动态变化性等特点，决策者如果仅从当年或多年平均地下水脆弱性分布状况提出地下水保护方案是片面的。鉴于此，对地下水脆弱性评价时考虑时间效应，分析其时空演变状况以及热点分布格局的动态变化，揭示其内在变化规律及驱动机制具有重要参考意义。

下辽河平原面积 $2.65 \times 10^4 km^2$，是具有统一补给、径流、排泄的大型第四纪地下水系统，人均水资源量只有 $420m^3$，是东北最缺水的地区。下辽河平原是中国重要的工、农、渔、资源业生产与开发基地，也是辽宁省最重要的经济发展中心，其人口密集，重要城市及工矿企业集中，各项人类活动对水资源的需求量很大，因而该区域的水资源供需矛盾非常严重。近年来随着振兴东北老工业基地方针的提出，该区工农业和经济迅猛发展，需水量不断增加，供水紧张局势日益严重，地下水资源的开发利用越来越重要，同时地下水遭受的污染程度也越来越严重，"三氮"一直是下辽河平原地区地下水的主要污染因子，并经常引起与水相关的生态环境问题，威胁人类健康和社会经济发展，严重制约了地下水功能的正常发挥（杨俊，2008）。因此，在下辽河平原地区开展地下水脆弱性及环境风险评价研究可为区内土地利用规划编制、地下水污染防治措施制定、地下水源保护区建立和地下水水质监测网的设计提供决策依据，对于贯彻落实《全国地下水污染防治规划（2011—2020 年）》具有重要的实践意义，主要体现在以下几个方面。

（1）通过地下水脆弱性及环境风险评价研究可以了解当地地下水污染状况，为研究区受污染场地的修复和治理提供依据；对未受到污染但存在潜在污染威胁的场地，可以提醒管理者及时制订并实施地下水保护计划，减少污染的可能性。

（2）科学合理地开展地下水脆弱性和环境风险评价工作可以识别研究区当前地下水环境现状，并预测未来变化趋势，有利于研究区地下水的合理开发与高效利用，达到地下水资源的持续利用、生态环境良性发展和人水和谐共处的目标。因此，地下水脆弱性及环境风险研究可以定性、定量、定位地反映地下水发生污染的可能性及其危害程度，为防治地下水污染提供高效、科学的信息支持。

（3）在研究区开展地下水脆弱性及环境风险评价研究，其成果可推广到其他区域的地下水脆弱性及环境风险研究中，具有重要的示范作用。

（4）地下水脆弱性及环境风险研究不仅需要相应的技术支持，并且也需要经济投入，但是地下水脆弱性及环境风险研究的经济投入远比修复含水层和治理地下水污染对社会发展、生态环境造成的不良影响所付出的代价要少得多，而且在各种各样的地下水修复案例中，尽管投资巨额并长期实施，但几乎没有修复后地下水水质达标的案例。

（5）地下水脆弱性及环境风险评价可以提高公众的防患意识，树立人与自然和谐共处的新概念，提高公众参与地下水保护的意识，有利于地下水保护工作的进行。因此，应加大力度在研究区进行地下水脆弱性及环境风险研究工作。

1.2　国内外研究进展

1.2.1　地下水脆弱性评价研究进展

地下水脆弱性（groundwater vulnerability）也称含水层易污染性（aquifer contamination potential）、地下水污染敏感性（sensitivity of groundwater contamination），最早由法国人 Albinet（1968）首次提出地下水脆弱性这一科学术语。由于地下水脆弱性研究具有重要意义，这一概念随后引起世界各国水文地质学家的高度重视，分别从不同的角度对概念的内涵和外延提出了相应的观点。但由于其影响因素的复杂性和研究水平的局限性，几十年来有关地下水脆弱性概念的定义基本上处于众说纷纭的状态。许多学者只是从不同的角度给出不同的定义，但总体来说地下水脆弱性概念的发展过程可以分为两个阶段。

20 世纪 80 年代以前，地下水脆弱性只是一个相对的概念，多是从水文地质本身的内部要素（如地下水埋深、表层沉积物的渗透性、水力传导系数等）这一角度出发定义的。Albinet 等（1970）认为地下水脆弱性是在自然条件下污染源从地表渗透与扩散到地下水面的可能性；Olmer 等（1974）则认为地下水脆弱性是地下水可能遭受危害的程度，这种危害程度由自然条件决定而与现有污染源无关。

20 世纪 80 年代以后，地下水脆弱性的概念由简单到复杂，由单纯考虑内因到综合考虑内外因，定义的方式有了新的突破，考虑水文地质本身内部要素的同时，也考虑人类活动和污染源类型等外部因素对地下水脆弱性的影响。Foster 等（1988）认为地下水污染是由含水层本身的脆弱性与人类活动产生的污染负荷造成的；Bachmat 等（1990）认为地下水脆弱性是地下水质对现在或将来有害于地下水使用价值的人类活动的敏感性；Palmquist 等（1991）定义地下水脆弱性是人类活动或污染源施加于地下水的一种危险性度量，指出如果没有污染源与人类活动存在，即使最易污染的地下水也不可能受到污染，因而脆弱性就无从谈起；美国政府责任署于 1991 年应用水文地质脆弱性来表达含水层在自然条件下的易污染性，而用总脆弱性来表达含水层在人类活动影响下的易污染性（周超哲，2016）。

1993 年美国国家科学研究委员会给出了地下水脆弱性的明确定义，即地下水脆弱性是污染物到达最上层含水层之上某特定位置的倾向性与可能性。该委员会提出将地下水脆弱性分为两类：一类是本质脆弱性（intrinsic vulnerability），即不考虑人类活动和污染源而只考虑水文地质内部因素的脆弱性；另一类是特殊脆弱性（specific vulnerability），即地下水对某一特定污染源或人类活动的脆弱性。

　　国内关于地下水脆弱性的研究开始于 20 世纪 90 年代中期，目前多是研究地下水本质脆弱性，其定义多引用外文资料，尚没有统一的"地下水脆弱性"定义，也常以"地下水易污染性""污染潜力"（contamination potential）"防污性能"（defense capacity to contamination）等来代替地下水脆弱性（孙才志等，1999）。

　　综上所述，从地下水脆弱性概念提出到现在，尚无一个明确统一的定义。20 世纪 80 年代中期以前，对地下水脆弱性的定义主要是从含水层的水文地质特性等内部因素角度考虑，把地下水的脆弱性理解为含水层的一种内在自然属性，也就是把地下水脆弱性单纯地理解为本质脆弱性。而 20 世纪 80 年代末以后，对地下水脆弱性的定义方式有所突破，除考虑地下水环境内部因素之外，还考虑了人类活动和污染源类型等外部因素对地下水脆弱性的影响。

　　本书在地下水脆弱性研究中基本上遵循美国国家科学研究委员会的定义，将地下水脆弱性分为两类：本质（结构）脆弱性和特殊（胁迫）脆弱性。但将该定义中的人类活动特指为与具体的污染物相关的人类活动，如施肥、喷药等，而不包括地下水开采、农业用水灌溉等不引入污染物的人类活动。因为一方面农业用水灌溉、地下水开采等活动与自然的降水入渗补给等相互渗透，另一方面这些活动作为污染物迁移的动力将影响所有的污染物。因此将这些人类活动作为本质脆弱性的影响因素来考虑更符合实际。此外，以往对地下水脆弱性的研究主要侧重于水质方面，而对水量的研究较少。本书认为地下水脆弱性应包括水质和水量，在水质上表现为地下水污染问题，在水量上表现为由水量变化而引起的一系列水环境负效应问题。对于这一点，应在地下水脆弱性的定义和脆弱性评价指标体系的构建中充分体现出来。随着国内外对地下水脆弱性研究的不断深入，有关地下水脆弱性的理论与方法将不断得到丰富、发展和完善。

1. 地下水脆弱性国外研究方面

　　最初地下水脆弱性主要研究地下水对污染的脆弱程度，以此来唤醒人类社会对地下水污染问题危险性的认识。目前，国外地下水脆弱性的评价方法主要有水文地质背景值法和参数系统法，主要以水文地质背景值法为主，最为典型的是美国国家环境保护局 1987 年提出的 DRASTIC 方法，此后国外的地下水系统脆弱性评价多以此方法为基础，有些在评价过程中结合当地的具体情况对该方法进行了改进，DRASTIC 方法得到广泛应用。AL-Zabet（2002）利用该方法对阿拉伯联合酋长国一个地区的含水层脆弱性进行了评价；Thirumalaivasan 等（2003）利用 AHP-DRASTIC 方法对印度泰米尔阿尔果特北部的一个次分水岭进行了含水层特殊脆弱性评价，AHP-DRASTIC 方法对传统的 DRASTIC 方法进行了修正，结合研究区的水文地质情况得到各参数的评分体系与权重，并与 ArcView 结合起来评价含水层的特殊脆弱性。

随着地理信息系统（geographical information system，GIS）技术的发展及评价区域的扩大，20 世纪 90 年代末期水文地质科研工作者开始应用 GIS 技术结合地下水运移模型来评价地下水的脆弱性，Alemaw 等（2004）利用 GIS 对博茨瓦纳东南部卡内水井区地下水脆弱性进行了模拟及评价，将土壤类型、地质地图及 82 个钻孔的相关信息输入到 GIS 中，使用泰森多边形来划分研究区对于污染的脆弱性，取得了比较科学的结果，Panagopoulous（2005）将 DRASTIC 与统计法和 GIS 相结合，对希腊伯罗奔尼撒半岛西南部地区的地下水脆弱性进行了评价。Insaf 等（2005）将 GIS 与 DRASTIC 模型结合起来对日本中部岐阜地区各务原市高原的含水层脆弱性进行了评价。

近年来，GIS、神经网络以及模糊逻辑技术在许多水文地质研究中广泛应用，但很少有研究对敏感性分析进行探讨，为此，Dixon（2005）在空间范围内将 GIS 与模糊神经网络结合起来以检验用于评估地下水脆弱性的模糊神经网络模型的敏感性。模糊神经网络模型是在 Java 平台上利用 NEFCLASS-J 软件开发出来的，所以可将它与 GIS 结合在一起应用。通过神经网络、模糊逻辑、模糊神经以及地理统计等多种方法得到脆弱性图之后，在 GIS 条件下对这些地图进行对比以判别地下水的脆弱性区域；Nico（2005）利用 PI 法对喀斯特地貌区地下水脆弱性进行了研究，其中 P 指覆盖层保护（protective cover）作用，I 指入渗条件（infiltration conditions），PI 法认为地下水脆弱性是这两个因素共同作用的产物；Mustafa 等（2006）利用 SINTACS 方法对约旦河流域浅层地下水进行了脆弱性评价。

目前，国外大部分地下水系统脆弱性辨识是以 DRASTIC 标准或农药 DRASTIC 标准为基础，运用综合指数或加权指数模型来进行辨识，同时也出现了少量应用地下水污染质运移模型、统计模型、随机模型等数学手段来辨识地下水对污染尤其是农药污染的脆弱性。如 Tim 等（1996）应用衰减因素（attenuation factor，AF）指数模型、污染质渗漏潜势指数（leakage potential index，LPI）模型及分级指数（rank index，RI）模型对美国伊阿华南部一个农业区杀虫剂污染地下水的脆弱性进行了评价。

2. 地下水脆弱性国内研究方面

国内在水资源脆弱性方面的研究起步较晚，针对地下水脆弱性方面的研究还比较简单，仅有一些文献提出了全球气候变化下水资源脆弱性研究的总体框架，但文献最终将水资源脆弱性定义在开展水资源供需平衡的研究上，实际上探讨的是全球气候变化下水资源的供需平衡问题。对于脆弱环境中的水资源开发问题国内开展了较多的研究工作，如"九五"国家重点科技攻关项目"脆弱生态区综合整治与可持续发展研究"及"西北地区水资源合理开发利用与生态环境保护研究"等都涉及部分内容(崔保山等，2002；崔亚莉等，2001)，但这并非是水资源脆弱性研究的全部。

在地下水脆弱性研究领域，国内主要集中在水质方面，对水量的研究较少(罗婷，2016)。大多数研究局限于地下水的本质脆弱性，对地下水特殊脆弱性的研究则较少。相关学者从 20 世纪 90 年代中期开始进行地下水脆弱性评价研究，最初主要是对地下水固有脆弱性进行评价。刘淑芬(1996)根据地下水埋深、包气带黏土厚度及含水层厚度对河北平原地下水防污性能进行了评价，侧重于地下水本质脆弱性方面。孙才志等(2000)在总结国内外研究成果的基础上论述了地下水脆弱性的基本概念、评价因素和评价方法，展望了其广阔的研究前景等。雷静(2002)选择了地下水开采量、地下水埋深等 6 项评价因子，通过数值模拟与指标体系相结合，应用 GIS 技术和改进的 DRASTIC 方法对唐山市平原区地下水脆弱性进行了评价，并用地下水中硝酸盐浓度的实际观测数据对评价结果进行了验证。张保祥(2006)根据研究区实际情况和资料情况，选择地下水埋深等 8 个地下水脆弱性指标，建立了基于 DRAMTICH 方法的地下水脆弱性评价指标体系和评价标准，对黄河流域中下游地区地下水脆弱性进行了评价。张少坤等(2008)根据三江平原的具体情况，建立了基于熵权的 DRASCLP 评价方法，结合 GIS 的空间叠加功能对研究区地下水脆弱性进行了评价。邢立亭等(2009)以济南为例，利用上覆岩层、径流、大气降水和岩溶系统的发育程度 4 项因子评价含水层本质脆弱性并绘制了济南泉域岩溶水脆弱性评价分区图。

在地下水脆弱性评价过程中，有部分研究考虑了人类活动与污染源的影响。郑西来等(1997)综合考虑了包气带、含水层等水文地质内部特征和污染源特征，对西安市潜水特殊脆弱性进行了评价。方樟(2006)在考虑了影响地下水脆弱性的本质因素和人为因素的基础上，选取 8 项指标(地下水埋深、包气带岩性、补给强度、地形坡度、含水层导水性、污染源强度、地下水开采强度、人口密度)对松嫩平原地下水脆弱性进行了评价。卞建民等(2008)在 DRASTIC 模型基础上，根据吉林西部通榆县的地区特点，增加了地下水开采强度、地下水水质、潜水蒸发强度及土地利用 4 项因子，借助 GIS 技术应用模糊优选模型进行了研究区地下水环境脆弱性评价。姜桂华等(2009)分析了地下水特殊脆弱性内涵，并在考虑影响地下水特殊脆弱性的本质因素、人为因素及污染物特殊因素的基础上，从中选取 13 个评价因子，将包气带"三氮"迁移转化过程的数值模拟结果耦合到脆弱性评价模型中，结合 GIS 技术对地下水特殊脆弱性进行了评价。

中国开展的地下水脆弱性评价研究主要是介绍和应用国外的研究成果，多是按 DRASTIC 的思路建立指标体系，使用专家知识确定各指标的评分体系和权重，借助 GIS 技术对属性图层进行叠加运算。在地下水脆弱性的研究方法方面，国内研究多以常规的综合指数法与模糊综合评判模型来进行研究，与国外的研究水平存在一定差距。随着国内学者对地下水脆弱性研究的深入，开始出现应用现代 3S 技术进行地下水脆弱性辨识的研究成果。郑德凤等（2004）引入模糊模式识别理论模型对大连市地下水脆弱性进行了综合评价，结合 GIS 技术绘制了研究区地下水易污染的风险图。

3. 地下水脆弱性评价指标体系

影响地下水脆弱性的潜在因素很多，目前尚未形成一个统一的地下水脆弱性评价指标体系。若评价指标选取较多，虽然考虑因素全面，但存在资料不易获取、个别指标可比性差的缺点；如果只选取几个典型的评价指标则具有易操作、可比性强的特点，但又不能全面体现脆弱性的本质（华珊珊，2016；顾钊，2014；孟宪萌等，2013）。与地下水脆弱性概念相对应，可将其影响因素分为自然因素和人为因素两大类。自然因素指标包括含水层的地形地貌、地质及水文地质条件。人为因素指标主要指可能引起地下水污染的各种行为因子。表 1-1 列出了影响地下水脆弱性的主要因素、次要因素和各因素考虑的主要参数、次要参数。

表 1-1　地下水脆弱性评价影响因素

	本质脆弱性							特殊脆弱性
	主要因素				次要因素			
	土壤	包气带	含水层	气候	地形	下伏地层	与地表水海水联系	
主要参数	成分结构、厚度、含水量、渗透性、有机质含量、黏土矿物含量、吸附与解吸能力	厚度、岩性、垂向渗透系数、水运移时间	岩性厚度、渗透系数、补给（强度）、开采量（强度）、有效孔隙度、地下水年龄与驻留时间	年降水量、净补给量	地面坡度变化	透水性、结构与构造、补给/排泄潜力	入/出河流、岸边补给潜力、滨海地区咸淡水界面	①自然因素：污染物在包气带中运移时间、土壤及包气带稀释与净化能力 ②人为因素：土地利用状态、人口密度、污染物类型及其性质、污染源排放方式及强度
次要参数	阴离子交换容量、硫酸盐含量、体积、密度、容水量、植物根系持水量	风化程度、透水性	溶水性、不透水性	蒸发、蒸腾、空气湿度	植物覆盖程度			污染物在含水层中驻留时间及运移性质、人工补给和排泄量

需要指出的是，虽然表 1-1 中列出的影响因素很多，还划分了主次因素，但地下水脆弱性的影响因素并不仅仅是表 1-1 中所列出的这些因素。在地下水脆弱性评价的具体过程中，要建立一个包含所有影响因素的评价指标体系是不可能的，也是不现实的。因为指标越多意味着工作量越大，而且有些评价指标如土壤成分、含水量、黏土矿物含量等多为动态数据，很难获得或在区域性评价中取值比较困难，可操作性较差。此外评价指标越多，各指标间的关系也就越复杂，容易造成指标之间相互关联或包容，如含水层的水力传导系数与含水层岩性密切相关，同

时指标太多也会冲淡主要指标的影响。因此，目前国内地下水脆弱性研究采用的多为 DRASTIC 方法的 7 项指标，并增加几项体现人类活动的特殊脆弱性指标。

4. 地下水脆弱性评价方法

地下水脆弱性评价的方法主要有水文地质背景值法、参数系统法、过程数学模拟法、统计分析法、模糊数学方法、人工神经网络方法和突变模型法等。

（1）水文地质背景值法。

水文地质背景值法是一种将研究对象与某个条件类似的且已知脆弱性的地区相比较，进而得出研究对象脆弱性的评价方法。这种方法通常需要建立多组地下水脆弱性标准模式。该方法适用于地质、水文地质条件比较复杂的大区域，但这种脆弱性评价多为定性或半定量的（孙才志等，1999）。

（2）参数系统法。

参数系统法是最常用的方法，可进一步细分为基质系统（matrix system，MS）法、率定系统（rating system，RS）法和和点计数系统法（point count system method，PCSM）。其中率定系统法包括 GOD（G 代表地下水类型（groundwater type）、O 代表上覆岩层（overburden）、D 代表地下水埋深（depth to water table））（Foster，1987）、含水层脆弱性指数（aquifer vulnerability index，AVI）（van Stempvoot 等，1993）等方法。和点计数系统法包括 DRASTIC（Aller 等，1985）、SINTACS（S 代表地下水埋深、I 代表地下水有效补给量（effective infiltration）、N 代表包气带性质（vadose zone property）、T 代表土壤盖层性质（soil cover property）、A 代表含水层特征（aquifer characteristics）、C 代表水力传导系数（hydraulic conductivity）、S 代表地形坡度（topographic slope））（Civita 等，2006）、EPIK（E 代表岩溶发育情况（epikarst）、P 代表含水层上覆岩层的岩性（protective cover）、I 代表入渗条件（infiltration conditions）、K 代表岩溶网络发育情况（karst network development））（Dörfliger，1998）等方法。这些方法所考虑的参数和适用范围各有不同，GOD 法考虑了地下水类型、上覆岩层岩性、地下水埋深 3 个参数，AVI 法只考虑了含水层上覆各类地层厚度及水力传导系数 2 个参数，而 DRASTIC 考虑了地下水埋深、含水层净补给量、含水层介质类型等 7 个参数。目前，国外最普遍的方法就是 PCSM 中的 DRASTIC 方法，大部分地下水系统脆弱性辨识都以 DRASTIC 标准或农药 DRASTIC 标准为基础展开研究。

（3）过程数学模拟法。

过程数学模拟法依赖于数学公式，将影响地下水脆弱性的各种要素定量化，并将它们放在同一个模型里求解，最终得到一个反映地下水脆弱性的脆弱指数。国内外现已开发了许多与地下水污染有关的数学模型，如衰减因素指数模型、污染质渗漏潜势指数模型、分级指数模型等。其中 AF 指数模型基于简化的物理化学方程，可应用于不同的空间尺度和环境条件，是国外应用数学模型研究区域尺度地下水脆弱性的主要方法。

（4）统计分析法。

统计分析法是利用区域上已有的地下水污染监测资料和发生地下水污染的各种相关信息，进行统计分析，确定影响地下水污染的主要因素及其权重，并计算区域发生地下水污染（或超过标准浓度值）的概率，按照概率的高低来确定地下水脆弱性分区。常用的统计分析法有线性回归分析法、逻辑回归分析法和实证权重法等。统计分析法避免了指数评价法中专家评判的主观性，但这种方法没有涉及发生污染的基本过程，统计显著相关的，并不一定存在必然的因果关系，同时用统计分析法进行评价必须有足够的监测资料和信息（吴登定等，2005），因此该方法应用比较受限。

（5）模糊数学方法。

地下水体是一个非常复杂的综合体，带有明显的随机性与综合性，而地下水脆弱性的高低是一个模糊概念，可利用模糊数学方法对其进行评价。郭永海等（1996）和林学钰等（2000）分别用模糊数学方法研究了河北平原和松嫩平原地下水的脆弱性；陈守煜等（2002）应用可变模糊集理论评价了大连市地下水系统的脆弱性；陈南祥等（2005）建立了基于层次分析法（analytic hierarchy process，AHP）的模糊综合评价模型，对河南省宁陵县的地下水环境脆弱性进行了实证分析。

（6）人工神经网络方法。

人工神经网络是一个具有高度非线性的超大规模连续时间动力系统，由大量的处理单元（神经元）广泛互连而形成的网络。用以模仿人脑神经的复杂网络，并且具有大规模的并行处理和分布式的信息存储能力。人工神经网络的特点和优越性主要表现在三个方面：第一，具有自学习功能，该功能对于模式识别、过程模拟和预测有特别重要的应用价值；第二，具有联想存储功能；第三，具有高速寻找优化解的能力（徐建华，2002）。此外，人工神经网络还能解决具有一定内在规律、规律还不是很明确、有一定模糊性的问题，而地下水脆弱性评价正是这样的问题，因此可用该方法对地下水环境脆弱性进行评价。

（7）突变模型法。

突变理论是20世纪70年代发展起来的一门新的数学学科，主要研究动态系统中的不连续现象，描述一系列连续性的量变如何演变成跳跃式质变的数学理论，适用于对内部作用尚不明确的系统进行研究（丁庆华，2008）。地下水特殊脆弱性涉及的因素很多，内在作用机制还没探明，为此可考虑应用突变理论与突变模型评价地下水环境的特殊脆弱性。徐明峰等（2005）利用尖点突变模型对长春城区地下水环境特殊脆弱性进行了评价，为该区地下水科学管理提供了一定依据。

1.2.2 地下水环境风险评价研究进展

"风险"一词是由海上大风对出海捕捞渔船和渔民造成的危险而产生的。19世纪，西方经济学家根据其产生的背景提出了风险的概念（郭先华，2008）。20世纪初，美国经济学家 Willett（1901）将风险进行了重新定义，认为风险是关于不想出现的结果所发生的不确定性。直到 20 世纪中叶，随着可靠性与风险问题的不断深入研究，风险逐渐成为一门学科，广泛应用到各领域的研究中。

20 世纪 30～60 年代，风险评价处于萌芽阶段，Chauncey（1969）在《科学》杂志上发表关于"社会效益及技术风险"的文章，作为风险研究的开端。1975年美国核管理委员会完成的《核电站风险报告》建立和发展了概率风险评价方法。美国国家科学院 1983 年出版的《联邦政府的风险评价：管理程序》提出危害鉴别、剂量-效应关系评价、暴露评价和风险表征的风险评价"四步法"。该方法现已被很多国家和国际组织采用，成为环境风险评价的指导性文件（Tsai，2005；王栋等，2002；Marta et al.，2001）。20 世纪 90 年代，风险评价这门学科继续得到发展和完善。

风险通常是指遭受损失、危险的可能性（Noss，2000）。一般将风险定义为发生不利事件的可能性及不利事件造成损失的乘积（胡二邦，2000；陆雍森，1999），即风险可表达为

$$R = f(P, C) \tag{1-1}$$

式中，R 表示风险；P 表示不利事件发生的概率；C 表示不利事件发生的后果。

风险评价是对可预测的突发事件或事故（包括自然灾害和人类活动）引起的不利影响和可能性进行评价，对不利事件发生概率的定量分析及不利事件造成危害程度的描述（董志贵，2008）。环境风险是由原生自然灾害或人类活动引起的，通过社会环境这个介质传播，对人类社会及自然环境产生破坏、损害乃至毁灭性作用等不期望事件发生的概率及其造成危害程度的描述（黄新，2010）。环境风险评价是指对原生自然灾害或人类活动所引发的对人类健康、社会经济、生态系统等所造成的可能损失进行定量分析，并据此进行风险管理和决策的过程。

风险评价最早应用在自然灾害中，多用于地震、洪涝、台风等的预报和研究。近年来，风险评价已广泛应用于气象、洪水、地质灾害、农业生产、环境、金融等方面。随着风险评价理论的不断发展和完善，科学技术及计算机技术的逐渐成熟和应用，风险评价在世界各国的不同领域都将会得到应用（郭高轩等，2014）。

1. 风险评价在水系统中的研究进展

水系统是一个开放的复杂巨系统，具有多种不确定性。对水系统进行风险评价，不仅要对未来水资源可能的使用情况进行分析，还要考虑由此造成的灾害形

势。在水资源的开发利用过程中，风险问题时常出现，但对其评价研究相对较晚。最早开展水系统风险评价是在 20 世纪 70 年代初，Yen（1970）和 Yen 等（1971）以雨水排水系统的设计为例，在充分分析了该系统的水文径流特征的基础上，建立了风险评价的耦合模型，该模型从水文风险和水流风险两方面进行耦合。此后，风险评价与风险分析在水系统中的应用逐渐得到推广。

近年来，随着国家防洪减灾策略的调整和洪水资源化的实施，洪水风险评价与风险管理备受关注。洪水风险率概念的提出使研究方法在洪水等水文事件及其管理中成为一种强有力的研究工具。Todorovic 等（1971，1970）运用阈顶点模型（peak over threshold，POT）模型描述了洪水风险变化的季节性情况。Ashkar 等（1981）建立了工厂设计系统（plant design system，PDS）模型对洪水风险进行了分析，并将分析结果与贝叶斯方法进行了比较。徐宗学等（1992，1989，1988）先后探讨了随机点过程理论洪水风险率（clustering stochastic point process compound model，CSPPC）模型、贝叶斯洪水风险率（homogeneous stochastic point process Bayes，HSPPB）模型、复合洪水随机点过程（homogeneous stochastic point process compound，HSPPC）在洪水风险分析中的应用。王才君等（2004）模拟了动态汛限水位控制下的洪水调度，针对三峡水库计算多种动态汛限水位下的风险指标值，通过比较分析得到一个相对合理的动态汛限水位方案。蒋卫国等（2008）阐述了洪水灾害系统的概念，并分别介绍了层次分析法、模糊综合评价法、空间分析法在区域洪水风险评估中的应用。

水利水电工程施工通常会改变地表水和地下水原有的水文循环和性质，并由此产生许多不确定性因素，具有一定的风险性。有关水利水电工程实施中的风险分析问题在国内研究相对较多。周厚贵（1988）通过建立风险评审技术（venture evaluation and review technique，VERT）模型对土石围堰填筑和运行问题进行了风险分析。孙志禹（1996）对过水围堰初期导流围堰使用期内有效施工工期的随机特性进行了分析，提出了工期风险率的概念和计算模型。周宜红等（1999）通过对三峡工程施工过程中所表现出的一系列不确定性因素展开研究，揭示了该工程风险存在的可能性及其动态风险率的计算，并对可能产生的风险问题提出了具体的解决措施。

在水资源系统的不确定性分析方面，如何对风险进行量化是评价的关键。Nazar 等（1981）定义了水资源系统风险的度量及表征的量化指标。Hashimoto 等（1982）结合可靠性、可恢复性和脆弱性提出了水资源系统风险评价的 3 个评价指标。冯平（1998）针对干旱期水资源短缺问题，运用风险、可靠性、可恢复性和易损性等具体的风险指标评价干旱期水资源利用的风险，将其评价结果应用到干旱期水资源的使用管理中。

2. 风险分析在地下水系统中的应用研究

风险分析理论已广泛应用于地表水研究中，而将其应用到地下水环境领域是近年来才开始研究的。地下水作为水系统中的重要组成部分，较地表水具有更大的不确定性。其风险主要表现在水量风险、水质风险及地下水污染风险等方面。

水量风险主要体现在地下水开发利用方面。地下水过量开采是世界各地，尤其是干旱缺水地区面临的严峻问题，地下水超采可导致一系列的水文地质环境地质问题，如地下水降落漏斗、海水入侵、地下水水质污染、地面塌陷等。国外有关地下水开发利用的风险已有研究。Serageldin（1995）在对水资源可持续发展问题的研究中明确指出地下水开发是影响水资源的一个风险性问题。国内学者主要研究地下水开发利用伴生的风险问题。束龙仓等（2000b）深入研究了地下水资源评价中的不确定因素，并运用蒙特卡罗方法，对水源地的深层含水层导水系数进行模拟，并对其开采量的确定进行了风险分析，为地下水允许开采量确定的风险分析奠定了基础。李如忠等（2005）运用未确知数学理论，针对地下水系统的未确定性，建立了地下水水位下降量预测未确定模型和下降风险可能性计算模型，弥补了确定性模型的不足。冶雪艳等（2007）将突变理论引入地下水开发风险评价中，对黄河下游悬河段的地下水开发进行了风险评价。郑德凤等（2015）应用改进的突变模型，以下辽河平原为研究区域，对地下水开发风险进行了分析与计算。

地下水如果作为饮用水水源，其水质的安全性直接关系人类生命健康和安全。地下水健康风险评价是把地下水污染与对人体健康的影响联系在一起进行评价，通过具体的评价过程和模型定量分析地下水污染对人体健康产生的影响。健康风险评价最早开始于美国，1983 年美国科学院（National Academy of Sciences，NAS）正式提出健康风险评价包括危害识别、剂量-效应分析、暴露评价及风险表征四方面的内容。随后美国国家环境保护局（U. S. Environmental Protection Agency，USEPA）据此发表了一系列健康风险评价的文件、准则和指南（USEPA，1998，1994，1992，1989，1988，1986）。目前，许多发达国家已利用美国的这套评价方法，建立了符合各国人群的健康风险指标体系。国内对于地下水健康风险的评价多是应用 USEPA 的健康风险评价模型对某水源地的地下水中重金属污染物进行评价，现已取得部分研究成果。韩冰等（2006）根据中国人的饮水习惯及污染物的自然衰减作用对北方某一地区地下水对人体的健康风险进行了探究。张妍等（2013）运用健康风险评价模型对黄河下游引黄灌区的地下水重金属污染进行了分析。但由于客观世界的不确定性具有差异，不同地区人种及生活环境的差异，人们可承受的风险水平也不同，对水中污染物的敏感程度和种类也不尽相同，因此，应寻求更适合本国地下水健康风险的评价体系。

地下水作为一种资源被人类开发利用，可能会产生一系列水文地质环境地质问题，导致地表生态环境恶化，甚至对人类生存和发展造成威胁，具有鲜明的自然属性、社会属性和经济属性。又因系统本身具有不确定性和复杂性，因而可将灾害风险理论应用到地下水环境风险的相关研究中。目前针对地下水环境综合风险评价的研究相对较少，地下水环境风险评价多是延续污染评价的方法，对地下水环境的各项指标考虑不完整，应用灾害风险理论进行地下水环境风险评价的成果相对较少。李绍飞等（2007）将地下水水质和水量两方面相结合提出地下水环境风险评价的指标体系，但其评价指标中未涉及人类对地下水水质和水量问题所采取的保护措施；冯平等（2007）将突变理论引入地下水环境风险评价中，减少了地下水环境风险评价权重的主观性影响，为地下水环境风险评价提供了新途径，但其评价更多的是基于原有地下水评价的思路，没有体现风险原理；李如忠等（2010）从水文地质条件与人类活动两方面构建指标体系，并将地下水风险定义为风险等级与风险重要性的乘积；金菊良等（2011）在李如忠等的风险定义的基础上，运用模糊数学随机模型对地下水环境进行风险评价，以置信区间作为评价结果，更加符合实际情况，但其风险等级和风险重要性的划分多是基于自身经验和专家评判，而许多风险问题的实践经验并不丰富，造成等级和重要性划分主观性较强。就现有的研究成果来看，地下水环境风险评价工作的全面展开还存在许多亟待解决的问题。

3. 地下水环境风险评价存在的问题与发展趋势

从国内外研究现状来看，地下水环境风险研究已越来越被人们所重视，但在评价过程中仍存在一些亟待解决的问题，主要体现在理论基础和不确定性方面。

（1）地下水环境风险评价的理论基础薄弱。迄今为止，学术界对地下水环境风险评价还没有统一的认识，有的研究甚至将地下水污染风险评价看成地下水环境风险评价。目前该领域的研究多集中在地下水脆弱性评价，研究成果没有真正体现风险的内涵，无法从风险的角度为决策者提供足够信息。因此，借鉴现代自然灾害风险理论与环境风险理论，将适应性理论引入地下水环境风险评价中，科学界定其概念与内涵，构建符合现代风险分析模式的地下水环境风险评价模型已成为研究重点。

（2）地下水环境风险评价的不确定性。地下水环境风险评价的不确定性包括地下水系统本身的不确定性、参数不确定性和指标不确定性三个方面。目前对不确定性的处理通常是假设随机参数的概率分布特征已知，系统本身属性特征是确定不变的，但这本身就是一个不确定性问题，对于这一问题还没有有效的处理方法。这些缺陷都会带来较大的计算误差，影响评价结果的准确性，急需探索解决这些问题的有效方法。

1.2.3　地下水污染风险评价研究进展

目前许多专家学者从不同的角度对地下水污染风险的概念进行了探讨并提出不同的解释，但尚未形成统一的定义。英国水文地质学家 Brian 等（2006）基于地下水用途对地下水污染风险定义为地下水被外界污染物污染的可能性和污染的危害程度，当污染指标超过地下水用途所规定的指标时，视其为存在污染风险。意大利水文地质学家 Civita 等（2006）将地下水污染风险定义为地下水受到外界污染的概率和风险受体（地下水资源）的预期损害两者的乘积。

地下水污染风险评价作为地下水环境风险评价的重要组成部分，最早起源于20 世纪 60 年代，并逐渐从早期的仅考虑地质、土壤、气象、水文等因素的自然属性条件的固有脆弱性评价发展到后来的考虑污染物对地下水的影响以及人类土地利用活动因素的特殊脆弱性评价。有些研究也将这种考虑不同污染强度的人类土地利用活动影响因素的脆弱性评价称为地下水污染的风险评价，并将其评价成果直接应用于水源保护和土地利用中，指导人类进行合理的土地利用活动。如以色列学者 Martin 等（2001）、英国学者 Secunda 等（1998）开展的地下水污染风险评价与编图的理论研究和实践探讨。但这些地下水污染风险评价理论与方法还是初步的、不完善的。世界银行 2002 年出版的《地下水质量保护》用户指南中，对地下水脆弱性与风险性评价给出了全面系统的介绍（Stephen et al.，2002）。由此可知，地下水污染风险评价是在地下水脆弱性研究的基础上不断深化和发展的。地下水污染风险评价研究的发展主要经历了以下三个阶段。

（1）地下水固有脆弱性因素与人类土地利用因素的简单叠加关系。

早期的地下水污染风险评价的特点是将土地利用因素作为地下水污染脆弱性评价的一个影响因素，最终的评价结果是将不同地下水的固有脆弱性与人类土地利用活动影响之间的复杂关系处理为简单的叠加关系（张丽君，2006）。如美国怀俄明州政府配合联邦政府针对农业面源污染开展了地下水对农药的污染风险评价项目研究。评价中主要考虑地下水的固有脆弱性和杀虫剂对地下水的污染影响两个方面，将其评价结果进行简单叠加得到地下水污染风险评价图。1995 年美国与匈牙利合作，基于 GIS 环境应用改进的 DRASTIC 方法以及莠去津农业除草剂一维渗滤过程模型法，在美国中西部和匈牙利喀尔巴阡盆地农业主产区，对农业土地政策的可行性以及使用除草剂和化肥等农业化学品的替代方案的潜力进行了评估（Navulur，1996）。意大利以威尼斯潟湖流域为研究区域对农业非点源污染的水资源脆弱性开展了评估，基于 GIS 通过水质模拟模型，建立了不同农业化学品输入的污染影响图，并通过对关键参数的不同筛选分别评价了地表水和地下水的脆弱性。最后将水污染影响图和地下水脆弱性图叠加，生成该区地下水污染风险图（Sappa et al.，2001）。Ayse 等（2006）在土耳其库姆卢贾平原研究农业面源污染对地下水污染的影响时，将地下水脆弱性评价结果 SIN 指数与地下水中氮浓度进行模糊叠加，估算了研究区地下水污染程度。这一时期的地下水污染风险评价是将本质脆弱性与污染之间的复杂关系进行了简单叠加，导致风险评价的不准确性。

（2）地下水固有脆弱性因素与人类土地利用因素的组合叠加关系。

将地下水固有脆弱性与人类土地利用因素简单叠加来表征地下水污染风险，掩盖了很多矛盾和问题。事实上地下水系统在脆弱性高的地区如果没有明显的污染负荷则不存在污染风险，而在脆弱性低但污染负荷高的地区仍存在较大的污染风险（张丽君，2006）。而脆弱性高且污染程度较严重的地区污染风险必然很大。基于这种思路，地下水脆弱性的影响与土地利用的污染影响不应该是简单的叠加，而应该是多种不同的组合关系。英国和以色列开展的地下水污染风险评价是体现这种理念的典型案例。在地下水污染风险评价中，Collin 等（2001）将土地利用情况分为农业用地、保护用地、娱乐用地、居住用地、商业和工业用地 5 个类别，结合水文、地貌、土壤及植被 4 个基本环境因素，以以色列海岸带含水层为例，综合考虑土地利用强度和关键环境因素的影响，将地下水脆弱性与不同土地利用对地下水的污染潜势加以综合评价。不同的地下水脆弱性和污染潜势的组合，产生了不同土地利用下的地下水污染风险水平。英国在地下水水源地污染风险评价中主要考虑含水层固有脆弱性评价、污染负荷影响评价和地下水供水水源保护区划三方面因素。含水层系统固有脆弱性评价代表含水层对污染负荷的敏感性，主要采用 GOD 方法；污染负荷影响通过控制土地利用方式来间接体现；地下水供水水源保护区划采用病原体从水源头向外运移的时限确定两个地下水水源保护区。最后，通过空间叠加方式将这三个结果进行综合得出地下水源地污染风险评价图（Foster et al.，1995）。

（3）引入灾害风险理论的地下水污染风险评价。

基于灾害风险理念的地下水污染风险评价既要考虑含水层系统的本质脆弱性和人类活动产生的污染负荷影响，也要考虑地下水系统的预期损害（地下水资源价值功能的变化）。目前，应用灾害风险理论开展地下水污染风险的研究已初步展开。Varnes（1984）提出了"风险＝脆弱性×灾害性"的评价模式，随后该模式逐渐被引入地下水污染风险评价系统中。Civita 等（2006）指出地下水污染风险随污染源的特征、类型、浓度及土壤和含水层系统的自净能力不同而有巨大的差别。在对意大利塔纳罗河谷地区的皮埃蒙特进行地下水污染风险评价时，借鉴了 Varnes 提出的风险评价模型，把地下水污染风险定义为地下水受到污染的概率与地下水资源预期损害的乘积。其中，风险受体的预期损害是指风险受体的脆弱性与风险受体价值的乘积，脆弱性是含水层本质脆弱性与污染辐射水平的积函数，风险受体的价值是地下水水质基本状况与地下水资源的社会-经济价值的积函数，Civita 等（2006）通过计算并运用 ArcInfo 中的制图功能绘制了 1∶10000 的地下水污染风险图。张雪刚等（2009）将土地利用因子引入地下水易污性指数与污染风险指数计算中，对张集地区地下水污染进行了风险评价。江剑等（2010）从影响地下水风险的地下水易污性、地下水价值和地下水污染源三个因素，定性和定量地对北京市海淀区浅层地下水进行了风险评价。

1.3 本书主要研究内容

（1）研究区概况与地下水脆弱性、风险性评价方法。

在介绍地下水脆弱性和风险性评价的研究背景与研究意义，以及国内外研究现状与发展趋势的基础上，以下辽河平原为研究区，对其自然地理条件、地质地貌条件、水文地质条件和社会经济条件等进行了详细论述。引入并改进了地下水脆弱性与风险性评价的一些理论与研究方法，涉及地下水脆弱性评价理论、地下水环境风险评价理论和不确定性理论，其中地下水脆弱性评价的研究方法主要有DRASTIC 脆弱性指数、地统计学方法、空间自相关分析、空间热点分析方法。

（2）基于模糊模式识别法的下辽河平原地下水脆弱性评价。

在介绍地下水脆弱性（本质脆弱性、特殊脆弱性）影响因素和评价指标体系的建立与分级标准的基础上，构建了下辽河平原地下水脆弱性的评价指标体系，采用层次分析和决策分析相结合的方法确定下辽河平原地下水脆弱性评价指标权重；最后应用模糊模式识别模型分别从本质脆弱性、特殊脆弱性和综合脆弱性三个方面对研究区下辽河平原的地下水脆弱性进行了评价，并对评价结果进行了系统分析。

（3）基于 GIS-WOE 法的下辽河平原地下水脆弱性评价。

首先介绍证据权重（weight of evidence，WOE）方法和专家证据权重法的原理与计算过程，结合下辽河平原地下水的实际情况，提出了适合研究区地下水脆弱性评价因子体系与地下水脆弱性评价模型。然后在地下水本质脆弱性评价基础上，以硝酸盐氮为代表，将地下水脆弱性评价模型与基于 ArcView GIS 软件分析模块开发的 Arc-Wofe 模块相结合，对下辽河平原地下水特殊脆弱性进行了评价。最后取得的研究成果丰富了地下水脆弱性评价理论，对下辽河平原地下水的保护具有一定的理论和实践指导意义。

（4）基于 DRASTIC 与不确定性理论的下辽河平原浅层地下水脆弱性评价。

在地下水脆弱性评价的 DRASTIC 模型基础上，综合运用地统计学方法、空间自相关方法、G 指数及重心法等研究方法，利用遥感和地理信息系统技术对下辽河平原浅层地下水脆弱性进行研究，并进行数据的可视化表达。通过计算 G 指数得到了下辽河平原浅层地下水脆弱性的空间热点分布与集聚情况，并将重心与标准差椭圆工具引入地下水脆弱性评价中，进一步分析了下辽河平原地下水脆弱性的总体方向与变化趋势，再基于不确定参数理论对下辽河平原地下水脆弱性分布进行了软区划分析。研究结果反映了研究区地下水脆弱性的空间分布及变化趋势，为下辽河平原地下水资源的保护及土地利用规划提供相关参考与依据。

（5）基于不确定参数系统的下辽河平原浅层地下水脆弱性评价。

在介绍不确定性理论（不确定性成因、不确定性类型、不确定性研究方法）的基础上，综合运用模糊模式识别、三角模糊函数和 α 截集、蒙特卡罗模拟、灵敏度分析等方法，对下辽河平原浅层地下水脆弱性进行了评价。并根据研究区地下水脆弱性程度与不确定性程度选择相应的 α 水平与百分位，使评价结果更加科学合理。研究成果进一步丰富了地下水脆弱性评价理论，为下辽河平原地下水的科学规划与有效管理提供了重要的参考依据。

（6）基于 GIS 的大连市地下水脆弱性评价。

以大连市为研究区，在综合分析大连市自然状况、水文地质条件、经济状况等因素的基础上，利用传统的 DRASTIC 评价体系结合熵权法确定权重，对大连市 221 个水井数据进行了地下水脆弱性评价，同时利用 ArcGIS 分别对数据的 7 项指标绘制成图并最终叠加为大连市地下水脆弱性分布图。利用简单评判法和详细分级法相结合的方法，详细调查了大连市地下水污染源状况，对其农林污染源、工矿业污染源、生活污染源、垃圾填埋场、污水处理厂、海水入侵 6 个主要污染源进行分级评价，做出大连市污染源分级图。在此基础上对大连市地下水水质数据利用加附注式评分法进行评价分析，然后利用 ArcGIS 中的地理分析功能将点状数据转化为面状数据，得到大连市市区地下水水质等级分区图。通过对地下水脆弱性分布图、污染源分级图与地下水水质现状评价图的分别分析和总体分析，得到大连市地下水的脆弱性和紧迫性状况。研究结果可为大连市制定水污染防治策略提供直观的依据。

（7）基于 GIS 的下辽河平原地下水功能评价。

详细介绍了地下水功能理论基础，从地下水系统的供给与需求方面入手，根据研究区下辽河平原的实际情况与资料状况，全面考虑地下水系统的影响因素，按照指标体系选取原则，结合已有地下水相关评价指标体系，从地下水资源、生态与地质环境三方面的供给与需求方面选取 25 项评价指标，构建了地下水功能评价指标体系。采用层次分析法和 GIS 空间叠加分析对下辽河平原地下水功能进行了综合评价。研究成果对制定科学合理的地下水开发利用方案、发挥地下水整体功能的最佳效益、维持地下水资源的正常循环与地下水资源的科学管理具有一定的参考意义。

（8）下辽河平原地下水资源价值评价。

基于地下水资源的紧缺性和有限性，地下水资源价值系统是一个受社会、经济、自然条件、生态环境制约的复杂系统。本书从影响地下水资源价值的自然属性、生态环境属性、社会属性和经济属性四个方面出发，建立了下辽河平原地下水资源价值评价的指标体系，并从中选取适合本研究区的 16 项评价指标，采用突变理论模型对下辽河平原区地下水资源价值进行评价。地下水资源价值研究是水资源经济管理的重要内容，本书研究成果对下辽河平原水资源的永续利用和社会、经济、生态和谐共处都具有重要意义。

（9）下辽河平原地下水系统恢复能力评价。

结合地下水系统自身特征，给出地下水系统恢复能力的定义，并在科学把握地下水系统恢复能力概念和内涵的基础上，从地下水含水层特征、补给条件、区域特点、技术水平和社会经济 5 个方面选取 26 项典型指标构建了地下水系统恢复能力指标体系，并对指标评价标准进行了划分，对评价方法进行了探讨，最后对下辽河平原地下水系统恢复能力进行了综合评价。研究成果对掌握地区地下水系统恢复能力的大小、下辽河平原地下水系统的修复都具有重要意义，也可为制定科学合理的地下水管理方案和开发利用计划，促进地下水与环境、经济社会持续协调发展提供科学依据。

（10）下辽河平原地下水污染风险评价。

基于自然灾害风险理论，从本质脆弱性、外界胁迫性、价值功能性三个方面，构建了下辽河平原地下水污染风险评价指标体系和污染指数模型，并利用遥感和地理信息系统的数据采集、空间分析等技术对下辽河平原地下水的污染风险值进行了计算，同时对数据进行可视化表达。在探讨研究区污染风险大小与形成机制的同时，通过计算 G 指数来检验污染风险空间热点分布与集聚状况，将重心与标准差椭圆工具引入地下水污染风险评价中，进一步分析了污染风险热点的总体方向与趋势。研究结果反映了研究区地下水污染风险的空间分布与形成机制，为下辽河平原地下水资源的保护提供相关参考。

第2章 下辽河平原概况

2.1 自然地理条件

2.1.1 研究区范围

下辽河平原位于辽河中下游，是辽宁省最大的平原，整个平原呈东北—西南方向带状展布于辽宁省腹地。东临辽东丘陵，西接医巫闾山，北至铁法丘陵，南部面向渤海，属渤海盆地向北延伸部分。地理位置为东经 $120°42'$ 至 $123°40'$，北纬 $40°30'$ 至 $42°20'$。总面积 $29942km^2$，其中平原面积 $26554.8km^2$，占总面积的 88.7%，山区面积 $3387.2km^2$，占总面积的 11.3%。

在行政区划上包括沈阳市、铁岭市、抚顺市、辽阳市、鞍山市、营口市、盘锦市、锦州市和阜新市的部分县（区），总跨 9 市 22 县（区）（图 2-1）。研究区内各级城市形成了东北地区规模最大的区域经济一体化大都市圈，各区域间联系密切，陆路交通十分便利，水路交通相对匮乏。

图 2-1 下辽河平原地理位置图

2.1.2 地形

下辽河平原位于辽东和辽西丘陵之间，松辽分水岭以南，北与松嫩平原相隔，南至渤海海滨，地势总体呈簸箕状向南开口。东北部千山山脉海拔 1000m 左右，主峰老秃顶山海拔 1325m。千山山脉向西南倾斜海拔降至 200m 以下。西部辽西丘陵呈东北—西南走向，主要由虎山、松岭、医巫闾山等山脉构成，整体地势由东北向西南逐渐降低，其中医巫闾山主峰望海山海拔 876m，为辽西最高峰。中部平原海拔平均小于 50m，其地势由北向南逐渐降低。平原东西两侧海拔 50m 以上，地形特点是北高南低，北部铁法丘陵 50～250m，东西两侧为 50m，在南部沿海地区地表高程为 1.5～3.0m，中部辽中区 12m，南至盘锦平均海拔降至 4m。

2.1.3 气象

下辽河平原地处亚欧大陆东岸，属温带半湿润半干旱季风气候区，由于辽东山地和山东半岛的夹峙及东北山地的阻隔，研究区气候表现出明显的大陆性。下辽河平原处于辽东半湿润气候区和辽西半干旱气候区之间的过渡地带。各气候要素呈现由东南向西北的水平分带性。受季风大陆性的显著影响，气候具有冬季寒冷干燥、夏季炎热湿润、雨热同期的特点。平原区内夏季多南风或西南风，冬季多北风或西北风。风速春季最大，秋季次之。

研究区多年平均气温为 7.1～8.9℃，多年最高气温在 35.2～38.1℃，多年最低气温为-33.7～-24.7℃。年内 1 月份气温最低，多年平均在-12.2～-9.3℃；7 月份气温最高，多年月平均气温为 24.2～24.8℃。下辽河平原典型地区多年气温统计表如表 2-1 所示。

表 2-1 下辽河平原典型地区多年气温统计表 （单位：℃）

地区	各月平均气温												多年平均气温
	1 月	2 月	3 月	4 月	5 月	6 月	7 月	8 月	9 月	10 月	11 月	12 月	
沈阳市	-12.8	-8.7	-0.3	9.2	17.1	21.3	24.5	23.6	17.3	9.6	-0.3	-8.8	7.7
营口市	-9.9	-6.8	0.5	9.3	16.8	21.3	24.8	24.4	18.7	11.3	1.9	-6.2	8.8
彰武县	-12.7	-9	-1.3	8.3	16.5	21.4	24.2	23.2	16.8	8.9	-1.4	-9.4	7.1
辽阳市	-12	-8.2	0.3	9.8	17.9	21.7	24.7	23.8	17.3	10.3	0.5	-8	8.2
锦州市	-9.0	-6.3	0.8	9.6	17.4	21.3	24.4	23.9	18.4	11.2	1.6	-6.2	8.9

受地理位置、海陆分布及地形等因素的影响，研究区降水的年际变化较大且年内分配不均（表 2-2）。多年平均降水量呈现由东南向西北递减的分布规律，由 700～750mm 降至 550mm。年内降水多集中于 6～9 月，占全年降水总量的 72% 以上，其中 7 月和 8 月的降水量占全年降水总量的 50%左右。多年平均水面蒸发量和多年干旱指数的总体特征是西北高、东南低。气温的地区变化趋势是北高南低，多年平均蒸发量在空间上表现为东南低北西高的特点，与温度的变化趋势相同。降水量和蒸发量的时空分布特点直接影响地表水和地下水的天然补给量。由于降水过于集中，不利于大气降水与地表径流垂向入渗补给地下水。在河流下游，河水经常溢出河床，洪涝成灾。

表 2-2　下辽河平原各市降水量统计表　　　　　　（单位：mm）

地区	2005 年		2006 年		2007 年	
	全年	月平均	全年	月平均	全年	月平均
沈阳市	822.2	68.51	576.3	48.02	672.3	56.025
鞍山市	760.7	63.39	694.9	57.90	659.1	54.925
抚顺市	951.5	79.29	867.2	72.26	685.6	57.133
锦州市	657.8	54.81	503	41.91	563.9	46.991
营口市	666.2	55.51	476.6	39.71	483.8	40.316
辽阳市	750.7	62.55	710.2	59.18	597.1	49.758
铁岭市	753.3	62.77	463	38.58	461.6	38.466
盘锦市	636.9	53.07	529.5	44.125	565.7	47.141

辽宁省无霜期多数不足 6 个月，除南部近海地区稍长外，一般在 150～180d，年日照时数为 2300～3000h。大多数地区春季缺乏阳光，晚夏和深秋光照较多，而冬季采光不足。

2.1.4　水文

下辽河平原属于辽河流域，流入研究区的河流从山区呈辐射状流入平原。区内的河流主要有辽河-双台子河水系、浑河-太子河水系、大小凌河水系三大相对独立的水系（图 2-2），三大水系主要特征见表 2-3。

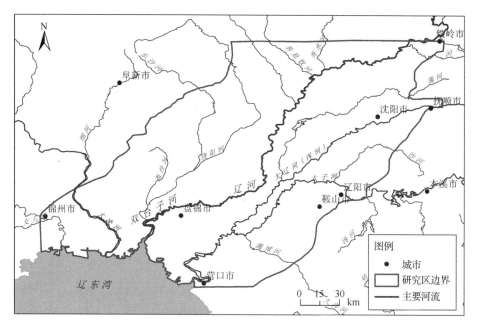

图 2-2　下辽河平原主要水系图

表 2-3　下辽河平原区三大水系主要特征

水系	河流	发源地	流经区域	河长/km	流域面积/km^2	主要支流
辽河-双子河水系	辽河-双台子河	河北省七老图山脉	河北、内蒙古、吉林、辽宁	1390	193770	亮子河、秀水河、养息牧河、清河、招苏台河、柳河、绕阳河
浑河-太子河水系	浑河	清源县滚马岭	抚顺、沈阳、辽阳、鞍山	415	11481	东洲河、社河、苏子河、章党河、蒲河
	太子河	新宾县红石砬子山	抚顺、本溪辽阳、沈阳、鞍山	410	13882	北沙河、南沙河、兰河、细河、汤河、海城河、运粮河
大小凌河水系	大凌河	建昌县北水泉沟	朝阳、北票、义县、凌海	397	23827	牤牛河、第二牤牛河、老虎山河、凉水河、西河
	小凌河	朝阳县助安喀喇山	朝阳、南票凌海、锦州	206	5474	女儿河

（1）辽河-双台子河水系。

辽河发源于河北省七老图山脉，流经河北、内蒙古、吉林和辽宁。河源由河北流经辽宁，流入内蒙古老哈河，在内蒙古地区接纳西拉木伦河后称为西辽河，流经辽宁省福德店与吉林省东辽河相汇后称辽河。辽河进入辽宁省后，经辽北康法丘陵区进入下辽河平原。不包括浑河、太子河流域，辽河总流域面积为 193770km^2，总长 1390km。辽河在辽宁省的流域面积为 41836km²，其中辽河干流的流域面积为 37927km²，河长 521km，流域内山区面积占流域总面积的 48%。辽河干流纵贯辽宁省辽北康法丘陵区与下辽河平原区，流经铁岭、沈阳、鞍山、盘锦四个市。其河谷面积开阔，地势平坦，河道迂回曲折，河道比降小，泥沙淤积严重，是辽宁省汇流时间最长、泄洪能力较差的河流。辽河是地处下辽河平原的辽宁中部城市群的水资源主要来源之一，研究区内主要支流有亮子河、秀水河、养息牧河、清河、招苏台河、柳河和绕阳河等。

（2）浑河-太子河水系。

浑河和太子河在大范围的流域分区上仍属于辽河流域。发源于清源县滚马岭的浑河，流经抚顺、沈阳、辽阳、鞍山四市，流域面积 11481km²，河长 415km，主要支流有东洲河、社河、苏子河、章党河和蒲河。发源于新宾县红石砬子山的太子河，流经抚顺、本溪、辽阳、沈阳、鞍山五市，流域面积 13882km²，河长 410km，主要支流有北沙河、南沙河、兰河、细河、汤河、海城河、运粮河。浑河、太子河相汇于海城市的三岔河然后进入大辽河，流经营口市后注入渤海。浑河、太子河的降水量较大，径流量明显多于辽河，是下辽河平原及辽宁中部经济区主要的水资源来源。

（3）大小凌河水系。

大凌河、小凌河是辽宁省沿渤海西部最大的两条河流。大凌河发源于建昌县北水泉沟，流经朝阳县、北票市、义县、凌海市等市县，流域面积 23827km²，河长 397km，主要支流有牤牛河、第二牤牛河、老虎山河、凉水河及西河等；小凌河发源于朝阳县助安喀喇山，流经朝阳县、南票区、凌海市、锦州市，于凌海市注入渤海，流域面积 5474km²，河长 206km，较大支流有女儿河。

下辽河平原地处各水系下游，地势低洼，坡降很小，河曲发育，为区域地下水补给创造了有利的条件。

2.2　地质地貌条件

2.2.1　地质条件

下辽河平原在大地构造上属于新华夏系的一级沉降带，东西两侧的山地丘陵属于一级隆起带。自古近纪以来，平原始终处于下降状态，早期以断裂为主，由北北东向及北北西向断裂组成了基底的多字形构造。新近纪以来，平原地区整体下陷，同时也表现出构造上的继承性和不均衡性的特点。在长期下降过程中，平原沉积了巨厚的第四纪松散堆积物。

平原内前第四纪地层较为简单，被第四纪松散堆积物覆盖的广大平原普遍发育着古近纪地层与新近纪地层。由于第四纪地层具有连续沉积的特点，且基本上是处于还原环境下沉积的，因此各类沉积物自上而下色泽单调，以灰、浅灰、灰绿、浅绿色为主。平原周边的山前倾斜平原早期以冰水沉积为主，中后期则以洪积或冲洪积为主，其颜色与平原中部略有不同，以棕黄或棕红色为主。

下辽河平原第四纪地层时代齐全，从更新世到全新世的地层均很发育，岩相在垂直方向上的变化规律明显。概括地说，下辽河平原第四纪堆积物的特征主要是沉积连续、时代齐全、成因复杂、分布广泛、厚度可观。下辽河平原第四纪地层主要特征如表 2-4 所示。

表 2-4　下辽河平原第四纪地层主要特征

地层时代			特点
第四系	全新统	盘山组	上层：冲海积相沉积（0～8.60m），黄褐、灰褐色黏土夹层，含铁锰结核及少量的硅藻化石
			中层：海相沉积（8.60～13.58m），深灰、灰黑色薄层状亚黏土和粉砂互层，内含少量的半炭化植物及硅藻化石
			下层：冲积相沉积（13.58～20.71m），灰色粉砂夹深灰色薄层亚黏土透镜体，具有半炭化植物，含有孔虫及陆相介形虫化石
	上更新统	榆树组	上层：河湖相沉积（20.71～55.23m），灰色细砂含炭化植物层，以石英为主，内含亚黏土和云母片
			中层：河湖相沉积（46.00～55.53m），灰色、浅黄绿色细粉砂夹亚砂土薄层，含泥粒。上部以亚黏土薄层为主，单层厚 10cm；下部为亚黏土含泥粒（粒径 0.2～0.5cm）及浅黄绿色菱铁矿粒
			下层：河湖相沉积（55.53～87.00m）。上部以细砂为主，夹亚黏土透镜体，上细下粗，且由灰色渐变为浅灰绿色；下部亚黏土含泥粒，与细砂互层，灰黑灰色黏土内含菱铁矿粒
	中更新统	郑家店组	上层：冲海积（98.20～161.18m），为粉细砂夹薄层亚砂土夹层或透镜体，有少量菱铁矿粒。其中 87.00～112.00m 为河湖相沉积，为灰、灰黑、浅灰绿色的粉细砂夹亚砂土、亚黏土，中细砂，含亚黏土薄层，内含泥粒、菱铁矿粒和炭化植物
			下层：河湖相沉积（112.3～156.43m），为浅灰、灰白、灰黑、浅黄绿色粉细砂夹亚砂土、亚黏土及亚砂土、粉细砂互层。亚黏土中含泥粒菱铁矿粒和草炭、植物残体
	下更新统	下辽河组	上层：河湖相沉积（156.43～214.00m），灰黑、灰绿、浅灰绿色细砂、细粉砂夹亚黏土，含泥粒薄层，含炭化植物碎屑
			中层：河湖相沉积（214.00～250.64m），灰黑色、灰绿色、浅灰绿色亚砂土、亚黏土、细砂互层及粉细砂、中砂、砂含砾，颗粒均匀，含菱铁矿粒
			下层：洪积相沉积（250.64～359.99m），浅绿、绿、灰白、灰黑、灰绿、浅黄、浅黄绿色及含砾粗砂、亚黏土含砾、砂砾石混土、中细砂、中粗砂含砾、砂砾石层，内夹薄层亚黏土层及少量的菱铁矿粒和炭化木

2.2.2　地貌条件

下辽河平原地貌形态的形成是以升降运动为主的新构造运动、基底构造、古气候变化、流水侵蚀、沉积等内外动力地质作用综合影响的结果。由于大部分地区长期沉降，故地貌成因类型以堆积地形为主，其次为剥蚀堆积地形、剥蚀地形、构造剥蚀地形、侵蚀构造地形四种地貌成因类型，这些地貌类型仅分布于周边地区，面积较小。具体地貌特征与类型划分见图2-3。

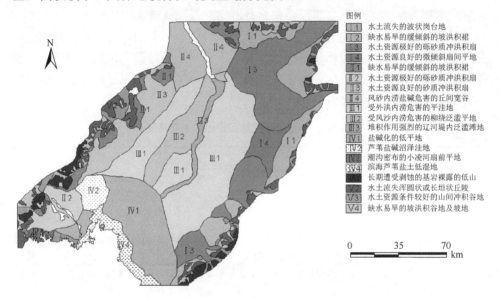

图 2-3　下辽河平原地貌图（见书后彩图）

（1）侵蚀构造地形。

侵蚀构造地形分布于平原的西部、西北部和东南部的边界处，分为尖顶状低山和圆顶状低山。其中尖顶状低山主要由黑云母片岩、花岗片麻岩、石英岩、石英砂岩、安山岩、火山角砾岩、花岗岩及大理岩组成，冲沟发育，多呈 V 形和 U 形；圆顶状低山主要由花岗岩、花岗片麻岩、火山岩等组成，圆顶状山顶，切割深度 100～300m，平均自然坡降 2‰～20‰。

（2）构造剥蚀地形。

构造剥蚀地形经长期上升作用和侵蚀剥蚀作用形成，广泛分布于西部和东部山区，包括构造剥蚀低山和构造剥蚀丘陵两种形态。构造剥蚀低山地区地形陡峭，山顶多为尖顶状，主要由黑云母片岩、变粒岩、石英岩、安山岩、砾岩、花岗岩等组成，冲沟发育，多为 V 形和 U 形；构造剥蚀丘陵由圆顶状高丘陵和圆顶状低丘陵组成，主要由角闪斜长片麻岩、火山角砾岩、石英砂岩、安山岩等组成，冲沟发育，切割深度 20～30m，多呈 V 形和 U 形，表层多为植被覆盖。

（3）剥蚀地形。

剥蚀地形分布于平原北部和西北部，由圆顶状丘陵和长垣状丘陵组成。上升作用不明显，切割作用较强。圆顶状丘陵多呈圆顶状或浑圆状，坡度 15‰～20‰，由变粒岩、安山岩、砂砾岩等组成，冲沟发育；长垣状丘陵主要由安山岩、石英片岩、混合花岗岩等组成，多呈长垣状山顶，少数呈馒头状，风化层较厚。

（4）剥蚀堆积地形。

剥蚀堆积地形普遍分布于东西部山前地区，为山区向平原区的过渡地带。山区风化物主要为面状水流作用下沿坡角或山前短距离内堆积而成，分别形成山间冲洪积谷地、山前坡洪积扇裙和山前坡洪积倾斜平原三种形态。山间冲洪积谷地零星分布于山区支流河谷地区，平面形态呈袋状或树枝状，地面坡降较大，第四纪很薄，表层岩性为亚砂土、黄土状亚砂土、亚黏土和黄土状亚黏土；山前坡洪积扇裙围绕低山丘陵呈环状分布，地面起伏较大，冲沟发育，切割深度3～15m，为V形和U形，呈树枝状分布，第四纪厚度一般不超过20m，表层岩性主要为亚黏土、黄土状亚砂土、亚砂土含碎石等；山前坡洪积倾斜平原分布于山前地带，地势开阔，略有起伏，前缘与冲洪积倾斜平原为渐变过渡关系，第四纪厚度一般不超过50m，主要由亚砂土、亚黏土及透镜状砂砾石组成。

（5）堆积地形。

堆积地形主要由冲积和冲洪积作用形成，南部为海冲积、海积作用形成。地势平坦，自东北向西南缓倾，东西两边略有起伏，可划分为以下七种成因形态类型。

山前冲洪积倾斜平原主要由辽浑太海山前微倾斜平原、东羊黑河山前微倾斜平原和大小凌河山前微倾斜平原组成。辽浑太海山前微倾斜平原分布于平原的东部和东北部，主要由辽河、浑河、太子河及海城河的冲积和冲洪积作用形成，地势宽阔平坦，微向前缘倾斜，地表岩性主要为亚黏土、淤泥质亚黏土和亚砂土，其下部隐伏有第四纪不同时期的冲洪积扇；东羊黑河山前微倾斜平原分布于西部地区，由东沙河、羊肠河、黑鱼沟河、绕阳河等冲积和冲洪积物组成，地势平坦开阔，地表岩性由亚砂土、亚黏土组成，下面隐伏有第四纪不同时期形成的大型冲洪积扇；大小凌河山前微倾斜平原由大凌河、小凌河冲积和冲洪积作用形成，以0.5‰的坡降向东南延伸，前缘与海冲积三角洲平原相接，地面标高5～25m，地表岩性为亚砂土、亚黏土。

冲洪积河谷阶地主要沿辽河、浑河、太子河的一级支流两侧分布。阶地平坦，与河漫滩形成陡坎接触，表面岩性为亚砂土、亚黏土和砂砾石。

柳河冲积波状平原位于彰武—新民的柳河两岸，地势向东南开阔倾斜，坡降1.2‰，地表岩性以亚砂土为主，局部为亚黏土。

辽浑太河间地块冲积平原分布于新民、辽中、台安到牛庄一带的广阔平原，由冲积作用形成，地面坡降0.3‰，地表岩性以亚砂土、亚黏土为主，局部粉细砂。

河床漫滩呈狭窄条带状分布于辽河、浑河、太子河及其支流的两侧，表面平坦或呈波状垅岗地形，岩性由粉砂、中细砂、砾卵石组成。

　　海冲积三角平原分布于盘山到沙岭一线以南至海岸的广阔平原，为海冲积和海积作用形成，地势低洼，由北向南缓倾，地面坡降 0.025‰，地表岩性为亚黏土、黏土、淤泥质亚黏土及粉细砂组成。

　　海积漫滩沿海岸呈条带状分布，宽窄不一，宽度 1～8km，由海积砂组成，地面标高 2～3m，有树枝状潮状沟。由于河流淤积，海岸线不断外推。

2.3　水文地质条件

2.3.1　地下水含水岩组及分布特征

　　下辽河平原地下水资源十分丰富，但地下水的形成错综复杂，地下水类型各不相同。研究区地下水含水岩组主要由第四纪松散沉积物组成，其中第四纪含水岩组在垂直方向上可划分为 I、II、III、IV 四个含水组，地质时代分别相当于全新统（Q4）、上更新统（Q3）、中更新统（Q2）、下更新统（Q1）。下辽河平原地下水类型包括第四纪松散岩类孔隙水、古近纪和新近纪孔隙-裂隙层间承压水、碳酸盐裂隙岩溶水和基岩裂隙水。其中，第四纪松散岩类孔隙水分布在平原的最上层，以含水层厚度大、分布广泛、水量丰富且稳定、开采方便为主要特点，成为区域内最主要的地下水类别。

　　第四纪孔隙水按其赋存的地层时代、埋藏条件、水动力性质等特点可划分为浅层潜水（微承压水）和深层承压水两个亚类，分别简称为浅层水和深层水。浅层水含水岩组包括全新统和上更新统，以上更新统为主；深层水含水岩组掩埋在浅层水含水岩组之下，包括中更新统和下更新统，以中更新统为主。两个含水岩组以中更新统顶部相对稳定的黏性土层为区域隔水层。

　　研究区内中部区域长期处于沉降状态，积累了古近纪、新近纪与第四纪疏松的沉积层；两侧地形抬升，在外力作用下发育了广泛的冲积平原；受岩层裂隙发育的影响，区域东侧奥陶纪灰岩广布。地形条件影响区域水资源广泛向平原中心汇聚，外界降水与地面水体入渗是地下水的主要补给来源。这些条件影响着下辽河平原地下水系统形成的赋存条件、运移特征等，形成了一个完整的包括补给区、径流区和排泄区的水文地质单元。根据含水层成因、地下水来源等条件的不同将下辽河平原水文地质单元划分为东部山前倾斜平原、西部山前倾斜平原、中部冲积平原和南部滨海平原 4 个具有独特性质的水文地质单元。为了方便表达与分析进一步将其划分为 9 个水文地质子单元，分别为辽河冲积扇、浑河冲积扇、太子河冲积扇、海城河冲积扇、东沙河冲积扇、羊肠河黑鱼沟冲积扇、大小凌河冲积扇、中部冲积平原、南部滨海平原（图 2-4）。

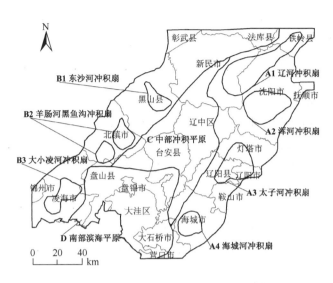

图 2-4　下辽河平原水文地质分区示意图

　　下辽河平原作为中新生代的沉降盆地，既是区域新生界尤其是第四纪的沉降中心，又是区域地表水、地下水的汇集中心。巨厚的古近纪和新近纪河湖相碎屑沉积、厚大的第四纪冲洪积和冲积层以及岩石中广泛发育的裂隙都为地下水的赋存、运移提供了广阔的空间。平原地区含水岩组主要为松散岩类孔隙水，由第四纪冲洪积、冲积、冲海积及坡洪积物组成。含水岩组根据组成、分布及水文地质特征的不同，又可分为 5 个含水岩组。

　　（1）第四纪冲洪积层含水岩组。

　　第四纪冲洪积层含水岩组分布于平原中的东西部山前倾斜平原，地貌形态由辽河、浑河、太子河、海城河、东沙河、羊肠河、黑鱼沟河、大凌河、小凌河冲洪积扇组成。含水岩组以上更新统、全新统冲洪积层为主，岩性为中粗砂、砂砾石、砾卵石层，其上为亚砂土、亚黏土覆盖，厚 5～15m。含水层后缘轴部厚度 10～30m，富水性极强，单井涌水量为 5000～10000m³/d，外围多为 3000～5000m³/d。含水岩组在冲洪积扇前缘地带厚度一般为 80～120m，属强富水区，单井涌水量达 3000～5000m³/d。

　　（2）第四纪冲积层含水岩组。

　　第四纪冲积层含水岩组分布于中部的新民、辽中、台安地区，为辽河、浑河、太子河及绕阳河形成的冲积平原。含水岩组总厚度 100～250m，自东西两侧向中央、自东北向西南方向厚度递增。含水层粒度由东北向西南由粗变细，由含砾中粗砂变为中细砂。垂直方向上上细下粗，以中更新统顶部的亚黏土为隔水层，分为深、浅两层地下水。上部为潜水含水岩组，以上更新统冲积细砂、中细砂、中粗砂为主，含水层厚度为 50～80m，地下水埋深 0.5～3m，单井涌水 2000～3000m³/d；下部为深层承压水含水岩组，含水层为中、下更新统中细砂、含砾中粗砂及混土砂砾石层，夹亚黏土含砾，厚度为 50～110m，单井涌水量 1000～2000m³/d。

（3）第四纪冲积海积层咸水含水岩组。

第四纪冲积海积层咸水含水岩组分布于滨海三角洲平原盘山、大洼、营口一带，含水岩组总厚度 250～400m。其中灰色、灰白色粉细砂厚度为 20～60m，夹多层亚黏土、亚砂土层，下部为细砂、中细砂混砾，夹亚黏土层，厚度为 200～300m。因潜水埋藏浅，径流滞缓，蒸发强烈，同时由于第四纪时期多次海侵，加之海水顶托，形成全咸水含水岩组，矿化度 10～30g/L。

（4）第四纪冲积、洪积层含水岩组。

第四纪冲积、洪积层含水岩组分布于平原内部河谷平原中，含水岩组以全新统、上更新统为主，中更新统次之。含水层表层为亚砂土、亚黏土，中部为砂砾石、砾卵石层，底部为砾卵石混土。含水岩组总厚度为 10～20m，最厚处可达 40m。单井涌水量一般为 500～1000m³/d，高的可达 1000～3000m³/d。该含水岩组在柳河平原中，含水层以中细砂为主，夹中粗砂、粉细砂，厚度为 20～40m，单井涌水量为 1000～3000m³/d，水质良好。

（5）第四纪坡洪积层含水岩组。

第四纪坡洪积层含水岩组分布于下辽河平原山前倾斜平原中的冲洪积扇扇间地带。岩性以黏性土为主，夹砂砾石、碎石薄层或透镜体。含水层分布不均匀，厚度多变，最厚可达 70m，单井涌水量一般为 100～500m³/d，高的可达 1000m³/d。

2.3.2　地下水的循环特征

下辽河平原地下水的循环过程（补给、径流、排泄）是一个十分复杂的过程。由于区域地下水类型多样，含水层结构层次较多，各个层次的地下水相互依存、相互补充，共同组成一个由补给区、径流区到排泄区的完整的水文地质单元。

（1）地下水的补给来源。

研究区地下水的补给主要来自大气降水和地表水的入渗，区域地下水的补给以垂向补给为主，侧向补给为辅。垂向补给按入渗来源可分为大气降水的面状渗入补给、河流渗入的线状补给和农业灌溉用水的渗入补给，侧向补给主要是通过第四纪含水层和基岩含水层的侧向径流补给，即潜流补给。地下水的补给区主要为基岩裸露的山区、山前冲洪积扇后缘、部分河谷两侧第四纪含水层直接出露区。其中，含水层直接出露地表地段主要分布在柳河两岸、辽河西岸及山前河流两岸。

这些地区地表较低平，坡降很小，十分有利于降水入渗，因而成为地下水重要的补给来源。其他地段含水层则被黏性土覆盖，地势低平，部分地段黏土裂隙发育，为降水入渗提供了有利条件。

（2）地下水的径流特征。

地下水的径流贯穿于地下水循环过程的始末，既表现在补给区，又表现在径流区和排泄区。在补给区和径流区以水平径流为主，也有地下水的垂向运动；在排泄区水平径流十分微弱，近乎停滞状态，垂向运动增强，最后以垂直蒸发的形式排泄。从整个区域来看，地下水总的径流方向由山前向中部平原呈放射状；至中部平原后由东北向西南，最后进入辽东湾。

地下水的径流条件主要取决于含水层的导水性能和地下水水力坡度。在山前冲洪积扇发育地区，含水层以砾卵石、砂砾石为主，渗透系数为 50～100m/d 或更大，水力坡度为 5/10000～10/10000，地下水径流条件良好，为地下水强烈径流区。中部平原地区含水层多为中粗砂、中细砂，厚度增大，渗透性能降低，渗透系数 5～20m/d，水力坡度 1/10000～2/10000，径流条件较差，为地下水径流滞缓区。

（3）地下水的排泄方式。

下辽河平原地势低平，地下水埋藏浅，其中中部平原和南部滨海平原地下水埋深均为 1～2m。因此，地下水的垂直蒸发是区域地下水的主要排泄方式，包括地面蒸发、水面蒸发和植物蒸腾作用三种方式，这三种蒸发方式都是比较强烈的。南部滨海平原地区含水层颗粒较细，但厚度加大，地下水埋深 1～2m，有的甚至直接出露地表形成沼泽，水平径流极为滞缓或停滞，代之以强烈的垂直蒸发，成为区域地下水的主要排泄区。此外，植物的蒸发蒸腾作用、地下水的人工开采以及地下水补给河水也是区域内地下水的重要排泄方式。

综上所述，地下水的补给、径流和排泄是一个密切相关的统一形成过程，三者不能孤立存在。补给区有排泄，排泄区也有补给，径流区也有补给和排泄。所以，它们既互相区别，又互相联系、互相渗透，补给和排泄共同组成下辽河平原的地下水统一体。因此，区域地下水的运移过程是一个复杂的相互依赖、相互制约的均衡过程。

2.3.3　地下水水化学成分及分布规律

下辽河平原地下水水化学成分的形成受气候、地质、地貌、地下水埋藏条件、补径排条件等因素的综合影响，在渗滤作用和浓缩作用的驱动下，一方面使不同地区的地下水化学类型十分复杂，另一方面又使地下水的水质变化呈现明显的水平分带性。

（1）东部山前倾斜平原地下水水化学特征。

研究区由辽河、浑河、太子河、海河四大冲洪积扇及扇间地带相连而成。水化学类型除沈阳—抚顺附近为 SO_4-HCO_3-Ca-Mg、HCO_3-SO_4-Ca-Na、HCO_3-Cl-Ca-Na 外，其余地区均为 HCO_3-Ca-Na 型，矿化度为 0.3g/L 左右。其中辽河、太子河、海城河三大冲洪积扇是地下水的补给形成区，也是地下水的强径流带，水循环交替十分活跃，地下水以低矿化的 HCO_3-Ca 和 HCO_3-Ca-Mg 型水为主。平原扇间地带和前缘地区地下水径流比较滞缓，因离子交替吸附作用而改变了水中的化学成分，同时提高了矿化度，地下水类型以 HCO_3-Ca-Na 型为主，局部为 HCO_3-Cl-Ca-Na 型。

（2）西部山前倾斜平原地下水水化学特征。

由于西部山前倾斜平原前缘地下水埋藏浅，含水层径流条件差，垂直交替较为明显，加之土壤盐渍化的影响，使得水中氯离子含量相对升高，因而地下水化学类型以 HCO_3-Cl-Ca-Na 型水为主，矿化度较高，可达 0.12～0.63g/L；平原后缘地区岩石广布，岩溶孔隙裂隙十分发育，降水入渗补给较强，所以地下水以低矿化的 HCO_3-Ca-Na 型水为主，矿化度为 0.14～0.49g/L。此外，大小凌河冲洪积扇为 HCO_3-Ca-Mg 型水，矿化度为 0.21～0.43g/L。

（3）中部冲积平原地下水水化学特征。

中部平原地区地形平坦开阔，地下水水力坡度较小，含水层表层渗透性能差，导致地下水径流缓慢，使得地下水的化学成分受渗流区影响发生较大改变，地下水类型以 HCO_3-Ca-Na 型水为主，局部为 HCO_3-Cl-Ca-Na，矿化度在 0.12～0.63g/L。此外，在辽中东北部一带，由于地下水埋藏浅，含水层径流条件差，垂直交替较为明显，加之土壤盐渍化的影响，使得 Cl^- 含量相对升高，矿化度也明显增高。

（4）南部滨海平原（滨海三角洲平原地区）地下水水化学特征。

南部滨海平原地区地下径流极其微弱，甚至基本停滞，垂直蒸发十分强烈，为地下水的主要垂直蒸发排泄区。强烈的垂直交替作用造成地下水的矿化度不断增高，使得水中的化学成分以 HCO_3^- 和 SO_4^{2-} 为主，最后成为以 NaCl 为主的高矿化咸水和卤水。其中后缘地区地下水化学类型为 Cl-HCO_3-Na-Ca 型水，反映了水平径流带和垂直交替带的过渡类型特点；前缘地区则为高矿化的 Cl-Na 型水，反映了蒸发浓缩带地下水的典型特点。

综上，下辽河平原地区地下水由补给、径流到排泄的循环过程，就是地下水化学成分发展变化的过程。这是一个复杂的连续变化的化学过程，其间天然降水组分逐渐减少，岩石组分不断进入地下水中，水化学类型经历由简单到复杂又到简单的过程；同时地下水矿化程度不断升高。在这一过程中，三者之间虽无严格的分界线，但却有着相对明显的水化学水平分带。

2.4　社会经济条件

2.4.1　人口状况

下辽河平原区面积仅占辽宁省总面积的 20.04%，却集中了辽宁省 62.29%的人口。2010 年平原区内总人口为 2723.2 万，人口密度 1027.5 人/km²。其中城镇人口 1721.2 万，乡村人口 1002 万，0~14 岁人口 303.2 万，60 岁以上的人口 420 万，占人口总数的 15.42%，与辽宁省平均水平（15.46%）基本持平，高出全国水平（13.12%）2.3 个百分点，表明下辽河平原区人口已进入较为严重的老龄化。老龄化会给社会经济发展、文化进步、劳动力结构及劳动力素质带来一系列的影响，对社会的可持续发展也会造成不利影响。下辽河平原区 2000~2010 年各市的人口基本状况如表 2-5 所示。下辽河平原区内人口的自然增长率总体呈下降趋势，除盘锦市外，其他各城市人口自然增长率在 2010 年都出现了负增长。各城市的城镇人口总数、城镇人口比重也在不断上升。除抚顺市、阜新市和铁岭市外，其他城市总人口均呈增长态势。

表 2-5　下辽河平原区 2000~2010 年各城市的人口状况

地区	年份	总人口/万人	城镇人口/万人	乡村人口/万人	城镇人口比重/%	人口自然增长率/‰	人口密度/（人/km²）
沈阳市	2000	685.1	433.3	251.8	63.25	1.6	527
	2005	698.6	450.4	248.2	64.47	0.87	538
	2010	810.6	624.8	185.8	77.07	-0.60	625
鞍山市	2000	344.2	173.5	170.7	50.41	6.7	372
	2005	347.6	176.0	171.7	50.63	1.43	376
	2010	364.6	244.9	119.7	67.17	-1.65	394
抚顺市	2000	227	149	78	65.64	-0.1	201
	2005	224.4	148.7	75.7	66.27	-1.17	199
	2010	213.8	153.2	60.6	71.64	-5.67	190
锦州市	2000	306.4	108.6	197.8	35.44	1.6	297
	2005	308.3	116.7	191.7	37.85	3.08	299
	2010	312.6	149.6	163.0	47.86	-5.52	316
营口市	2000	226.2	88.2	138	38.99	8.7	418
	2005	230.5	102.9	127.7	44.64	2.24	427
	2010	242.8	142.9	99.9	58.85	-1.62	450

续表

地区	年份	总人口/万人	城镇人口/万人	乡村人口/万人	城镇人口比重/%	人口自然增长率/‰	人口密度/（人/km²）
阜新市	2000	192.1	85.4	106.7	44.46	2.0	185
	2005	192.7	86.1	106.6	44.68	2.05	186
	2010	181.9	95.5	86.4	52.48	-3.00	176
辽阳市	2000	179.2	76.5	104.8	42.69	9.0	383
	2005	182.0	79.1	102.9	43.46	1.65	385
	2010	185.9	103.9	82.0	55.90	-0.65	392
铁岭市	2000	298.5	90.1	208.4	30.18	3.7	230
	2005	302.6	95.5	207	31.56	3.02	233
	2010	271.8	114.6	157.2	42.16	-1.71	209
盘锦市	2000	122.1	60.7	61.4	49.71	8.2	300
	2005	125.9	77.9	48.1	61.87	4.47	309
	2010	139.2	91.8	47.4	65.96	4.40	342

2.4.2　经济状况

下辽河平原区是辽宁省经济发展的核心区域，是辽宁省的经济中心（该区域 2010 年 GDP 占辽宁省 GDP 的 61.57%），是中国北方重要的重工业基地（集中了辽宁省 60.41% 的工业和 49.62% 的重工业），承担着中国振兴东北老工业基地的重任，同时也是辽宁省乃至全国重要的商品粮基地（集中了辽宁省 58.89% 的农业），在辽宁省的经济和社会发展中有着举足轻重的作用。下辽河平原区 2000～2010 年各城市的经济发展状况如表 2-6 所示。

表 2-6　下辽河平原区 2000～2010 年各城市的经济发展状况

地区	年份	GDP/亿元	人均 GDP/元	第一产业比重/%	非农产业比重/%	城镇居民人均可支配收入/元
沈阳市	2000	1119.14	16432	6.30	93.70	5850.54
	2005	2084.13	29935	6.10	93.90	10098.08
	2010	5017.54	62357	4.60	95.40	20541.23
鞍山市	2000	518.22	16995	7.80	92.20	6052.60
	2005	1018.01	29338	5.50	94.50	9462.93
	2010	2125.01	58426	4.40	95.60	18423.08
抚顺市	2000	232.21	10207	8.10	91.90	5155.17
	2005	390.24	17372	7.40	92.60	8005.17
	2010	895.16	41810	6.10	93.90	15302.92

续表

地区	年份	GDP /亿元	人均 GDP /元	第一产业比重 /%	非农产业比重 /%	城镇居民人均可支配收入/元
锦州市	2000	195.85	6402	25.50	74.50	5707.74
	2005	381.94	12397	23.05	76.95	8407.53
	2010	912.63	29264	16.60	83.40	17375.10
营口市	2000	170.83	7585	15.20	84.80	5093.65
	2005	379.59	16487	10.80	89.20	9008.65
	2010	1002.45	41452	7.70	92.30	18054.61
阜新市	2000	65.05	3393	13.80	86.20	4121.55
	2005	142.59	7398	24.90	75.10	6656.32
	2010	387.87	20819	24.50	75.50	12710.83
辽阳市	2000	172.07	9546	12.90	87.10	4949.66
	2005	330.06	18135	7.70	92.30	8407.53
	2010	735.43	39686	6.20	93.80	16570.34
铁岭市	2000	126.51	4249	30.70	69.30	4291.57
	2005	264.23	8764	26.40	73.60	6526.33
	2010	722.13	26556	19.70	80.30	13730.03
盘锦市	2000	299.06	24630	7.40	92.60	6802.36
	2005	441.32	34641	10.62	89.38	11025.32
	2010	926.32	66976	8.80	91.20	21035.41
下辽河平原区	2000	2961.94	11467.50	10.23	89.77	5336.09
	2005	5432.11	20791.97	9.53	90.47	8672.51
	2010	12715.54	46693.38	7.64	92.36	17082.62

下辽河平原区 2010 年国内生产总值达到 12715.54 亿元，占辽宁省经济总量的 61.57%，其中非农产业比重达到 92.36%。各城市的 GDP 和人均 GDP 在 2000～2010 年呈快速增长态势，下辽河平原区经济得到迅速发展，特别是从 2005 年开始 GDP 和人均 GDP 增长速度明显加快。其中经济发展水平最高的是沈阳市，2010年 GDP 达到 5017.54 亿元，经济发展水平最低的为阜新市，2010 年 GDP 为 387.87亿元。GDP 增速最快的是阜新市，2010 年 GDP 比 2000 年增长了近 5 倍，增速最慢的为盘锦市，2010 年 GDP 比 2000 年增长了 2.1 倍。

根据下辽河平原区的人均 GDP 及各城市的人均 GDP 可以看出：随着经济的发展，GDP 的不断增加，人均 GDP 也有较大幅度的提高。整个平原区人均 GDP从 2000 年的 11467.50 元提高到 2010 年的 46693.38 元，提高了 3.1 倍，比辽宁省人均 GDP 高了 7.6%。各城市人均 GDP 增长最快的是铁岭市，从 2000 年的 4249元增长到 2010 年的 26556 元，增长了 5.25 倍，增长相对较慢的盘锦市 2010 年人均 GDP 比 2000 年增长了 1.72 倍，表明平原区内各城市之间的经济发展不均衡，存在较大的空间差异性。

下辽河平原区内除盘锦市和阜新市第一产业有所增长以外，其他城市及平原整体的第一产业比重有所下降。从整个下辽河平原区来看，第一产业比重从 2000 年的 10.23%降低至 2010 年的 7.64%，下降了 2.59 个百分点，说明平原区内产业结构调整初见成效，产业结构趋于合理。其中第一产业比重下降幅度最大的是铁岭市，从 2000 年的 30.70%下降至 2010 年的 19.70%，下降了 11 个百分点，但第一产业所占比重仍然较大，还需进一步加强产业优化，使其趋于合理。第一产业比重下降幅度最小的为沈阳市，从 2000 年的 6.30%下降至 2010 年的 4.60%，下降了 1.7 个百分点。总体来说，平原区内第一产业比重最小的是沈阳市，最大的是阜新市，各地区产业结构也存在一定的差异性。

总体来看，下辽河平原城镇居民人均可支配收入有所提高，2010 年达到 17082.62 元，接近于辽宁省的平均水平。其中城镇居民人均可支配收入最高的为盘锦市，2010 年达到 21035.41 元，高于辽宁省平均水平 18.76%；最低的是阜新市，2010 年达到 12710.83 元，低于辽宁省平均水平 39.35%。

第 3 章　地下水脆弱性与环境风险评价理论与方法

3.1　地下水脆弱性评价理论与方法

3.1.1　DRASTIC 脆弱性指数

目前，水文地质学家和相关研究部门分别从不同的角度对地下水脆弱性进行了定义。国际上公认的定义是，1993 年美国国家科学研究委员会提出的污染物到达含水层之上某特定位置的倾向性与可能性。国内外评价地下水脆弱性的方法众多，主要为水文地质背景值法、参数系统法、相关分析与数值模型法和模糊数学方法等（李连香等，2015；寇长林等，2013）。其中参数系统法中的 DRASTIC 评价法在地下水脆弱性评价中的应用最为普遍。

DRASTIC 模型是 1987 年由美国水井协会（National Water Well Association，NWWA）和美国国家环境保护局集合 40 多位经验丰富的水文地质学专家合作开发的，是宏观尺度大范围区域地下水脆弱性评价的经验模型（左海军，2006；喻光晔，2014）。DRASTIC 模型易于掌握、简单易行、评价结果直观并可直接服务于决策过程中。DRASTIC 方法选取的评价指标体系包括 7 项指标，分别是地下水埋深 D（depth to water table）、地下水净补给量 R（net recharge）、含水层介质类型 A（aquifer media）、土壤介质类型 S（soil media）、地形坡度 T（topography）、包气带介质类型 I（impact of the vadose zone media）、含水层水力传导系数 C（hydraulic conductivity of the aquifer）。DRASTIC 方法由权重、范围（类别）和评分 3 部分组成，脆弱性指数通常用数值来表示。

DRASTIC 模型中，首先根据 7 项评价指标对地下水脆弱性影响的大小，给 7 项指标赋予一个固定的权重值，范围为 1～5，构成权重体系。把对地下水固有脆弱性影响最大的因子权重值定为 5，把对地下水固有脆弱性影响最小的因子权重值定为 1。DRASTIC 方法权重的赋值分为正常因子和农药因子两种情况，具体如表 3-1 所示。各评价因子分级及评分表如表 3-2 所示。

DRASTIC 模型中每一项指标，根据其对地下水脆弱性影响的大小将其划分为不同级别。每项指标都可以用评分值来量化这些数值范围（数值型指标，如 D、R、T、C）和类别（文字描述性指标，如 A、S、I）对脆弱性的可能影响，其评分取值范围为 1～10。地下水脆弱性程度越高，其评分值越大，地下水受到污染的潜在可能性越大；反之评分值越小，地下水受到污染的潜在可能性越小。

表 3-1 DRASTIC 方法评价因子权重表

评价因子	权重数值	
	正常因子	农药因子
地下水埋深（D）	5	5
地下水净补给量（R）	4	4
含水层介质类型（A）	3	3
土壤介质类型（S）	2	5
地形坡度（T）	1	3
包气带介质类型（I）	5	4
含水层水力传导系数（C）	3	2

表 3-2 DRASTIC 方法评价因子分级及评分表

地下水埋深（D）		地下水净补给量（R）		地形坡度（T）		含水层水力传导系数（C）	
范围/m	评分	范围/mm	评分	范围/%	评分	范围/（m/d）	评分
0～1.5	10	0～51	1	0～2	10	0～4.1	1
1.5～4.6	9	51～102	3	2～6	9	4.1～12.2	2
4.6～9.1	7	102～178	6	6～12	5	1.2～28.5	4
9.1～15.2	5	178～254	8	12～18	3	28.5～40.7	6
15.2～22.9	3	>254	9	>18	1	40.7～81.5	8
22.9～30.5	2	—	—	—	—	>81.5	10
>30.5	1	—	—	—	—	—	—

含水层介质类型（A）		土壤介质类型（S）		包气带介质类型（I）	
类别	评分	类别	评分	类别	评分
块状页岩	2	薄层或裸露、砾	10	承压层	1
变质岩/火成岩	3	砂	9	粉砂/黏土	3
风化变质岩/火成岩	4	泥炭	8	变质岩/火成岩	4
冰渍岩	5	胀缩或凝聚性黏土	7	灰岩	6
层状砂岩灰岩及页岩序列	6	砂质亚黏土	6	砂岩	6
块状砂岩	6	亚黏土	5	层状灰岩砂岩页岩	6
块状灰岩	6	粉砂质亚黏土	4	含较多粉砂和黏土的砂砾	6
砂砾石	8	黏土质亚黏土	3	砂砾	8
玄武岩	9	垃圾	2	玄武岩	9
岩溶灰岩	10	非胀缩性和非凝聚性黏土	1	岩溶灰岩	10

注：表中所有涉及范围的类型划分，都是含上不含下

7 项指标评分的加权和即为地下水脆弱性指数,根据计算的 DRASTIC 脆弱性指数,即可识别出研究区各水文地质单元的地下水相对脆弱性。地下水系统固有脆弱性指数值越大,相应区域的地下水脆弱性相对越高,其地下水系统受到污染的潜在可能性越大。根据式(3-1),可计算 DRASTIC 脆弱性指数,据此可对含水层固有脆弱性进行评价。

$$I_D = D_w D_R + R_w R_R + A_w A_R + S_w S_R + T_w T_R + I_w I_R + C_w C_R \tag{3-1}$$

式中,I_D 为 DRASTIC 脆弱性指数;D_R、R_R、A_R、S_R、T_R、I_R、C_R 分别为 7 项指标的评分级别值;D_w、R_w、A_w、S_w、T_w、I_w、C_w 分别为 7 项指标的权重。

3.1.2　地统计学方法

地统计学起源于 20 世纪 60 年代,早期主要应用于研究地质学现象的空间结构和进行空间估值。其创始人 Marheron 将其简单定义为:随机函数在自然现象勘察及估计中的应用。从中可以看出,地统计学主要是利用随机函数对不确定的现象进行探索分析,并结合采样点提供的信息对未知点进行估计和模拟。地统计学最初主要用于采矿业和石油勘探中,但随着传统统计学方法在空间数据分析上的无能为力,越来越多涉及空间分析的学科求助于地统计学的研究工具(孙英君等,2004;王政权,1999)。如今,地统计学已经被广泛用于地理学、生态学、环境科学、土壤学等诸多领域的研究中。特别是 GIS 的发展极大丰富了空间数据,越来越多的科学家求助于地统计学来分析空间数据。

1. 区域化变量理论

地统计学处理的对象为区域化变量,即在空间分布的变量。通常一个区域化变量具有两个性质:①在局部的某一点,区域化变量的取值是随机的;②对整个区域而言,存在一个总体或平均的结构,相邻区域化变量的取值具有该结构所表达的相关关系。区域化变量的两大特点是随机性和结构性。基于此地统计学引入随机函数及其概率分布模型为理论基础,对区域化变量加以研究。区域化变量可以看作是随机变量的一个现实(realization)。对于随机变量,必须在已知多个现实的前提下,才可以总结出其随机函数的概率分布。如向空中投掷一次色子,不能仅凭一次结果为 6,就推断每次投掷结果可能出现的值及其相应的概率。而对地学数据来讲,往往我们只有一些采样点,它们可以看作随机变量的一个现实,所以也没有办法来推断整个概率分布情况。为此必须做一些假设,即平稳性假设,假定在某个局部范围内空间分布是均匀的。

(1)假定的局部范围内,变量的数学期望值为一常数,不依赖于点的空间位置。

$$E\{Z(x)\} = m, \forall x \tag{3-2}$$

（2）协方差存在且依赖于两点之间的距离 h。

$$C(h) = E\{Z(x+h) \cdot Z(x)\} - m^2, \forall x \qquad (3\text{-}3)$$

这样，在空间某一局部范围内，对空间某一点 x_0 相距为 h 的多个点，可以看作是点 $Z(x_0)$ 的多个现实，即可进行统计推断及估值预测。

2. 理论核心——变异函数

地统计学的主要用途是研究对象空间自相关结构（或空间变异结构）的探测以及变量值的估计和模拟。不管哪一种用途，地统计学分析的核心是根据样本点来确定研究对象（某一变量）随空间位置而变化的规律，以此去推算未知点的属性值。这个规律就是变异函数。样本点的变异函数计算公式为

$$\bar{\gamma}(h) = \frac{1}{2N(h)} \sum_{\alpha=1}^{N(h)} \left[z(u_\alpha) - z(u_\alpha + h) \right]^2 \qquad (3\text{-}4)$$

式中，$N(h)$ 为距离相隔为矢量 h 的所有点对的个数。其核心思想是把所有的点对按照间隔距离的大小、方向进行分组，在每一个组内，计算每个点对属性值的差异，最后取平均作为该组属性值的差异（变异值）。这样，将整个空间分为不同大小和方向的组，并有相对应的属性差值。根据样本点计算某一未知点的属性值时，会考虑多种不同距离、不同方向空间点位的相关关系。

通常利用采样点及变异函数的计算公式（式（3-4））得出样本点的实验变异函数（experimental variogram）拟合后的曲线为经验变异函数。观察该变异函数的分布图像，寻找地统计学提供的某一种理论模型或者多个理论模型（basic model）的线性组合进行拟合。常见的理论模型有线性模型、球状模型、指数模型、高斯模型、幂指数模型等。理论模型利用块金效应（nugget）、基台值（sill）以及变程（range）3 个参数来描述研究对象的空间分布结构。块金效应指 h 为 0 时的变异函数值。理论上讲，该值应为 0。但由于测量误差的存在，以及当观测的尺度大于空间变异的细微尺度时，块金效应就不为 0 了。基台值指变异函数所达到的最大值（对某些基本变异函数，实际应用中取最大值乘以 0.95），即为采样点原点的方差值。变程描述了具备空间关联的范围，超出该范围，则不再具有相关关系。

变异函数的选取不仅是将实验的点变异函数拟合为经验的模型变异函数曲线，用户需要根据自己的经验去选择变异函数的个数、类型以及基础变异函数模型各向同异性。

3. 地统计学研究方法

（1）估值（estimation）。

地统计学的最初应用是在矿产部门，作为矿产储量计算的基本方法取得了相

当丰硕的成果。在地统计学领域，克里金（Kriging）是大家公认的估计方法的总称。实际上，它也是一种广义的最小二乘回归算法，而其最优目标定义为误差的期望值为 0，方差达到最小。所有的克里金估值可表示为

$$Z^*(u) - m(u) = \sum_{\alpha=1}^{n(u)} \lambda_\alpha(u)\big[Z(u_\alpha) - m(u_\alpha) \big] \tag{3-5}$$

式中，$\lambda_\alpha(u)$ 为赋予样本点 $Z(u_\alpha)$ 的权重，即通过变异函数计算的统计意义上的权重；$m(u)$ 及 $m(u_\alpha)$ 为 $Z^*(u)$ 及 $Z(u_\alpha)$ 的均值。在每一个未知点 u，根据一定的搜索半径及限制条件确定一个以 u 为中心点的邻域 $W(u)$，取该区域内所有样本点，并赋予相应权重，计算未知点的属性值。

根据所研究对象的不同趋势，克里金可分为以下 6 种类型。

①简单克里金（simple Kriging）：认为均值 $m(u)$ 在整个研究地区 A 是已知的一个常数。$m(u) = m,\ \forall u \in A$。

②普通克里金（ordinary Kriging）：认为在局部限定的一个区域 $W(u)$ 内，均值 $m(u)$ 是一个未知的常数，对于整个区域来讲均值有一定变动。$m(u') =$ 未知常数，$\forall u' \in W(u)$。

③趋势克里金（Kriging with a trend model）：认为在局部限定的每一个区域 $W(u)$ 内，均值也是平滑变化的，因此对整个区域来讲均值有一定变动。这时，利用一个多项式来对趋势进行建模。$m(u') = \sum_{k=0}^{K} a_k(u') f_k(u')$，其中 $m(u') \approx a_k$ 为一未知常数，$\forall u' \in W(u)$。即在一个局部区域 $W(u)$ 内，系数 $a_k(u')$ 是未知的，且在该局部范围内认为是一个常数。这里 $f_k(u')$ 是坐标 x, y 的函数，同时也可以是另外一种变量的函数，见趋势克里金（Goovaerts，1997）。

所有的插值算法都趋向于属性值空间变异局部细节的平滑，导致出现小值偏大、大值偏小的问题。这种平滑依赖于局部数据的形状：一般高频部分都随着未知点距离样本点越来越远而被滤掉。基于这种趋势，可利用因子克里金方法将不同尺度，也就是不同频率的空间变异提取出来。

④因子克里金（factorial Kriging）：以上所论述的克里金方法，都是对某一未知点属性的估计，而因子克里金，则是用以理解各种不同尺度影响的根源。如在一个研究区内，金属镉 Cd 的变异函数如下：

$$\gamma_{\text{Cd}}(h) = 0.3 g_0(h) + 0.30\text{Sph}\left(\frac{|h|}{200\text{m}} \right) + 0.26\text{Sph}\left(\frac{|h|}{1.3 \times 10^3 \text{m}} \right) \tag{3-6}$$

这里描述了金属 Cd 在 3 种不同尺度的空间上的变化：微小尺度（类似于块金效应，小于第一个步长值 50m）、局域尺度（小的变程约 200m）、区域尺度（变

程约 1km）。微小尺度变程结构对应在不同的岩石类型和土地利用类型上 Cd 的空间分布。而区域的变程结构则对应于不同的地质构造上金属 Cd 的分布。利用多种尺度的变异函数，因子克里金可以通过协方差剔除将各种尺度对应的部分提取出来。

⑤协同克里金（co-Kriging）：如果所研究的变量数据与其他变量有相关关系，且其他变量的观测比较容易实现，则可利用相关系数将两者的关系引入，后者称为共协变量。利用多数的共协变量及少数的主变量采样点进行主变量的估值。共协变量一般应是全覆盖的，即在所有采样点、未知点处都是已知的，最低要求是与主变量采样点同位的共协变量是已知的。实践表明，只有当主变量的采样点远少于共协变量的采样点时，相对于一般的克里金方法，协同克里金方法才是有意义的。

⑥块状克里金（block Kriging）：在实践中，有时量化目标是某个属性值在特定尺寸"块"上的平均值。假如以 $1hm^2$ 的土地为一个研究单元，考察在该范围内，金属污染物 Cu 的估值为多少，以确定该污染物是否超标，从而及时监督，施行补救。这个研究单元"块"称为支集，它也可以是一条线段，或像本例，$1hm^2$ 的土地，是一个曲面。在计算中，考虑的是"块"内点的平均值，以及不同"块"之间内部点与相关"块"之间的关联关系。

（2）局部不确定性（local uncertainty）预测。

地统计学的估计功能主要是求得一个无偏的最优估值，同时给出每个估值的误差方差，用以表示其不确定性。如 95%的置信区间为

$$\text{Prob}\left\{Z(u) \in \left[z^*(u) - 2\sigma_E(u), z^*(u) + 2\sigma_E(u)\right]\right\} = 0.95 \tag{3-7}$$

这种方法的优点是比较简单，只需要主变量之间的关联关系。但也有其缺点：①认为误差的分布是对称的，但在实际情况中，低值区往往被高估，而高值区往往被低估。②认为误差的方差只依赖于真实值的形状，而不考虑具体每个值的影响，即所谓的同方差性。但实际上被一个大值和小值包围的点，其估值的误差一般要比被两个同规模小值包围估值点的误差要大。所以应切实考虑所估计点周围样本点本身值的影响，即利用条件概率模型［式（3-8）］来推断不确定性。通常有两种方法：参数法（众高斯方法）及非参数方法（指示克里金）。

$$F\left(u; z \big| (n)\right) = \text{Prob}\left\{Z(u) \leqslant z \big| (n)\right\} \tag{3-8}$$

众高斯方法（multi-Gaussian approach）：到目前为止，这是应用最广泛的参数化方法。它假定所研究区域的概率分布可以用一个统一的公式表达，最终的概率依赖于相关参数。对应于众高斯方法，即是均值和方差。我们利用克里金方法来估计这两个参数，同时利用光滑样本点频率分布图方式来平滑、增加其概率分布函数。

由于众高斯方法要求多点分布必须是标准正态的，且没有考虑极大值与极小值间的关联关系。对于样本点的指示变异函数不支持双高斯分布，或者作为关键的辅助信息与主变量之间不满足众高斯分布，这时需采用指示克里金。

指示克里金（indicator Kriging）：利用指示克里金方法估计未知点的不确定性，首要的一步是将各种来源的信息进行指示编码。即利用不同的阈值将原数据分为合适大小的间隔，考虑该间隔内点的关联关系及其不同的关联之间的关系，有效地解决了众高斯方法的缺点。

根据全局采用已知常数作为指示均值还是局部采用未知常数作为均值来将指示克里金分为简单指示克里金和普通指示克里金。同时，不同阈值内的变量间也存在一定的相关性，这种关联可借助协同指示克里金来加入。但阈值的个数基本代表了所加入的共协变量的个数，这无疑加重了计算的负担。这时可采用概率克里金。

概率克里金（probability Kriging）：即第二种信息的引入，不采用变换后的指示形式，而是原数据形式。但由于两者在尺度方面存在很大的差别故利用阶转换形式。将原数据 z 利用其标准阶 $x(u_\alpha)=r(u_\alpha)/n$ 来代替，其中 $r(u_\alpha)$ 为样本点累积分布中数据 z 的排序“阶”。这样可利用唯一的次变量信息来代替众多的阈值之间的信息，大大减少了计算量。

中值指示克里金（median IK）：指示克里金要求对 K 个指示变异函数进行估计和建模，在每个点 u 求解 K 个克里金方程。可通过中值指示克里金大大减少计算量，但要想实行中值指示克里金必须满足下列条件：

①K 个指示函数是内蕴关联的，即所有的指示直接及交叉变异函数均成一定比例，有如下关系：

$$\gamma_1\left(h;z_k,z_k'\right)=\varphi_{kk}'\cdot\lambda_{ml}\left(h\right),\forall k,k' \tag{3-9}$$

②所有的已知精确硬数据矢量都是完整的，没有缺失而用间隔信息来替代的。这样，所有的克里金和协同克里金估值都是一样的，即

$$\left[F(u;z_k|(n))\right]_{m/K}^*=\sum_{\alpha=1}^{n(u)}\lambda_\alpha^{OK}(u)I(u_\alpha;z_k)=\left[F(u;z_k|(n))\right]_{oICK}^* \tag{3-10}$$

对于中值指示克里金只需要对一个指示变异函数（一般是中间阈值处）进行建模，求解一个克里金方程，然后按比例关系计算其他阈值范围的量。

有了以上各种求解未知点不确定性的方法，可以根据不同的目标得出符合特定要求的估值，而不是像克里金一样，必须是方差最小的目标。方法是利用一个损失函数作为限制误差 $e(u)=z^*(u)-z(u)$ 的标准，由此求出最优估值。

主要包含 3 类估值类型。

E 类估值：其标准为误差平方和最小：

$$L\left(e(u)\right)=\left[e(u)\right]^2 \tag{3-11}$$

这种估值方法虽然其标准和克里金是一致的，但它的概率分布函数考虑了样本点本身的数值信息。当样本点是标准正态分布的，两者是一致的，除此之外两者是不同的。

中间估值：由于在 E 类估值中，取的是误差的平方，因此极大（小）值的影响非常显著。为此，利用中间估值可有效消除极值的作用。它的最优估值为

$$z_L^* = q_{0.5}(u) = F^{-1}(u; 0.5|(n)) \tag{3-12}$$

分位估值：上面所述两种方法均考虑误差的大小，没将符号的影响包括在内。但在实际应用中误差的分布往往是不对称的，其造成的后果也是不对称的。在分位估值中采用的是不对称的线性损失函数：

$$L(e(u)) = \begin{cases} \omega_1 \cdot e(u), & e(u) \geq 0(高估) \\ \omega_2 \cdot |e(u)|, & e(u) < 0(低估) \end{cases} \tag{3-13}$$

地统计学在这一阶段的发展表现在不确定性上，即充分考虑了各点的分布及其本身的属性值再给出其不确定性。这对于笼统地给出一个置信区间，无疑是个很大的进步。以此为基础，可以求出不同目标函数的估值，相对单一的克里金的目标函数而言，也体现了地统计学灵活性的增强。

（3）随机模拟（simulation）。

克里金方法完成了空间格局的认知，但没能使其再现。通过克里金方法，可以获得唯一的估计结果，而且极值点都被光滑下去。根据随机变量的定义，每个变量可以有多个现实，也就是说每个未知点的估值可以有多种情况，但前提是总体趋势的正确性，这种方法就是随机模拟。随机模拟可以利用各种不同类型数据（如"硬"的采样点数据，"软"的地震数据）再现已知的空间格局。"硬数据"指在采样点精确测量的变量值。"软数据"指关于该变量各种类型的间接测量值。随机模拟可以生成众多的现实，每一个现实展现同一种格局，但表现方式不同。在单变量分布模型中，通过随机变量的系列结果来统计其不确定性，与此类似，一系列随机产生的现实，作为模型的输入也可以表达输出结果的不确定性。这些随机现实是等概率的，即没有哪一个现实是最好的。

①高斯序列模拟（Gaussian sequential simulation）：从数学上来讲，最初、最严格的随机模拟方法为高斯序列模拟。它克服了克里金方法平滑的效果，通过系列随机模拟现实表达由变异函数或柱状图量化的特定地质格局。克里金方法的不足之处在于单独估计未采样点的属性值，而没有考虑该点与前面已经取得估值的各未知点的相关关系，显然，克里金方法无法再现修正后的空间关联关系。这也是其结果光滑性的原因所在。为确保这一点，需要定义所有栅格点属性值的联合概率模型，而不再像克里金方法中单个的考虑。联合分布定义为

$$F\left(z_1, z_2, \cdots, z_N\right) = \Pr\left(Z\left(u_1\right)\right) \leqslant \left(z_1, \cdots, Z\left(u_N\right) \leqslant Z_N\right) \qquad (3\text{-}14)$$

从该分布中生成一个样点要考虑所有点之间的空间相关性。

②LU 分解模拟（LU simulation）：当要模拟的结点较少，所需的现实值又较多时，可采用 LU 分解模拟方法。这是一种通过对协方差矩阵进行 LU 分解以加快计算过程的模拟方法。在高斯序列模拟中，每一个现实都要计算 n 个克里金方程，以加入邻近的采样点和前面模拟过的值为条件。但 LU 分解只需在第一次对整个协方差矩阵进行分解，以后更改模拟过的值相关关系即可。

③高斯指示模拟（Guassian indicator simulation）：序列高斯模拟不能考虑极值点的连续性及相关关联。在不同的属性值范围内关联是不一致的，所以采用个别范围个别变异函数来刻画其关联性的方法，即序列指示模拟。

④P-field 模拟（P-field simulation）：利用分位算法 $z^{(l)}(u) = F^{-1}\left(u; p^{(l)}\big|(n)\right)$，$l = 1, \cdots, L$，对应不同的分位数，只要有概率分布函数 $F\left(u; z\big|(n)\right)$，便可以得到一系列的 L 个模拟结果 $z^{(l)}(u), l = 1, \cdots, L$。如果采用的概率分布函数只以采样点的已知数据为条件，则未必能得出真实的 $C(u - u')$，因为 u 点得到的概率分布函数没有考虑与 $z^{(l)}(u')$ 的关联。序列高斯模拟中，将原始的采样点及每点前面模拟过的未知点的模拟值作为估计概率分布函数的先决条件，这样在每个点都需要计算概率分布函数，这样会加大计算量，延长整个模拟的时间。而 P-field 模拟方法首先用原始采样点数据估计出概率分布函数。然后利用系列随机自相关数将相邻两点模拟值的关联关系引入最后利用概率值从概率分布函数中抽取模拟值的计算中，这样只需要计算一次概率分布函数，大大节省了计算时间。

⑤模拟退火方法（simulation annealing）：模拟退火方法不再涉及随机函数模型，而是一个最优化的过程。对某个问题来讲，一般都有一个近似的答案，以此为起点，逐步修正，得到满足约束条件的最优解。

可将其他模拟方法的结果作为该方法的原始图像的输入，利用一定的扰动机制进行模拟，直到满足目标函数为止。常用的目标函数有单点的概率分布函数、变异函数模型、指示变异函数模型、多点统计、相关系数、交叉变异函数。目标函数可以由多个部分构成。每个部分赋予不同的权重。在扰动修正过程中，每一部分及其权重都可以发生变化。

在这一阶段地统计学最大的进步就是从全局出发，充分考虑了整个空间的不确定性，而不局限于某个子域。多个现实的结果与克里金方法单一的结果对比，更方便评价结果的不确定性。特别是在作为某个模型的输入时，不同的现实得到的结果代表了模型描述事件各种可能出现的情况，在实践中颇为有用。

（4）多点地统计学（multi-point geostatistics）。

多点地统计学的发展主要得益于地统计学在石油领域中的应用。早期，地统计学多用于解决煤炭问题，通过块状估值得到可开采储量。但在对石油储区的研究中，人们发现单纯研究某个点的渗透性是没有意义的，而应该以流的观点来看待渗透性问题。因为对介质的连通性及空间分布进行量化比获得局部点渗透性精确值更为重要，而不是光滑的估计。传统的地统计学借助于煤炭科学的思想，利用变异函数来量化空间格局。但变异函数只能度量空间上两个点之间的关联，所以表现空间格局有很大的局限性。对于关联性很强的情况，或所研究对象具备较为明显的曲线特征，这时要想量化其空间格局需要包含多个空间点。在图像分析中，通过多点模板或者窗口来量化其格局。意识到变异函数在表达地质连续性上的局限性后，地统计学家将图像分析中的思路借鉴过来，一个新的领域在地统计学中升起：多点地统计学。原本地统计学模拟包括认知和再现两部分。认知通过变异函数来完成，而再现通过序列高斯模拟的多个现实来完成。多点地统计学进一步改善了认知部分，即通过多个点的训练图像来取代变异函数，更有效地反映了研究目标的空间分布结构。但对图像分析而言，它只注重认知部分，而没有再现功能。

多点地统计学的核心是训练图像。在地统计学中也出现过多点信息，但从未被量化过，而一般是将隐含的信息应用到具体问题模型中去。但如通过图像的方式，可全面量化原数据各阶的信息，因此我们可采用非条件的布尔方法得到训练图像再进行分析（Caers，2001）。这种方法主要是由石油领域的问题引出，因此也主要应用在这个领域。包括理论本身，还有待于进一步完善。

3.1.3　空间自相关分析

空间自相关分析（spatial auto-correlation analysis）主要用于空间数据的统计分析，分析结果依赖于数据的空间分布。自从 1950 年 P. A. P. Moran 提出空间自相关测度以来，其后的几十年空间统计学一直在缓慢曲折中发展着。近年来，空间自相关理论及其空间模型的应用十分广泛（Andrienko et al.，2006；Schabenberger et al.，2005；Cressie，1993），其检验手段也在不断发展和完善。

1. 空间自相关的相关概念

Tobler（1970）曾指出地理学第一定律："任何东西与别的东西之间都是相关的，但近处的东西比远处的东西相关性更强。"空间自相关是指一些变量在同一个分布区内的观测数据之间潜在的相互依赖性（Griffith，1995，1987）。许多地理现象由于受到在地域分布上具有连续性的空间过程所影响而在空间上具有自相关性，主要包括空间相互作用过程和空间扩散过程。空间自相关统计量是用于度量地理数据（geographic data）的一个基本性质，即某位置上的数据与其他位置上的数据间的相互依赖程度（Ord，1975），通常把这种依赖叫作空间依赖（spatial dependence）。地理数据由于受空间相互作用和空间扩散的影响，彼此之间可能不再相互独立，而是相关的。

空间自相关是检验某一要素的属性值是否显著地与其相邻空间点上的属性值相关联的重要指标，分为空间正相关和空间负相关。空间正相关表明某个单元的属性值变化与其相邻空间单元的属性值具有相同的变化趋势，空间负相关表示某个单元属性值的变化与其相邻单元具有相反的变化趋势（李哈滨等，1998；刘宇等，2017）。

2. 全局空间自相关

全局空间自相关指标主要用来探索属性值在整个区域所表现出来的空间特征。表示全局空间自相关的指标和方法有很多，其主要包括莫兰（Moran）I 指数、吉尔里（Geary）C 指数和 Getis-Ord G 指数。

（1）全局莫兰 I 指数。

Moran（1950）首次提出莫兰 I 指数的估计量，随后 Cliff 等（1969）利用上述指标来计算空间中属性之间的自相关。全局莫兰 I 指数的计算公式是

$$I = \frac{\sum_{i=1}^{n}\sum_{j=1}^{m} W_{ij}(x_i - \overline{x})(x_j - \overline{x})}{S^2 \sum_{i=1}^{n}\sum_{j=1}^{m} W_{ij}} \tag{3-15}$$

式中，$S^2 = \frac{1}{n}\sum_{i=1}^{n}(x_i - \overline{x})^2$，$\overline{x} = \frac{1}{n}\sum_{i=1}^{n} x_i$，$n$ 为地区的数目，x_i 和 x_j 分别为地区 i 和地区 j 的观测值；W_{ij} 为二进制的邻接空间权重矩阵，表示空间对象的邻接关系，$i=1, 2, \cdots, n$；$j=1, 2, \cdots, m$。当区域 i 和区域 j 相邻时，$W_{ij}=1$；当区域 i 和区域 j 不相邻时，$W_{ij}=0$。当 x_i 和 x_j 同时大于或小于 $\overline{x}$ 时，$(x_i - \overline{x})(x_j - \overline{x}) > 0$，则 $I>0$，表示相邻地区具有相似的特征，属性值高和属性值低的地区都存在空间聚集现象，即正自相关；反之，$(x_i - \overline{x})(x_j - \overline{x}) < 0$，则 $I<0$，表示相邻地区资料差异性较大，数据呈现高低价格分布，即存在负空间自相关。因此全局莫兰 I 指数值介于[-1,1]，当绝对值越接近于 1，表示空间的自相关程度越高，当空间分布为随机时，则全局莫兰 I 指数值越接近于随机分布的期望值 $-\frac{1}{n-1}$。注意 I 统计量本身的大小并不说明空间聚集的类型（热点/冷点）。

如果想要判断空间自相关在全局上是随机还是非随机的，可由标准化的 Z-Score 统计量来判断，如果变量是独立同分布（independent and identically distributed，IID）的，满足如下两个基本假定（H_0 和 H_1）：变量满足渐进正态分布和随机排列（randomly permuted），则该统计量服从标准正态分布（O'Loughlin et al.，1998）。原始假设 H_0：总体为随机分布。原始假设 H_1：总体为非随机分布。即存在空间自相关性。检验统计量如下：

$$Z(I) = \frac{I - E(I)}{\sqrt{\text{Var}(I)}} \sim N(0,1) \tag{3-16}$$

式中，$E(I) = -\dfrac{1}{n-1}$。

在正态条件下其方差为

$$\text{Var}(I) = \frac{n^2(n-1)S_1 - n(n-1)S_2 - 2(S_0)^2}{(S_0)^2(n^2-1)} \tag{3-17}$$

在随机条件下其方差为

$$\text{Var}(I) = \frac{n\left[S_1(n^2-3n+3) - nS_2 + 3S_0^2\right] - k\left[S_1(n^2-n) - 2nS_2 + 6S_0^2\right]}{(n+1)(n-1)(n-3)S_0^2} + \left(\frac{1}{n-1}\right)^2 \tag{3-18}$$

式中，$S_0 = \sum_{i=1}^{n}\sum_{j=1}^{n} w_{ij}, i \neq j$；$S_1 = \dfrac{1}{2}\sum_{i=1}^{n}\sum_{j=1}^{m}(w_{ij} + w_{ji})^2, i \neq j$；$S_2 = \sum_{i=1}^{n}\left[\sum_{j=1}^{n}(w_{ij} + w_{ji})^2\right]$；

$k = n\sum_{i=1}^{n}(x_i - \bar{x})^2 \left/ \left[\sum_{i=1}^{n}(x_i - \bar{x})^2\right]^2\right.$。

一般而言，在 α 的显著水平下，当 $Z(I) > Z_{\alpha/2}$ 时，表示分析范围内变量的特征有显著空间相关性且是正相关；若 $-Z_{\alpha/2} \leq Z(I) \leq Z_{\alpha/2}$ 表示分析范围内变量的特征无显著相关性，即不存在空间自相关性；当 $Z(I) < -Z_{\alpha/2}$ 时，表示分析范围内变量的特征有显著相关性且为负相关。

（2）全局吉尔里 C 指数。

全局莫兰 I 指数定义相关或不相关用偏离均值来计算，Geary（1954）提出另一空间自相关加权统计量 C，该方法以实际距离来估计其空间相关性，其估计统计量服从标准正态分布，全局吉尔里 C 指数计算如下：

$$C(d) = \frac{n-1}{2\sum_{i=1}^{n}\sum_{j=1}^{n} w_{ij}} \cdot \frac{\sum_{i=1}^{n}\sum_{j=1}^{n} w_{ij}(x_i - x_j)^2}{\sum_{i=1}^{n}(x_i - \bar{x})^2} \tag{3-19}$$

全局吉尔里 C 指数的检验 Z-统计量如下：

$$Z[C(d)] = \frac{C(d) - E[C(d)]}{\sqrt{\text{Var}[C(d)]}}$$ （3-20）

在正态分布条件下全局吉尔里 C 指数的方差为

$$\text{Var}[C(d)] = \frac{(2S_1 + S_2)(n-1) - 4S_0^2}{2(n+1)S_0}$$ （3-21）

在随机条件下全局吉尔里 C 指数的方差为

$$\text{Var}[C(d)] = \frac{S_1(n-1)\left[n^2 - 3n + 3 - k(n-1)\right]}{S_0 n(n-2)(n-3)} + \frac{n^2 - 3 - k(n-1)^2}{n(n-2)(n-3)}$$
$$- \frac{(n-1)S_2\left[n^2 + 3n - 6 - k(n^2 - n + 2)\right]}{4n(n-2)(n-3)S_0^2}$$ （3-22）

全局吉尔里 C 指数值越接近于 1，表示空间自相关性越低，即发散分布的状态；当全局吉尔里 C 指数显著地大于 1 时表示存在空间负自相关性；当全局吉尔里 C 指数显著地小于 1 时表示存在正自相关性（Anselin，1992）。

（3）全局 Getis-Ord G 指数。

Getis 和 Ord（1992）提出了一种测度空间相关的方法，全局 Getis-Ord G 指数的计算方法是

$$G(d) = \frac{\sum_{i=1}^{n}\sum_{j=1}^{n} w_{ij} x_i x_j}{\sum_{i=1}^{n}\sum_{j=1}^{n} x_i x_j}, \ i \neq j$$ （3-23）

检验统计量服从标准正态分布，这样可以采用如下统计量：

$$Z[G(d)] = \frac{G(d) - E[G(d)]}{\sqrt{\text{Var}[G(d)]}} \sim N(0,1)$$ （3-24）

其中，$G(d)$的均值和方差如下：

$$E[G(d)] = \frac{\sum_{i=1}^{n}\sum_{j=1}^{n} w_{ij}}{n(n-1)}, \ j \neq i$$ （3-25）

$$\text{Var}[G(d)] = \frac{B_0\left(\sum_{i=1}^{n} x_i^2\right)^2 + B_1\sum_{i=1}^{n} x_i^4 + B_2\left(\sum_{i=1}^{n} x_i\right)^2 \sum_{i=2}^{n} x_i^2 + B_3\sum_{i=1}^{n} x_i \sum_{i=1}^{n} x_i^3 + B_4\left(\sum_{i=1}^{n} x_i\right)^4}{\left[\left(\sum_{i=1}^{n} x_i\right)^2 - \sum_{i=1}^{n} x_i^2\right]^2 n(n-1)(n-2)(n-3)}$$
$$- \left[E(G(d))\right]^2$$ （3-26）

式中，

$$B_0 = (n^2 - 3n + 3)S_1 - nS_2 + 3\left(\sum_{i=1}^{n}\sum_{j=1,j\neq i}^{n} w_{ij}\right)^2$$

$$B_1 = -\left[(n^2 - n)S_1 - 2nS_2 + 6\left(\sum_{i=1}^{n}\sum_{j=1,j\neq i}^{n} w_{ij}\right)^2\right]$$

$$B_2 = -\left[2nS_1 - (n+3)S_2 + 6\left(\sum_{i=1}^{n}\sum_{j=1,j\neq i}^{n} w_{ij}\right)^2\right]$$

$$B_3 = 4(n-1)S_1 - 2(n+1)S_2 + 8\left(\sum_{i=1}^{n}\sum_{j=1,j\neq i}^{n} w_{ij}\right)^2$$

$$B_4 = S_1 - S_2 + \left(\sum_{i=1}^{n}\sum_{j=1,j\neq i}^{n} w_{ij}\right)^2$$

上述统计量的取值范围是[0,1]，其值接近于 1 表示高值集聚，其值接近于 0 表示低值集聚。

3. 局部自相关

全局自相关假定空间是同质的，也就是只存在一种充满整个区域的趋势。但实际上，从研究区域内部来看，各局部区域的空间自相关完全一致的情况是很少见的，常常是存在着不同水平与性质的空间自相关，这种现象称为空间异质性（spatial heterogeneity）。区域要素的空间异质性非常普遍，局部自相关就是通过对各个子区域中的属性信息进行分析，探查整个区域属性信息的变化是否平滑（均质）或者存在突变（异质）。揭示空间自相关的空间异质性可以用局部自相关指标（local indicators of spatial association，LISA）来表示。LISA 是一组指数的总称，如局部莫兰 I 指数、局部吉尔里 C 指数、局部 Getis-Ord G 指数等。局域空间自相关计算结果一般可以采用地图的方式直观地表达出来。通过定义不同类型的子区域范围（构造不同的空间连接矩阵），可以更为准确地把握空间要素在整个区域中的异质性特征。

（1）局部莫兰 I 指数。

全局莫兰 I 指数和全局吉尔里 C 指数仅能描述某现象或事件的整体空间分布情况，通过显著性水平的检验是否存在空间相关性，但无法判断各地区的空间自相关情况。因此 Anselin（1988）提出局部空间自相关指标的方法，主要用来度量区域内空间单元对整个研究范围空间自相关的影响程度，影响程度大则代表区域内存在异常值（outliers），即为存在空间聚集现象，局部莫兰 I 指数计算如下：

$$I_i = \left(\frac{x_i - \overline{x}}{m} \right) \sum_{j=1}^{n} W_{ij}(x_i - \overline{x}) \tag{3-27}$$

式中，$m = \sum_{i=1}^{n}(x_i - \overline{x})^2$。$I_i$ 值为正，表示该空间单元周围相似值（高值或低值）的空间集聚；I_i 值为负，表示非相似值之间的空间集聚。再根据式（3-28）计算出局部莫兰 I 指数的检验统计量，对有意义的区域空间关联进行显著性检验。

$$Z(I_i) = \frac{I_i - E(I_i)}{\sqrt{\text{Var}(I_i)}} \tag{3-28}$$

式中，$E(I_i) = \sum_{j=1}^{n} w_{ij} \Big/ n-1$，$\text{Var}(I_i) = w_i \dfrac{n-b}{n-1} + \dfrac{2w_{i(kh)}(2b_2 - n)}{(n-1)(n-2)} - \dfrac{w_i^2}{(n-1)^2}$。此处，

$b_2 = \dfrac{m_4}{m_2^2}$，$m_2 = \sum_{i=1}^{n} \dfrac{x_i^2}{n}$，$m_4 = \sum_{i=1}^{n} \dfrac{x_i^4}{n}$；$w_i = \sum_{j \neq i}^{n} w_{ij}^2$；$w_{i(kh)} = \dfrac{1}{2} \sum_{h \neq k}^{n} \sum_{k \neq i}^{n} w_{ik} w_{ih}$，$i$、$k$ 和 h 分别表示第 i、k 和 h 个地区。

LISA 分析可以检验各地区莫兰 I 指数值对全局莫兰 I 指数值的影响程度，局部莫兰 I 指数值对全局莫兰 I 指数值的影响程度越大，表示该地区越可能是空间聚集区，同时通过显著性水平检验判断该地区是否存在空间自相关。当 $Z(I_i) > Z_{\alpha/2}$ 时，表示为空间聚集（spatial cluster）现象，此时又分为热点（hot spots）和冷点（cold spots），其中前者为相邻区域的莫兰 I 指数都很高，以高-高表示，后者为相邻地区的莫兰 I 指数值都很低，以低-低表示，两者都是正的空间自相关。$Z(I_i) < Z_{-\alpha/2}$ 表示该地区的观测值差异性大，属于特殊情况，称为空间异常值（spatial outliers）或者称为空间发散，变量值高的地方相邻地区变量值低，变量值低的地方相邻地区变量值高，可以用高-低和低-高表示，上述情形为负空间自相关（图 3-1）。当该检验没有通过显著性水平时，即 $-Z_{\alpha/2} < Z(I_i) < Z_{\alpha/2}$，表示呈现随机分布，即不存在空间自相关。在空间相关的解释上，高-高和低-低称为提升效应（pull through effect），

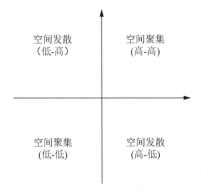

图 3-1　莫兰 I 指数空间自相关象限图

是由相邻地区的变化造成的，可以作为空间扩散的依据；高-低和低-高可称为互斥效应，表示相邻地区的影响是相反的结果。

（2）局部吉尔里 C 指数。

根据 Anselin（1992）的研究局部吉尔里 C 指数可以定义为

$$C_i = \sum_{j \neq i}^{n} w_{ij}(z_i - z_j)^2 \tag{3-29}$$

式中，$z_i = x_i - \overline{x}$；$z_j = x_j - \overline{x}$。

检验统计量为

$$Z[C_i(d)] = \frac{C_i(d) - E[C_i(d)]}{\sqrt{\mathrm{Var}[C_i(d)]}} \sim N(0,1) \tag{3-30}$$

$$E[C_i(d)] = \frac{n\sum_{j=1}^{n} w_{ij} \sum_{j=1}^{n}(z_i - z_j)^2}{(n-1)^2} \tag{3-31}$$

$$\mathrm{Var}[C_i(d)] = \frac{\left[(n-1)\sum_{i=1}^{n} w_{ij}^2 - \left(\sum_{j=1}^{n} w_{ij}\right)^2\right] \cdot \left[(n-1)\sum_{i=1}^{n}(z_i - z_j)^4 - \left(\sum_{j=1}^{n}(z_i - z_j)^2\right)^2\right]}{(n-1)^2(n-2)}$$

$$\tag{3-32}$$

（3）局部 Getis-Ord G 指数。

Anselin 等（1996）归纳各种局部自相关分析的研究方法，可通过以下公式表述：

$$\varGamma = \sum_{j=1}^{n} w_{ij} x_{ij} \tag{3-33}$$

对式（3-33）的假设不同，局部自相关分析可发展成多种空间聚集方法，如 $x_{ij} = (x_i - \overline{x})(x_j - \overline{x})$ 就是莫兰 I 指数的含义，若 $x_{ij} = x_i$ 或者 $x_i = x_j$ 就是 Getis-Ord G 指数的含义，前面的全局 Getis-Ord G 就是如此，而局部 Getis-Ord G 空间自相关检验统计量如下：

$$G_i^*(d) = \sum_{j=1}^{n} w_{ij} x_j \bigg/ \sum_{j=1}^{n} x_j \tag{3-34}$$

Getis 等（1992）及 Ord 等（1995）证明 $G_i^*(d)$ 空间单元 i 的邻居数增加服从渐进正态分布，一般 8 个邻居或更多就能确保足够的逼近。采取的检验方法与上述类似。

$$Z[G_i^*(d)] = \frac{G_i^*(d) - E[G_i^*(d)]}{\sqrt{\mathrm{Var}[G_i^*(d)]}} \sim N(0,1) \tag{3-35}$$

式中，$E\left[G_i^*(d)\right]=\bar{x}\sum_{j=1}^{n}w_{ij}$ ；$\mathrm{Var}\left[G_i^*(d)\right]=\dfrac{\sum\limits_{i=1}^{n}(x_i-\bar{x})^2}{n(n-1)}\left[n\left(\sum\limits_{j=1}^{n}w_{ij}^2\right)-\left(\sum\limits_{j=1}^{n}w_{ij}\right)^2\right]$ 。

如果 $Z\left[G_i^*(d)\right]>2.58$ ，则可以认为通过 1%的显著性水平检验，表示显著的高值聚集；如果 $1.65<Z\left[G_i^*(d)\right]\leqslant1.96$ 和 $1.96<Z\left[G_i^*(d)\right]\leqslant2.58$ 则认为分别通过 10%和 5%的显著性水平检验，表示比较显著的高值聚集；如果 $-1.65<Z\left[G_i^*(d)\right]\leqslant1.65$ 则表示不存在显著的空间聚集；如果 $-1.96<Z\left[G_i^*(d)\right]\leqslant-1.65$ 和 $-2.58<Z\left[G_i^*(d)\right]\leqslant-1.96$ 则认为分别通过 10%和 5%的显著性水平检验，表示比较显著的低值聚集。

4. 空间权重矩阵（spatial weight matrix）的构造

空间权重矩阵的特点是基于多边形特征，这需要相邻（contiguity）矩阵去进行空间计量的估计，而且空间权重矩阵是根据相邻的关系来定义的。对相邻而言，一种方式是以边界相邻为基准（contiguity-based），Anselin（1988）认为通常有三种可能的相邻关系，即 Rook（共边）、Bishop（共点）和 Queen（共边点），如图 3-2 所示。Rook 指两个空间单元的边界有接触，Bishop 是对角相邻，Queen 是指边界或者对角都相邻。通常可以定义如式（3-36）所示的二元对称空间权重矩阵，常见一阶相邻矩阵（first order contiguity matrix），空间权重矩阵的每一个元素都可以通过式（3-36）获得（Anselin，1988）。

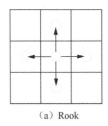　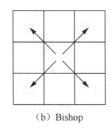　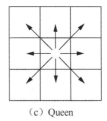

　　（a）Rook　　　　　　　　　　（b）Bishop　　　　　　　　　　（c）Queen

图 3-2　空间相邻关系

$$W_{ij}^*=\begin{bmatrix} 0 & w_{12}^* & \cdots & \cdots & w_{1n}^* \\ w_{21}^* & 0 & & & \vdots \\ \vdots & & \ddots & & \vdots \\ \vdots & & & 0 & \vdots \\ w_{n1}^* & \cdots & \cdots & \cdots & 0 \end{bmatrix}=\left[w_{ij}^*\right]_{n\times n} \tag{3-36}$$

$$W_{ij}^*=\begin{cases} 1,\text{地区}i\text{和}j\text{相邻} \\ 0,\text{地区}i\text{和}j\text{不相邻} \end{cases}$$

这种空间权重矩阵 W^* 是一个由 0 和 1 组成的 $n×n$ 阶的对称矩阵，在空间计量分析中，为了固定各空间单元相邻效应的影响，减少或消除区域间的外在影响，使元素的和为零，Tiefelsdorf（1995）将空间权重矩阵 W^* 经过行标准化（row-standardized），获取如下的标准化相邻矩阵 $W=(w_{ij})_{n×n}$：

$$W = \begin{bmatrix} 0 & w_{12} & \cdots & \cdots & w_{1n} \\ w_{21} & 0 & & & \vdots \\ \vdots & & \ddots & & \vdots \\ \vdots & & & 0 & \vdots \\ w_{n1} & \cdots & \cdots & \cdots & 0 \end{bmatrix} = \left[w_{ij} \right]_{n×n} \qquad (3\text{-}37)$$

式中，$w_{ij} = w_{ij}^* \Big/ \sum_{j=1}^{n} w_{ij}^*$。

Anselin 等（1996）提出了高阶相邻矩阵的算法，目的是为了消除在创建矩阵时出现的冗余及循环。二阶相邻矩阵（second order contiguity matrix）表示一种空间滞后的相邻矩阵，即该矩阵表达了相邻地区的邻近区域空间信息，当使用时空数据并假设随着时间推移存在空间溢出效应时，这种类型的空间权重矩阵将非常有用。在这种情况下，特定地区的初始效应或随机冲击不仅会影响其相邻地区，而且随着时间的推移还会影响其相邻地区的邻近地区（高远东，2010），本书以一阶相邻矩阵为主。

另一种方式是以距离为基准（distance-based），该方法以空间单元的中心（centroid）间的直线距离来定义空间相邻关系。Cliff 等（1973）建议一般的空间权重矩阵 W 里的元素 w_{ij} 应该基于两个空间单元的欧几里得距离（Euclidian distance）d_{ij} 和空间单元 i、j 有共同边界的部分占完整的空间单元 i 边界部分的比值 β_{ij}，进行计算得到，即

$$w_{ij} = d_{ij}^{-a} \beta_{ij}^{-b} \qquad (3\text{-}38)$$

式中，参数 a 和 b 被假定大于零。这种空间权重矩阵可以应用于空间单元并非正规的栅格结构，同时由于空间单元并不等于实际的物理形式，β 可变，此时空间权重矩阵将不对称。通常可以分为最近 K 邻居、径向距离、幂距离、指数距离和双幂函数五种权重，简要描述如下。

（1）最近 K 邻居（K-nearest neighbors）。

定义每个空间单元 i 到所有空间单元 $j≠i$ 的距离，并排序 $d_{ij(1)} \leqslant d_{ij(2)} \leqslant \cdots \leqslant d_{ij(n-1)}$，对每个 $K=1, 2, \cdots, n-1$，定义集合 $N_K(i) = \{ j(1), j(2), \cdots, j(K) \}$ 包含距离 i 的最近的 K 个单元。对于每个 K，最近 K 邻居形式如下：

$$w_{ij} = \begin{cases} 1, j \in N_K(i) \\ 0, 其他 \end{cases} \qquad (3\text{-}39)$$

（2）径向距离权重（radial distance weights），即门限距离权矩阵。

该方式设定一个门限距离（threshold distance）或带宽（bandwidth）d，当空间单元之间的中心小于该门限 d 时，这两个空间单元为相邻区域，即

$$w_{ij} = \begin{cases} 1, 0 \leqslant d_{ij} \leqslant d \\ 0, d_{ij} > d \end{cases} \qquad (3\text{-}40)$$

（3）幂距离权重（power distance weights）。

径向权重矩阵被假定直到门限距离 d 不存在递减效应（diminishing effects），如果随着距离 d_{ij} 的增加存在递减效应，则可设如下负幂函数形式：

$$w_{ij} = d_{ij}^{-a} \qquad (3\text{-}41)$$

式中，a 是正数，常取值为 $a=1$（逆距离）或 $a=2$（二次型逆距离，如空间交互作用的重力模型）。

（4）指数距离权重（exponential distance weights）。

上述负幂函数也可取负指数函数形式，即

$$w_{ij} = \exp(-ad_{ij}), 0 < a < \infty \qquad (3\text{-}42)$$

（5）双幂函数权重（double-power distance weights）。

有时一个更有弹性的族包括有限带宽，具有良好形状的逐渐变细的函数。其权重的定义为

$$w_{ij} = \begin{cases} \left[1 - \left(d_{ij}/d\right)^k\right]^k, 0 \leqslant d_{ij} \leqslant d \\ 0, d_{ij} > d \end{cases} \qquad (3\text{-}43)$$

3.1.4　空间热点分析方法

1. G 指数

为了研究空间数据的局域空间关联模式，检查研究区内数据的集聚程度，可选用 G 指数进行分析。G 指数通过对子区域中的信息分别进行分析，探索各个区域的信息变化，判断区域内部空间的异质性，能很好地反映某一区域与临近区域单元属性值的关联程度（董雯等，2012；靳诚等，2009），计算公式为

$$G_i(d) = \sum_{j=1}^{n} W_{ij}(d)x_j \Big/ \sum_{j=1}^{n} x_j \qquad (3\text{-}44)$$

对 $G_i(d)$ 进行标准化处理，可得

$$Z\big[G_i(d)\big] = \frac{G_i(d) - E\big[G_i(d)\big]}{\sqrt{\mathrm{Var}\big[G_i(d)\big]}} \qquad (3\text{-}45)$$

式中，$G_i(d)$ 为 G 指数；n 为空间单元的数量；x_j 为空间单元 j 的属性值；$E[G_i(d)]$ 和 $\mathrm{Var}[G_i(d)]$ 分别为数学期望和变异系数；$W_{ij}(d)$ 为空间权重矩阵，空间相邻为 1，不相邻为 0。如果 $Z[G_i(d)]$ 为正值且显著，表明位置 i 周围的值都相对较高，为高值空间集聚区，即热点区；反之，如果 $Z[G_i(d)]$ 为负值且显著，表明位置 i 周围的值相对较低，为低值空间集聚区，即冷点区（孙才志等，2014，2016；齐元静等，2013；杨宇等，2012）。

2. 重心法与标准差椭圆

重心属于物理学范畴，它是物体每个组分所受重力的合力发生点，可理解为空间散布的力矩达到的均衡点，也称作均匀中心（赵媛等，2012）。非物理学范畴的重心分布研究起源于 20 世纪 70 年代，现已在社会经济领域取得重要应用，产业重心、经济重心及其变化轨迹的研究为区域间经济发展平衡性研究、制定区域空间发展策略提供了支撑。

标准差椭圆是分析离散数据点簇空间位置状态的有效工具之一，其长半轴能够反映离散数据集的分布方向，短半轴反映数据点的离散程度与分布范围。短半轴越短表示数据点的聚集力越大，越长表示数据点离散程度越高。长短半轴的长度差距也是数据点方向性的反映，差距越大表示数据点分布的方向性越强。标准差椭圆的中心即为离散数据集的重心。

假设若干个（n 个）子区域组成一个大区域，第 i 个子区域的中心坐标为 $P_i(x_i,y_i)$，i 子区域的属性值为 w_i，作为该子区域的权重。大区域第 j 年的中心坐标为 $P_i(x_j,y_j)$（祝晔，2012）。

$$P_i(x_j, y_j) = \left\{ \frac{\sum\limits_{i=1}^{n} w_i x_i}{\sum\limits_{i=1}^{n} w_i}, \frac{\sum\limits_{i=1}^{n} w_i y_i}{\sum\limits_{i=1}^{n} w_i} \right\} \qquad (3\text{-}46)$$

标准差椭圆由 3 个要素构成：转角 θ、长轴标准差和短轴的标准差。正北方向与顺时针长轴两者构成的角即为转角 θ（图 3-3）（申庆喜等，2016）。

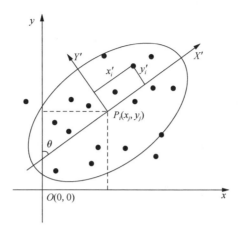

图 3-3　标准差椭圆示意图

标准差椭圆主要参数计算公式如下：

$$\overline{X}_w = \frac{\sum\limits_{i=1}^{n} w_i x_i}{\sum\limits_{i=1}^{n} w_i}, \quad \overline{Y}_w = \frac{\sum\limits_{i=1}^{n} w_i y_i}{\sum\limits_{i=1}^{n} w_i} \tag{3-47}$$

$$\tan\theta = \frac{\left(\sum\limits_{i=1}^{n} w_i^2 \tilde{x}_i^2 - \sum\limits_{i=1}^{n} w_i^2 \tilde{y}_i^2\right) + \sqrt{\left(\sum\limits_{i=1}^{n} w_i^2 \tilde{x}_i^2 - \sum\limits_{i=1}^{n} w_i^2 \tilde{y}_i^2\right)^2 + 4\left(\sum\limits_{i=1}^{n} w_i^2 \tilde{x}_i^2 \tilde{y}_i^2\right)^2}}{2\sum\limits_{i=1}^{n} w_i^2 \tilde{x}_i \tilde{y}_i} \tag{3-48}$$

$$\delta_x = \sqrt{\frac{\sum\limits_{i=1}^{n} \left(w_i \tilde{x}_i \cos\theta - w_i \tilde{y}_i \sin\theta\right)^2}{\sum\limits_{i=1}^{n} w_i^2}} \tag{3-49}$$

$$\delta_y = \sqrt{\frac{\sum\limits_{i=1}^{n} \left(w_i \tilde{x}_i \sin\theta - w_i \tilde{y}_i \cos\theta\right)^2}{\sum\limits_{i=1}^{n} w_i^2}} \tag{3-50}$$

式中，x_i, x_j 表示研究对象的空间区位；w_i 表示权重；$\overline{X}_w, \overline{Y}_w$ 表示加权中心；θ 为椭圆方位角，表示正北方向顺时针旋转到椭圆长轴所形成的夹角；$\tilde{x}_i, \tilde{y}_i$ 分别表示各研究对象区位到平均中心的坐标偏差；δ_x 和 δ_y 分别为沿 X 轴的标准差和沿 Y 轴的标准差。

3.2　地下水环境风险评价理论与方法

3.2.1　环境风险评价的概念与内涵

1. 环境风险评价的概念

环境风险评价是近年来伴随环境科学的发展而兴起的，并得到快速发展，具有涉及面广、内容复杂的特点。目前对于环境风险评价的研究还在不断深入，对环境风险评价尚无确切的定义，笔者在查阅大量文献（李金惠等，2012；杜锁军，2006；毛小苓等，2003；钟政林等，1996）的基础上，给予环境风险评价如下定义：环境风险评价是指对人类各种活动所引发或面临的危害（包括自然灾害）可能性及危害程度进行评价，对各种环境压力下人体健康、社会经济和生态系统所遭受的负面影响进行评估，并据此进行管理和决策的过程。环境系统具有综合性、复杂性等特点，因此在进行环境风险评价时不能仅从某一方面出发进行评价，而应该综合考虑区域的自然因素和人为因素。环境风险是自然和人类活动所固有的危险性、暴露性、脆弱性和适用性共同作用的结果，环境风险的高低取决于人类活动所引发或面临的危害（包括自然灾害）所造成的损失以及人类、生态系统面临危险时的适应和恢复能力。因此环境风险函数为

$$环境风险=f（危险性，暴露性，脆弱性，适应性）$$

危险性是指由潜在的或趋势性的自然灾害或人类活动引起的，可能导致生命财产损失或伤害、生态环境退化，以及社会和经济不稳定的一种属性。暴露性是指暴露于灾害或人类活动中并受到不利影响的自然界生物、人口数量或活动价值的一种属性。脆弱性是指环境在特定时空尺度中相对于自然灾害或人类活动的影响所具有的敏感反应，以及缺乏适应能力从而使生态环境容易发生改变的一种属性，是环境的固有属性在干扰作用下的表现，是自然属性和人类活动共同作用的结果。适应性是指人类及自然本身为应对外界环境变化而进行的调整能力，包括自然生态系统本身的响应和人类的响应。危险性、暴露性、脆弱性及适应性评价是对自然生态系统本身和人类活动影响的综合评价。

2. 环境风险评价的内涵

经济的发展使得生态环境灾害事故频发，随着环保意识的增强，人们注意到某些行业存在着一定的环境风险，必须采用某些方法在事故发生前进行环境风险评价，以此来减少危害。陆雍森（1999）认为：广义上，环境风险评价是指对人类的各种社会经济活动所引发或面临的危害（包括自然灾害）对人体健康、社会

经济、生态系统等造成的可能损失进行评估，并据此进行管理和决策的过程；狭义上，环境风险评价常指对有毒有害物质（包括化学物质和放射性物质）危害人体健康和生态系统的影响程度进行概率估计，并提出减小环境风险的方案和对策。该定义从广义和狭义两个角度进行了概括，较全面地阐述了环境风险评价过程。郭文成等（2001）认为环境风险评价广义上讲是指对某建设项目的兴建、运转或是区域开发行为所引发的或面临的环境问题对人体健康、社会经济发展、生态系统等所造成的风险可能带来的损失进行评估，并提出了减少环境风险的方案。该定义缩小了环境风险评价的范围，而且认为环境风险评价的最终结果是减少环境风险。罗来平等（2006）认为环境风险评价是指由一定的机关或组织对具有不确定性的环境风险可能对人体健康、生态安全等造成的环境后果进行识别、度量、评估的过程或环境管理活动。该定义指出了环境风险评价的主体是机关或组织，并且具体细化了环境风险评价的过程。综上可以得出如下定义：环境风险评价是机关或组织对环境问题可能引发的健康风险、社会风险、生态风险等进行识别、度量和评估的环境管理活动（孙永刚，2011）。

区域环境中风险因素很多，不同地区风险类型也存在不同，随着自然、社会经济的变化，同一区域所包含的风险因素也会发生变化。但是，总的来说环境风险评价具有以下几个特点。①复杂性，环境风险评价不仅要考虑人类活动所导致的突发性事故对人类和环境的危害等，而且还要考虑自然灾害对环境的不利影响，既要进行单项或局部的评价，又要进行区域性、综合性的评价。②相互性，各种风险是互相联系的，降低一种风险可能引起另一种风险，环境风险危害具有不可逆转性和广泛性（耿永生，2010）。③不确定性，不确定性的主要来源表现在以下几个方面：一是自然和人为干扰因素的不确定性，导致环境风险具有不确定性；二是数据资料及其准确性不足等客观因素，导致评价方法和模型往往不能较准确地反映实际；三是风险标准的不确定性，缺乏让公众接受的各种必需的风险标准。④动态性，环境是一个开放的动态系统，它受到诸多不确定因素的影响，而且识别和度量环境风险存在不确定性，因此环境风险只能被估计，而不能被精确地计算。

3.2.2　地下水环境风险的概念与属性内涵

1. 地下水环境风险的概念

风险是对灾害发生的可靠性和风险性的分析研究，近年来才在国际上出现。目前国内外对地下水风险的指标体系构建及评价方法问题研究颇多，但对地下水系统环境风险的概念研究都是借鉴相关研究的模糊定义，没有一个统一明确的理论认识和界定。地下水环境风险分析是近年来在地下水污染风险、地下水健康风险基础上才发展起来的，目前有关地下水环境风险的概念还在不断探究中。地下水环境风险通常是指在地下水开发利用过程中，含水层中的地下水由于其上的自然条件变化和人类活动而产生不利事件的可能性，并由此造成的地下水系统本身的不确定性研究和地下水系统周围环境的不确定研究（孙才志等，2013）。地下水系统环境风险研究包括自然因素和社会因素两方面。由此可见，地下水环境风险是地下含水层固有脆弱性、功能性以及人类活动的胁迫性和适应性相互作用的综合结果（图 3-4），地下水环境风险函数为：地下水环境风险=f（脆弱性，功能性，胁迫性，适应性）。

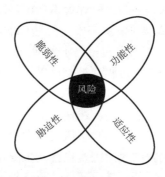

图 3-4　地下水环境风险形成理论

地下水脆弱性是污染物到达最上层含水层之上某特定位置的倾向性与可能性。地下水脆弱性分为本质脆弱性和特殊脆弱性（杜朝阳等，2011）。前者是指不考虑人类活动和污染源只考虑水文地质内部因素的脆弱性，后者是指地下水对某一特定污染源或人类活动的脆弱性。本节评价的即为地下水本质脆弱性，在国内也被称为地下水的易污染性（郑西来，2009）。含水层对人类活动产生的污染物进入地下水具有自然保护作用，但由于自然保护能力的差异，地下水在有些地方更易遭受污染，地下水易污性就是反映这种自然保护能力的（孙才志等，1999）。脆弱性越高的地区越容易受到污染。地下水功能性体现了地下水的价值，主要有以下三种价值：地下水的地质环境价值、地下水的生态环境维持价值和地下水的资源价值（董殿伟等，2010）。地下水胁迫性是指外界干扰（自然环境的变化和人类活动）作用于地下水系统的压力。地下水适应性是指地下水系统对外界环境变化而进行的调整能力，包括地下水系统的自身调节、恢复能力和人类的响应。脆弱性评价是对地下水系统本身属性的评价，因而在胁迫性及适应性评价中，侧重考虑人类活动的评价。

2. 地下水环境风险的属性内涵

地下水作为资源是一种能被人类利用的物质，因此，地下水资源既具有社会属性，又具有自然属性。地下水的径流比较滞缓，分布比较广泛，在时间和空间上均可起到一定的调节作用，在水系统中具有较高的价值和地位。地下水所在的水文地质环境具有地域性、时效性和可变性的特点（陈超，2012），因而，根据地下水环境风险的概念，可将地下水环境风险的属性内涵概括为以下几点。

（1）自然属性。

地下水具有系统性、调节性和可恢复性，因而地下水环境风险受地下水自然特性的影响。含水层的特性、结构、成分及分布都是在长期地质构造作用下形成的，并以确定的形式客观存在。而地下水的水文循环和地质循环在水系统中都具有相对一致的作用规律，地下水与外界的物质循环和交换都具有确定性，这是研究地下水系统风险首要掌握的基础信息。地下水系统本身对污染和人类开发利用所造成的破坏具有自身恢复能力，其能力因地而异，主要取决于地下水系统的含水层厚度、净补给量等自然特性。

（2）社会属性。

地下水环境风险的产生是由于人类不合理开发利用地下水所产生的地下水污染及诱发的环境地质问题等，其风险性的存在主要是针对人类而言。人类活动产生的大量污染物随着地表水的下渗作用进入地下水导致地下水环境污染；过量的抽排和补充地下水破坏了地下水水文循环的平衡，使渗流场的平衡和水岩力学平衡发生异常。因而，地下水环境的风险与人的活动密切相关，其产生的风险最终影响人类的正常生活和生产。

（3）不确定性。

不确定性是风险显著的特性之一。地下水系统本身是一个复杂的巨系统，加之人类活动干扰的不确定性，导致地下水环境风险具有不确定性。地下水系统受外界（气候异常、水文随机、地质突变等）干扰可能导致其状态和功能变化，这些变化常常表现为不确定性。另外地下水含水层结构复杂，使得地下水系统的含水性、富水性及水文地质参数具有空间变异性和时间变异性的变化规律。这种时空上的差异造成水文地质参数试验点的随机选取具有一定的不确定性。

（4）动态性。

地下水系统是一个开放的动态系统，它受到诸多不确定因素的影响而存在风险，影响系统的随机因素也是动态变化的，如降水量的变化、地表植被覆盖率的变化、土地利用类型的变化及人类活动地区的动态变化。

（5）模糊性。

地下水系统位于地表以下，是一个开放的复杂巨系统，在系统的物质循环上存在着固有的模糊性。很多地下水的属性界定都是人为划分的。如地下水的循环运动多为非稳定流，但在研究中通常将其近似地看作稳定流；对于含水层的透水性的区分，划分透水层、弱透水层和不透水层都是相对的；再如隔水边界、定水头边界等也都不是绝对的；水利传导系数的界定是在大量实验的基础上得出的，也是具有模糊性的。这就表明地下水系统的风险在评价时，很多因素的界定都具有模糊性。

（6）灰色性。

由于地下水系统内部结构复杂，影响因素较多且具有不确定性，人类对其本质规律不能完全掌握，地下水系统的相关信息获取不易，即使能够获取也仅仅是对个别站点的某个时刻的监测数据，通过现有的已知数据及模型计算未知数据，因此对整个系统的认识只是部分已知，对水系统本身的认识具有灰色性。人类活动对地下水产生的影响由于水循环的滞后性而其无法及时辨知，造成风险评价时的灰色性。又因为人类认识能力和获取有关统计信息的手段有限，评价模型中有些参数并没有实际的物理意义，所以构建的模型也呈灰色性。

3.2.3　环境风险评价研究方法

早在 20 世纪 80 年代，世界银行和亚洲开发银行就分别提出了一套针对其资助工业项目的污染事故风险评价技术方案，为环境风险评价提供了方法指导。21 世纪初，Colbourne 等（2004）对危险物品储存和运输系统区域风险源识别及评价方法进行了探讨，指出了风险源识别在环境风险评价中的重要性。为了更便捷地进行环境风险评价，美国 Lakes Environmental Software 公司分别开发了对大气污染、水体污染及人体健康风险评价的基于 GIS 的信息管理系统（彭波等，2009），实现了环境风险评价与管理系统的结合。近年来，USEPA、世界卫生组织（World Health Organization，WHO）、联合国环境规划署（United Nations Environment Programme，UNEP）及国际环境问题科学委员会（Scientific Committee on Problems of the Environment，SCOPE）等机构和组织先后提出了各自的环境风险评价方法和程序，归纳起来一般包括：危害鉴定；剂量-效应评价；暴露评价；风险性评价。

在环境风险评价方法的研究方面，中国起步较晚，在借鉴国外的先进经验的基础上，中国学者也提出了很多建设性的方法。2004 年，国家环保总局颁布的《建设项目环境风险评价技术导则》提出评价流程包括风险识别、源项分析、后果计算、风险评价、风险管理、应急措施六项。该导则中推荐了许多分析方法：定性分析方法，包括类比法、加权法、因素图法；定量分析方法，包括概率法、指数法、事件树分析方法、故障树分析法等。根据这个技术导则，许多专家学者把该方法用于不同的领域，并且提出许多新方法。梁婕等（2009）提出了随机-模糊模型进行地下水污染风险评价，在环境风险评价中引入随机模糊理论，使评价模型更接近于实际情况。王松云等（2008）对油田放射源污染风险评估进行了研究，通过确定的放射源风险评估模型，选择适当的预测参数，根据剂量限值的要求评价放射源发生事故情况下的急性照射危害和正常生产情况下的职业照射危害。汪长永等（2009）根据油气田区域敏感目标及突发性污染事故类型，结合层次分析法原理，建立了油气田事故风险的评价研究框架，证明应用系统工程的方法可以解决环境风险评价问题。苏琳等（2009）构建了层次分析法和灰色关联分析法（grey relational analysis process，GRAP）的集成风险评价模型，对大型油库风险进行评价，实现了 AHP 和 GRAP 在石油库风险中的应用结合。孙东亮等（2009）针对区域性事故风险的特点，提出基于事故连锁风险的区域危险源辨识方法，该研究构建了多种事故连锁效应概率分析模型，为事故风险评价时的模型建立提供了参考。

3.3　不确定性理论

　　1927 年，德国物理学家海森堡首先提出了量子力学中的不确定性。之后，不确定理论迅速发展。O'Neill 于 20 世纪 70 年代初提出模型的不确定性思想，此后众多不同学科领域的研究者开展了不确定性理论的研究，进而推动了过程辨识理论、滤波理论、时间序列分析以及灵敏度分析等方法在环境系统中的应用，并产生了不确定性分析的可行工具。80 年代初，不确定性理论研究成为模型开发和应用的核心内容之一，尤其体现在地表水质模拟中。区域灵敏度方法的提出构造了不确定性分析的基本思想框架，M. B. Beck 在随后的研究中进一步完善了这一框架。90 年代初期，多国政府与机构共同努力，成立了国际环境预测专家委员会，就环境结构变化与结构不确定情况下的环境预测问题开展了系统和深入的研究。W. Huang 等学者在灰色不确定性概念的基础上，提出了不确定性多目标规划方法。不确定性分析的应用领域从最初的河流水质与湖泊富营养化，扩展到环境政策的制定、空气质量的控制、生态风险评价、区域性的水土资源保护、流域综合规划、固体废弃物规划以及经济开发区和城市综合环境规划等方面（郭怀成，2006）。

　　G. W. Suter 将不确定性分为两大类（Singer，1998；Melching et al.，1996）：一类是可以用较确切语言描述的不确定性。例如，污染物达标率就是描述不确定性的语言。在环境污染管理中，对于大气、水体和土壤等需要对污染物的浓度加以严格的控制，并制定相应的控制标准，包括排放标准、水质标准等（Beck，1987）。而事实上，由于各种不确定性因素的存在，要保证水体中污染物永远不超标几乎不可能，因此学术界提出了用超标率这个指标来衡量水质的好坏。虽然水体中污染物有超标的可能，但是如果把超标的概率控制在一定的范围之内，这种方案显然是可以接受的。不难看出，超标率的提出就是用来解决不确定性问题，因而它属于可以用确切的语言来描述的不确定性。另一类不确定性则是由于人们认识能力的局限性，对现象本身的发展趋势、内在机理均不了解，不能准确地描述。比如说，生态敏感的问题，由于研究水平的限制，人们对自然界各种因素对外来干扰的防预能力，目前来说，很难定量地衡量生态敏感性的具体数值是多少，因而也是不确定的。因此，人们只能用比较抽象、比较模糊的语言去描述它，如对生态最敏感区的定义是：一般为河流及其影响和坡度大于 20‰，生态价值高的成片林地，该区域对城市开发建设极为敏感，一旦出现破坏性干扰，不仅会影响该区域，而且还会给整个区域生态系统带来严重后果。根据定义可以看出，"极为敏感""严重后果"这样的描述是难以量化的，同时也是不能准确描述的。

不确定性问题是非线性复杂问题，目前，广泛使用的不确定理论的研究方法不仅包括随机数学方法、模糊数学方法、灰色系统理论、集对分析方法、未确知数学方法、粗糙集理论和不确定性方法的耦合，还需要人工智能、混沌理论等非线性科学理论的支持。

1. 随机数学方法

随机数学方法（stochastic mathematical method）是处理不确定性问题较普遍的方法之一，随机现象在现实生活中是广泛存在的，而随机方法主要是考虑客观事物的随机性，尤其是当不确定性参数的概率分布函数已知时。

（1）传递函数方法（transfer function method）。

根据误差传递理论，由初始变量的不确定性大小渐次分析计算结果的不确定性，其主要理论基础是关于随机变量函数的方差计算（熊大国，1991；梁晋文等，1989）。

（2）数值模拟方法。

数值模拟方法又称蒙特卡罗（Monte Carlo，MC）法或统计抽样法，属于计算数学的一个分支。它是建立在利用输入参数随机值和从参数及数据统计分布中得出被测数据的竞争性模型模拟的基础之上的。对于某些复杂的模型，分析其不确定性的来源是极其困难的，而借助蒙特卡罗法则能比较方便地处理复杂模型中的不确定性问题。随机蒙特卡罗模拟可以帮助选择大量的样本数据，被广泛用于表现相同条件下不同风险水平的相似性或刻画风险评估中的不确定因素。USEPA 支持运用概率分析技术，并且强调在风险评估中刻画变量和不确定因素的重要性（USEPA，1994）；Burn 等（1985）用概率分析研究不确定环境条件下的水质管理最优规划模型。机会约束规划也是随机规划的一个主要的应用方法，是指模型的约束条件能在一定的概率下被满足，而不是总被满足（Mackay et al.，1985），该方法在处理右边约束为随机不确定性参数的问题时非常有效。

（3）区间参数法。

曾光明等（2002）提出了几种区间参数数学规划方法并将其应用于加拿大、美国、日本、中国的大量环境决策问题，具体包括尼亚加拉流域、洱海流域、麦肯齐流域、里贾纳市等；曾光明等（1994）针对最优化问题是非线性模型的情况，提出了一种用线性化方法求解区间非线性规划问题的方法，求得的变量取值为相对大的区间；夏军等（2005）基于发展的 Kuhn-Thcker 定理，提出了几种解决区间非线性规划问题的方法，并将其应用于河流水质规划。区间参数的方法适用于在最优化模型中的左边约束不确定性的描述上，右边约束不确定系数时，也可以用区间数来处理，但当确定性信息太少时，结果的区间将会太大而难以满足要求（Huang，1994）。

（4）回归分析方法。

数理统计中研究两个或多个随机变量间相依关系的数学模型及其性质的一个分支：随机变量间的相依关系是一个非确定性关系，它不同于普通的函数关系。"回归"是用条件期望表达随机变量间相依关系的一种形式，以两个随机变量 ξ 和 η 为例，条件期望 $E(\eta \mid \xi=x)$ 表示在 ξ 的观测值为 x 的条件下 η 取值的平均，它将随 x 的变化而变化，$g(x)=E(\eta \mid \xi=x)$ 作为 x 的函数所表示的曲线称为回归曲线。应用回归分析方法的目的在于有效地利用现有的资料，减少由资料不足所造成的不确定性，目前所用的方法主要是参数回归分析。

（5）非参数回归方法。

回归分析中，当(x,y)的分布未知时，估计 $E(y|x=x)$ 的一种方法，此时对 $E(y|x=x)$ 只作一般性的要求，而不假定其有任何特殊的数学形式，这样可以直接从样本的实际统计特征中去研究问题，避免模型假设与实际情况的重大差距或在选择模型的过程中所造成的不确定性。

2. 模糊数学方法

模糊数学方法（fuzzy mathematical method）着重研究"认知不确定性"问题，其研究对象具有"内涵明确，外延不明确"的特点。其创始人 Zadeh 将经典集合论中特征函数 χ_A: $X \rightarrow \{0,1\}$ 推广为隶属函数 μ_A: $X \rightarrow [0,1]$，从而将不确定性在形式上转化为确定性，即将模糊化加以数量化，利用传统的数学方法进行分析处理（汪培庄，1983）。模糊数学近年来发展很快，在许多领域都有应用。例如在水质综合评价中，运用模糊模式识别理论、模糊聚类法、模糊贴近度方法、模糊相似选择法等，都取得了很好的效果。

3. 灰色系统理论

邓聚龙创立的灰色系统理论（grey system theory）是一种少数据、贫信息不确定性问题的新方法（曾光明等，1994）。灰色系统理论以"部分信息已知，部分信息未知"的"小样本""贫信息"不确定性系统为研究对象，其主要特征为系统元素信息不完全、结构信息不完全、边界信息不完全、运行机制与状态信息不完全。该理论认为一切随机过程都是在一定范围内变化的灰色过程，是一个具有上下限的灰色区间。人们可以通过信息的不断补充，降低系统的灰色区间，降低系统的"灰色态"。此外，灰色系统理论着重研究系统现实的动态规律，因其建模方法简便易行，实用性强，定性与定量结合，因此自理论创立以来就获得了广大学者的青睐。

4. 集对分析方法

集对分析（set pair analysis）是赵克勤于 1989 年提出的一种新的处理不确定性信息的系统分析方法（赵克勤等，1996）。集对分析的核心思想是把确定性和不确定性作为一个互相联系、互相制约、互相渗透，在一定条件下可互相转化的确定—不确定系统来处理。它用联系度 $\mu=a+b_i+c_j$ 来统一处理模糊、随机、信息不完全所导致的系统不确定性。十几年来随着理论的不断完善和人们对环境不确定性问题研究的日益重视，集对分析已成功地应用于城市规划、质量评价、污染预报、资源开发利用、区域协调发展评价等方面。

5. 未确知数学方法

未确知性不同于随机性、模糊性，也不同于灰色性，它纯粹是由于条件的限制对已经发生的问题认识不清而产生的不确定性。王光远首先提出"未确知性"这一概念，后由刘开第、王清印、吴和琴等学者发展了未确知数学，之后又建立了"盲数"的概念（刘开第等，1997；王光远，1990）。不管客观事物自身是否确定，只要具有未确知性，决策者只能把它看成是不确定的，而不能当作是确定的，可借用主观隶属度或主观概率，两者统一为主观可信度描述事物的未确知性。目前，未确知性作为一种特定的不确定性，在环境科学领域尚未引起人们的足够重视。

6. 粗糙集理论

粗糙集理论（rough set theory）由波兰学者 Pawlak（1997）提出，是一种刻画不完整性和不确定性的数学工具，能有效地分析不精确、不一致、不完整等各种不完备的信息，还可以对数据进行分析和推理，从中发现隐含的知识，揭示潜在的规律。该理论与其他处理不确定和不精确问题理论的最显著区别是它无需提供问题所需处理的数据集合之外的任何先验信息，所以对问题的不确定性描述或处理可以说是比较客观的，由于这个理论未能包含处理不精确或不确定原始数据的机制，所以该理论与概率论、模糊数学和证据理论等其他处理不确定或不精确问题的理论有很强的互补性（曾黄麟，1998；Pawlak，1997）。目前在人工智能、知识与数据发现、模式识别与分类、故障检测等方面已得到了较成功的应用。

7. 不确定性方法的耦合

当今科学发展除了在纵向上深化，多学科相互交叉、相互渗透和耦合也是当今科学的重要特征，由此产生许多交叉学科和边缘学科，水环境中的不确定性方法的耦合也是科学发展的必然。刘国东等（1996）在论及水文水资源不确定性研究的耦合途径时指出"随机性、模糊性和灰色性往往共存于所研究的对象和问题之中"，并提出了水资源随机分析、模糊分析和灰色分析的耦合思路。因水体污染受水文过程和污染物排放不确定性的影响，随机性、模糊性和灰色性共存于一体，可采用耦合方法进行研究。概括地说，主要耦合途径有随机模糊耦合、随机灰色耦合、模糊灰色耦合、随机灰色与模糊耦合和模糊粗糙集等。

8. 人工智能

人工智能（artifical intelligence，AI）是计算机科学的一个新兴研究领域。它试图赋予计算机以人类智慧的某些特点，用计算机来模拟人的推理、记忆、学习、创造等智能特征，主要方法是依靠有关知识进行逻辑推理，特别是利用经验性知识对不完全确定的事实进行的精确性推理，主要包括人工神经网络、模糊逻辑、进化计算、专家系统、数据挖掘等形式。从控制系统设计的角度看，污水处理系统由于污染物质的多样性、复杂性和变化性，属难以控制的复杂工业过程，主要体现在以下五个方面：对象的复杂性、环境的复杂性、任务的复杂性、处理过程具有多目标融合的特点和检测手段匮乏。这些都使得基于传统控制理论的污水处理过程控制系统难以取得满意的控制效果（卿晓霞等，2006）。人工智能控制由于具有自学习、自适应和自组织功能，特别是其不需要建立被控对象精确数学模型的特点，目前在很多领域已有成功的应用实例，显示出极为广阔的应用前景。其中数据挖掘（data mining，DM）这一技术是目前人工智能研究的热点，它从大量的、不完全的、有噪声的、模糊的、随机的实际应用数据中提取隐含在其中的、人们事先不知道的、但又是潜在有用的信息和知识。Wade 等（2002）已成功地用DM 技术从污水处理厂的大量历史数据中发现知识。随着人工智能技术的成熟，以神经网络、模糊计算、专家系统、分布式人工智能为主要代表的智能技术必将成为该领域的一个研究热点。它们会解决传统方法难以胜任的实时控制、优化计算等难点。

9. 混沌理论

混沌理论（chaos theory）是 20 世纪 80 年代发展起来的科学，它所研究的对象是一些决定性的非线性动态系统。混沌是确定性系统由于非线性变量之间的相互作用而产生的貌似随机性现象，即所谓确定的随机性。它最主要的特征是对初始条件的极端敏感性、内随机性、遍历性、周期点的稠密性等。该理论的应用基础是相空间重构思想，任一确定系统的状态所需要的全部动力学信息包含在该系统任一变量的时间序列中，把单变量时间序列嵌入到新的坐标系中所得到的状态轨迹保留了原空间状态轨道的最主要特征，简化了多输入多输出的复杂系统，同时也实现了对系统行为的总体把握（吕金虎等，2002）。降水、径流、水质、地下水、用水量等诸多水现象受众多因素的影响而造成巨大的时空变异性，表现出并非随机却貌似随机的特征，致使传统确定性模型对这些现象的研究遇到了很大的困难。混沌理论的发展为研究这种高度复杂的系统提供了新的思路，使得对时间序列进行研究成为可能。

第4章　基于模糊模式识别法的下辽河平原地下水脆弱性评价

4.1　地下水脆弱性的影响因素

4.1.1　本质脆弱性影响因素

与地下水本质脆弱性的定义相对应，本质脆弱性的影响因素主要是自然因素。它包括与地下水系统有关的地形地貌、埋藏和水动力条件有关的一切因素，因此本质脆弱性的影响因素很多。但在具体评价中要考虑所有的影响因素是不可能的，也是不现实的。概括起来，主要有以下几个方面。

1. 地貌因素

地貌因素的影响主要表现为影响地下水的运移过程。区域内地貌单元主要可分为：山前冲洪积扇、河流冲积平原和海冲积三角洲平原。山前冲洪积扇一般地势较高，渗入补给条件好，地下水埋藏深，地形坡度较大，导致水循环交替迅速。河流冲积平原主要是指中部的辽河冲积平原，这里地形平坦，地势低平，地形坡度为 0.3‰左右，导致地下水径流条件较差，从而有利于污染物的富集。对南部海冲积三角洲平原来说，这里地势低洼，地形坡度仅为 0.025‰，地面标高 2～5m，受海水顶托作用影响，形成大面积的土壤盐渍化和沼泽化地区。此外，由于沿海地区大量超采地下水，形成地下水下降漏斗，引发强烈的海水（咸水）倒灌现象，造成区域地下水环境质量严重退化。

2. 水文地质因素

（1）含水层岩性。

从东西两侧倾斜平原到中部平原，第四纪地层厚度逐渐增大，为 20～150m。在水平方向上，岩相由砾卵石、砂砾石为主的极粗颗粒相变至粗砂含砾、砂砾石、砂并有黏性土隔层的过渡相，最后变为细砂、中粗砂、粉细砂夹黏性土薄层的较细颗粒相，从而导致含水层渗透性能逐渐变差，不利于地下水的循环及污染物质的迁移。

从中部平原到南部滨海平原，第四纪地层厚度由 20m 左右增厚到 200m 以上。在水平方向上，岩相基本上由粗到细变化，即先由以砂砾石为主层过渡到以粗砂、中砂、细砂含砾为主层，最后变至以细砂、粉细砂、粉砂为主层。岩性自北向南，一般均是以砂砾石为主层过渡到以粗砂、中砂、细砂含砾为主层，最后变至以细砂、细粉砂、粉砂为主层。这些岩层基本上是以冲积、冲湖积到海冲积层。总体来说，含水层颗粒组成由粗逐渐变细，以细砂、粉砂为主，致使地下水径流条件变差，从而不利于污染物的扩散与自然降解。

（2）地层结构。

地层结构是指包气带岩性的组合情况与接触关系。由于东西两侧倾斜平原组成物质的来源、成因、岩性特征、地层结构都有别于中部平原，因此各时期地层与同时期中部平原地层的接触关系呈突变的犬牙交错状态。东部倾斜平原的斜坡陡，物质来源于辽东山地，颗粒粗，岩层富水性好，向中部平原延伸得近；而西部倾斜平原的斜坡较缓，物质来源于辽西丘陵山区，颗粒较细，岩层富水性较好，向中部平原延伸得较远。概括地说，岩性地层呈现上细下粗的双层结构，即下部较老地层厚度大，颗粒粗，向中部平原延伸得远；相反，上部新地层一般厚度较小，颗粒细，向中部平原延伸得近。在两侧的倾斜平原地区，由于上覆细粒地层较薄，含水层渗透条件较好，地下水易受污染；而在中部平原地区，上部的较新岩层较厚，颗粒组成较细，且比较致密，能够有效防止污染物的入渗，因而污染物不易进入地下水中。

从中部平原到南部滨海平原地区，地层结构的变化规律是由层次单一过渡到层次较多，最后到层次极不明显、特别复杂。也就是说，在东北到西南方向，随着以细颗粒组成为主的表层厚度的加大，透水性逐渐降低，含水层能够有效过滤水中的污染成分，从而有效保护地下水，使其免受污染。

（3）含水层自净能力。

含水层自净能力的强弱取决于岩性、厚度、渗透性等。一般来说，含水层组成颗粒越细，渗透性能越差，对水中污染物质的吸附能力越大，含水层的自净能力就越强；含水层厚度越大，其自净能力越强，地下水脆弱性越小，即地下水越不脆弱。反之，含水层厚度变薄，颗粒组成较粗，渗透性能变强，导致其自净能力减弱，地下水脆弱性变大，即地下水较为脆弱。具体影响因素如下。

①含水层埋深：是指含水层上部表层到达地表的垂直距离。含水层埋深越小，地下水垂直补给所用时间越短，含水层自净能力就越弱，地下水脆弱性越大；反之亦然。在 4.2 节里，本书根据研究区的实际状况，将含水层埋深这一评价指标分为 5 个级别，并分别赋予其不同的地下水脆弱性含义。

②含水层渗透系数（含水层水力传导系数）：含水层的渗透性与含水层介质类型即岩性有关。传导系数的大小在一定程度上反映了含水层岩性组成的粗细，所以用渗透系数 K 作为描述含水层岩性与渗透性的一个综合性指标。含水层渗透系数与地下水脆弱性呈正相关关系，即含水层渗透系数越大，地下水脆弱性就越大；反之，含水层渗透系数越小，地下水脆弱性就越小。

（4）含水层净化能力。

污染物进入含水层后，污染物扩散的范围和速度取决于含水层的性质，因此含水层介质类型也是影响地下水脆弱性的一个因素。含水层的净化性能受到含水层稀释能力和污染物质滞留时间等因素的影响。具体来说，含水层净补给量可以从一定程度上反映含水层自身的净化能力，即单位时间内含水层净补给量越大，其对污染物质的稀释能力就越强，从而含水层净化能力也越强。

（5）土壤有机质含量。

土壤表层有机质含量作为土壤的本质属性之一，是衡量包气带对污染物吸附性能的一个重要指标。土壤表层有机质含量越大，包气带的吸附性越强，对污染物向下运移的阻碍作用越强，地下水脆弱程度较低，不易受到污染；反之，地下水易受到污染。由于受到诸多因素的影响，尤其近现代以来，随着人类对土地开发利用活动的不断加剧，导致各地土壤特别是土壤表层的有机质含量在其原有基础上发生了一定程度的变化。但从根本上讲，人类生产活动对土壤有机质的影响强度仍没超过自然地理因素，所以本书把其作为地下水本质脆弱性的影响因素加以考虑。

4.1.2　特殊脆弱性影响因素

人为因素通过人类各种活动对地下水脆弱性尤其对特殊脆弱性影响很大。我们知道，地下水脆弱性研究在很大程度上是源于人们农业施肥造成地下水污染。例如，人均水资源量、水资源需水量与供水量之比、可耕地面积百分比等人为因素指标都对地下水脆弱性产生强烈的影响。比如对人均水资源量来说，这一数值越大表明人均占有地下水资源越大，地区地下水资源越丰富，从而表示地区地下水系统抵御外界因素干扰的能力越强，地下水脆弱性越小，也就是说地下水越不容易受到污染。

人类活动对改变地下水环境状况起到不可否认的巨大作用，人为作用引起的环境水文地质问题主要是地下水开采漏斗的形成及水质污染。沈阳地区在 20 世纪 80 年代每天超采 20 万～28 万 t 地下水，形成了 $250km^2$、深 25～37m 的多中心地下水降落漏斗，其中已有约 $60km^2$ 的地下水资源被疏干。鞍山、辽阳的首山地下水源地每天约超采 24 万 t，形成了 $254km^2$ 的地下水降落漏斗，最大降深达 30m。虽然采取了一定措施，但到 2005 年，沈阳地区仍有 3 个漏斗区，辽阳首山地下水源地漏斗区面积仍为 $300km^2$ 左右。地下水位的持续下降，将会引起地面沉降、房屋桥梁等地面建筑物受到破坏、海水倒灌入侵、水质变坏等一系列问题。此外，工业、生活污废水的不合理排放，以及农业化肥、农药的施用，造成了研究区地下水污染严重，对人民的生活及健康都产生了影响。可见，人为因素通过人类各种活动对地下水脆弱性尤其是对特殊脆弱性的影响很大。

4.2　地下水脆弱性评价指标体系的建立与分级标准

4.2.1　评价指标选取的原则与评价指标体系的确定

由于影响地下水脆弱性的指标比较多，要建立一个包含所有因素的评价指标体系是不可能的，也是没有必要的。一方面，因为这些因素有的是很难获取的；另一方面，当选取评价因素过多时，它们之间还存在着错综复杂的协同作用，这就要求在脆弱性评价时应根据研究区的具体情况具体分析，对所有影响因素进行筛选，找出影响地下水脆弱性的主要因素（敏感因子），舍去次要因素，从而抓住主要矛盾（李志萍等，2010；李文文，2009）。选取评价指标一般应遵循以下原则：①指标要有典型性；②指标之间不能有相关性和包容性；③所选用的指标要容易获取，具有科学性、系统性、层次性、可操作性和可靠性。

根据上述原则，在充分吸收国内外相关研究成果的基础上，结合下辽河平原的具体状况，以下辽河平原地下水脆弱性评价为总目标，综合考虑影响地下水本质脆弱性与特殊脆弱性的各种因素，本章确定的评价指标除 DRASTIC 方法考虑的 7 个参数外，同时又包括了对该地区的地下水脆弱性评价有很大影响的社会经济指标，如人均水资源量、水资源需水量与供水量之比等。本章建立的地下水脆弱性评价指标体系见表 4-1。

表 4-1　下辽河平原地区地下水脆弱性评价指标体系

指标类别	序号	评价指标	说明
本质脆弱性指标	1	地下水埋深（m）	反映包气带影响
	2	含水层净补给量（mm）	反映地下水补给条件影响
	3	含水层介质类型	反映含水层影响
	4	土壤介质类型	反映土壤影响
	5	地形坡度（‰）	反映地形影响
	6	包气带介质类型	反映包气带影响
	7	含水层水力传导系数（m/d）	反映含水层影响
	8	土壤表层有机质含量（%）	反映土壤影响
特殊脆弱性指标	9	人均水资源量（m³/a）	
	10	水资源需水量与供水量之比	反映人类活动影响
	11	可耕地面积/土地总面积	

根据表 4-1 所示的地下水脆弱性评价指标体系，本书将从以下几个方面分别阐述各个指标对研究区地下水脆弱性评价的具体影响。

（1）土壤。指渗流区最上部具有显著生物活动的部分，包括土壤介质类型和土壤表层有机质含量两个评价指标。土壤对污染物的吸附效应主要是根据其厚度和有机质含量来考虑的。土壤的厚度、结构、成分、有机质含量、湿度等特性决定了土壤的自净能力，而土壤的自净能力又是决定地下水脆弱性的一个主要方面。一般来说，土壤层越厚，有机质含量越大，土壤的自净能力越强，则地下水脆弱性越弱；反之，则地下水脆弱性越强。

（2）包气带。指土壤与含水层之间的介质，是污染物进入含水层的必要途径。在评价指标体系中，它通过包气带介质类型这一指标反映地下水脆弱性程度。由于污染物经过包气带时产生了一系列的物理、化学和生物（如过滤、吸附、沉淀及降解）作用，可以显著降低污染物浓度，从而有效地阻隔污染物质的向下渗透迁移。所以说，具备较强自净能力和较大环境容量的包气带是地下水的天然过滤层和隔污层，它在很大程度上决定着地下水的脆弱性。具体来说，包气带厚度越大，岩性越密实，透水性越差，则地下水脆弱性越弱；反之，则地下水脆弱性越强。

（3）含水层。含水层不是一个统一的单元，而是一个复杂的系统，它的脆弱性在空间上发生变化。因此，进行地下水脆弱性评价时，除考虑含水层岩性（即含水层介质类型）外，水力传导系数也是一个重要指标，它控制地下水的流动速率，进而控制污染物在含水层中迁移的速率。相对包气带介质对污染物的影响而言，含水层介质对污染物的影响要小一些。当污染物质穿透包气带之后就会直接进入含水层中，随地下水一起作对流-弥散运动，其传播速度的大小取决于含水层的岩性和厚度。同时，含水层厚度决定了地下水资源量的多少，从而反映了地下水稀释能力的强弱。含水层封闭性越好，厚度越大，介质颗粒越细小，渗透系数越小，则地下水脆弱性越弱；反之，则地下水脆弱性越强。

（4）地下水埋深（即含水层埋深）。指含水层上部表层到达地表的垂直距离，它决定着污染物到达含水层之前的深度以及与周围介质接触的时间，并且决定了污染物与大气中的氧接触致使其氧化的机会。因此，本书把其作为一个重要因子列入评价指标体系加以考虑。通常，地下水的埋深越大，污染物到达含水层所需的时间就越长，则污染物稀释的机会就越大，地下水脆弱性就越弱；反之，则地下水脆弱性就越强。

（5）地形。指地表的坡度或坡度的变化，它通过地形坡度反映地下水脆弱性的变化。污染物被地表水流冲走或留在一定的地表区域内以足够的时间渗入到地下在一定程度上是由地形控制的。研究区整体上为平原地带，但各地地形起伏仍存在差异。此外，地形还对土壤的形成具有影响，因此对污染物的稀释程度产生影响。相对来说，地形坡度越大，地下水脆弱性越弱，越不易被污染；反之，则地下水脆弱性越强，越容易被污染。

（6）地下水补给条件。污染物可通过补给水垂直传输至含水层并在含水层内水平运移，因此，补给水是固体和液体污染物运移至含水层的主要载体。在评价指标体系中，它通过含水层净补给量来反映地下水脆弱性的强弱。研究区位于半湿润半干旱地区，地下水的补给以垂向补给为主，侧向补给为辅。对特定区域来说，补给量越大，地下水污染的潜势就越大，但当补给量足够大以至污染物被稀释时，地下水污染的潜势就不再增大反而减小。在普通年份，地下水补给量往往达不到稀释污染物的程度，因此地下水补给量越小，降水量越小，则地下水脆弱性就越弱；反之，地下水脆弱性就越强。但在降水量特丰年份，地下水可以得到充足的补给，随着降水量的增强，地下水环境脆弱性有一个从强到弱的过程。

（7）社会经济条件。随着人口的增长和社会经济的快速发展，研究区水资源供需矛盾日益突出，进一步加剧了水资源系统尤其是地下水资源的特殊脆弱性。例如，城市化过程和工农业发展加速了深层地下水的消耗，从而引起水污染问题；地下水大量超采降低了区域水资源的可再生性，形成地下水漏斗，加剧生态环境恶化等。为此，在构建地下水脆弱性评价指标体系时，将人均水资源量、水资源需水量与供水量之比、可耕地面积占土地总面积百分比 3 个指标列入其中，用以反映人类活动等外部因素对地下水特殊脆弱性的影响。

4.2.2　地下水脆弱性分级标准与评价因子评分标准的建立

1. 地下水脆弱性分级标准的建立

地下水脆弱性的研究目的在于区别不同地区地下水环境的脆弱程度，指导人们在开采地下水资源时注意保护地下水环境，力求做到水资源的可持续利用（杨瑞芳等，2016；魏兴萍等，2014）。从这一角度看，地下水脆弱性指标反映了地下水环境的自我保护能力，能够定量化评价地下水环境潜在易污染程度。根据研究区的具体情况，参照其他相关的地下水脆弱性研究成果，本书把地下水脆弱性程度划分为不脆弱、轻微脆弱、一般脆弱、比较脆弱、非常脆弱 5 个级别（表 4-2）。其中各个评价指标对应的分级标准如表 4-3 所示。

表 4-2　地下水脆弱性评价分级表

脆弱性分级	脆弱程度
1 级	不脆弱
2 级	轻微脆弱
3 级	一般脆弱
4 级	比较脆弱
5 级	非常脆弱

表 4-3　地下水脆弱性评价因子分级标准

指标	脆弱性分级				
	1 级	2 级	3 级	4 级	5 级
地下水埋深/m	>30	20~30	10~20	5~10	≤5
含水层净补给量/mm	≤50	50~100	100~180	180~260	>260
含水层介质类型	1、2	3、4	5、6	7、8	9、10
土壤介质类型	1、2	3、4	5、6	7、8	9、10
地形坡度/‰	>2.0	1.5~2.0	1.0~1.5	0.5~1.0	≤0.5
包气带介质类型	1、2	3、4	5、6	7、8	9、10
含水层水力传导系数/（m/d）	≤10	10~20	20~40	40~80	>80
土壤表层有机质含量/%	>4	3~4	2~3	1~2	≤1
人均水资源量/（m³/（人·a））	>1250	1000~1250	750~1000	500~750	≤500
需水量/供水量	≤0.2	0.2~0.4	0.4~0.6	0.6~0.8	>0.8
可耕地面积/土地总面积	≤0.2	0.2~0.4	0.4~0.6	0.6~0.8	>0.8

注：表中所有涉及范围的类型划分，都是含上不含下

2. 评价因子评分标准的建立

根据研究区的具体情况，参照国内外相关的地下水脆弱性研究成果，以对研究区地下水资源进行全面客观的脆弱性评价为目的，本书在进行地下水脆弱性评价指标体系的构建时，综合考虑了内外部因素对地下水资源的影响。此外，评价指标体系中既包括定量指标(如地下水埋深)，又包括定性指标(如土壤介质类型)。在进行地下水脆弱性评价的具体工作中，对于定量化指标的获取，可根据相关资料计算得到；对于定性化指标，可在建立评分标准（表 4-4）的基础上将其定量化获得。此外，为了方便数据的获取，对每个地下水系统分区所包括的行政区域列表，如表 4-5 所示。

表 4-4　含水层介质类型、土壤介质类型和包气带介质类型的分级及评分表

脆弱性分级	含水层介质类型		土壤介质类型		包气带介质类型	
	分类	分数	分类	分数	分类	分数
1 级	块状页岩	1	非胀缩或非凝聚性黏土	1	承压层	1
	变质岩/火成岩	2	垃圾	2	粉砂/黏土	2
2 级	风化变质岩/火成岩	3	黏土质亚黏土	3	变质岩/火成岩	3
	冰碛物	4	粉砂质亚黏土	4	灰岩	4
3 级	层状砂岩、灰岩及页岩序列	5	亚黏土	5	砂岩	5
	块状砂岩	6	砂质亚黏土	6	层状灰岩、砂岩、页岩	6

脆弱性分级	含水层介质类型		土壤介质类型		包气带介质类型	
	分类	分数	分类	分数	分类	分数
4 级	块状灰岩	7	胀缩或凝聚性黏土	7	含较多粉沙和黏土的砂砾	7
	砂砾石	8	泥炭	8	砂砾	8
5 级	玄武岩	9	砂	9	玄武岩	9
	岩溶灰岩	10	薄层或裸露、砾石	10	岩溶灰岩	10

表 4-5　地下水系统各分区所包括的行政区域列表

地下水系统分区及代号	包括的行政区域
I 东部山前倾斜平原	
I_1 辽河冲积扇	沈北新区、新民市
I_2 浑河冲积扇	和平区、沈河区、皇姑区、大东区、铁西区、于洪区、苏家屯区、浑南区
I_3 太子河冲积扇	辽阳市区
I_4 海城河冲积扇	海城市
II 西部山前倾斜平原	
II_1 东沙河冲积扇	黑山县
II_2 羊肠河黑鱼沟河冲积扇	北镇市
II_3 大小凌河冲积扇	凌海市
III 中部冲积平原	台安县、辽中区
IV 南部滨海平原	盘山县、大洼区、营口市区

4.3　下辽河平原地下水脆弱性评价

下辽河平原地处辽宁省中南部地区，第四纪时期松散堆积物沉积十分发育，导致上覆含水岩层巨厚且富水条件较好，区域地下水资源尤其是浅层地下水资源十分丰富（奚旭等，2016）。20 世纪 70 年代进行水文地质调查时水质良好（南部滨海咸水区除外），地下水环境没有出现恶化现象，但随着工农业生产的发展，人类活动的不断加剧，地下水位逐年下降，水质逐年恶化。为了有效保护与合理利用地下水资源，本书选择富集浅层地下水的全新统（Q4）、上更新统（Q3）两个含水岩层作为评价对象。

4.3.1　地下水系统各分区评价指标体系

为了对研究区地下水环境脆弱性进行全面客观的评价，本书拟在通过对每个评价对象的本质脆弱性和特殊脆弱性评价的基础上，进行研究区的综合性评价。

为此，本书在所收集资料的基础上，按照评价指标体系中涉及的要求，分别计算出各个地下水系统分区的指标数值。具体计算结果见表 4-6。

表 4-6　下辽河平原地区地下水系统各分区指标值表

序号	1	2	3	4	5	6	7	8	9	10	11
I_1	1~3	167.2	8	6	0.500	2	53.42	1.5~2.0	785.85	0.70	0.47
I_2	1~5	157.4	8	5	0.101	2	86.42	1.5~2.0	2742.64	0.95	0.43
I_3	2~5	136.6	7	5	1.872	2	53.29	1.5~2.0	1762.00	0.81	0.17
I_4	2~10	130.0	8	5	0.921	2	62.25	1.5~2.0	1751.61	0.28	0.35
II_1	2~5	103.8	8	5	1.400	2	60.00	1.0~1.5	468.13	0.54	0.50
II_2	2~5	127.0	8	5	2.224	2	56.21	1.0~2.0	406.12	0.94	0.47
II_3	1~4	152.1	7	5	1.078	2	203.20	1.0~1.5	972.66	0.66	0.32
III	0~4	165.9	8	6	0.300	7	4.77	1.0~2.5	1067.49	0.47	0.51
IV	0~3	132.3	8	5	0.025	2	21.72	1.0~2.5	214.31	0.53	0.26

注：对于不易计算具体数值的指标 1 与 8，仅在表中给出相应取值范围即可；表中所有涉及范围的类型划分，都是含上不含下

4.3.2　地下水脆弱性评价方法的选取

通过研究国内外已有的的评价方法并结合下辽河平原的实际情况，其中主要参考了应用最为广泛的 DRASTIC 评价方法，本章选择模糊数学方法进行地下水脆弱性的评价工作。模糊综合评判法是以隶属度来描述模糊界限的，是目前在地下水环境评价中应用比较成功的一种方法。由于水文地质环境固有的复杂性、评价对象的层次性、评价标准中存在的模糊性以及评价影响因素的模糊性或不确定性、定性指标难以定量化等一系列的问题，我们难以用经典的数学模型对地下水脆弱性加以统一量度。因此，建立在模糊集基础上的模糊模式识别模型，一方面既可以顾及评判对象的层次性，又可使评价标准、影响因素的模糊性得以体现，还可以做到定性和定量因素相结合，扩大信息量，使评价精度得以提高；另一方面，在评价中又可以充分发挥人的经验，使评价结果更趋客观，符合实际情况。总的来说，其评价结果较为科学合理，结论可信度较高。

评价过程主要分为五步，其具体评价步骤如下。

（1）建立评价因素集（X）。

根据下辽河平原地下水环境特点，全面考虑影响地下水脆弱性的相关因素，评价体系选取的因素集为：本质脆弱性因素（地下水埋深、含水层净补给量、含水层介质类型、土壤介质类型、地形坡度、包气带介质类型、含水层水力传导系

数）和特殊脆弱性因素（人均水资源量、需水量/供水量、可耕地面积/土地总面积）。

（2）建立评价分级集（Y）。

根据下辽河平原的实际情况，将地下水脆弱性分为五级，即评价分级集为：
$Y=$（1 级，不脆弱；2 级，轻微脆弱；3 级，一般脆弱；4 级，比较脆弱；5 级，
非常脆弱）。

（3）建立权重集（W）。

用层次分析法与决策分析法确定各个评价指标的权重。

（4）单方面评价（R）（模糊模式识别）。

分别从本质脆弱性评价和特殊脆弱性评价两个方面出发，运用基于模糊数学
方法的模糊模式识别技术，确定每个评价对象对于评价分级集（不同脆弱程度）
的隶属程度，即可求出参加评价的每个对象对 5 级脆弱度的隶属程度。

（5）综合性评价（C）。

在以上单方面评价的基础上，根据其他地区已取得的评价成果同时结合专家
的知识经验，分别把本质脆弱性与特殊脆弱性评价后的级别特征值分别赋以不同
的相应权重，最后得到每个评价对象的综合性隶属度。按照隶属度最大原则即可
得到每个分区的整体脆弱程度，从而确定最终的地下水脆弱性评价结果。

4.3.3　地下水脆弱性评价指标权重的确定

对地下水脆弱性进行综合性评价，除选取评价指标以外，还必须确定各指标
的权重，以期获得符合客观实际的评价结果。目前，确定指标权重的方法主要有
灰色关联法、专家赋权法、层次分析法、决策分析法、主成分分析法等（郜彗等，
2007）。本章中，对于评价指标权重的确定主要采用层次分析与决策分析相结合的
方法。

1. 决策方法

设多指标决策问题的 n 个待优选的决策方案为 $A=(A_1, A_2, \cdots, A_n)$，评价方案优
劣的指标集为 $G=(G_1, G_2, \cdots, G_m)$，设方案 A_i 对指标 G_j 的属性值为 y_{ij}，则矩阵
$Y=\left(y_{ij}\right)_{n \times m}$ 表示指标集对决策集的决策矩阵。

$$Y = \begin{bmatrix} y_{11} & y_{12} & \cdots & y_{1m} \\ y_{21} & x_{22} & \cdots & y_{2m} \\ \vdots & \vdots & & \vdots \\ y_{n1} & x_{n2} & \cdots & y_{nm} \end{bmatrix} \quad (4\text{-}1)$$

为了消除各指标特征物理量量纲的影响，可以按以下方法将决策矩阵进行标准化
处理。

对于效益型指标，令

$$z_{ij} = \frac{y_{ij}}{\max\left\{y_{ij} \mid 1 \leqslant i \leqslant n\right\}}, i=1,2,\cdots,n; \qquad (4\text{-}2)$$

对于成本型指标，令

$$z_{ij} = \frac{\min\left\{y_{ij} \mid 1 \leqslant i \leqslant n\right\}}{y_{ij}}, i=1,2,\cdots,n; \qquad (4\text{-}3)$$

经过式（4-2）和式（4-3）的转换，可以将决策矩阵 Y 变为标准化矩阵 $Z = \left(z_{ij}\right)_{n \times m}$。

（1）主观权重与客观权重。

在多指标决策问题中，首先必须确定各指标的权重。指标权重的确定方法通常有主观法（层次分析法、专家打分法、二元对比排序法等）和客观法（变异系数法、相关系数法、熵值法、坎蒂雷赋权法等）。为了使对指标的赋权能够达到主观和客观的统一，进而使决策客观、真实、有效，应该将主观与客观赋权法有机地结合起来。具体处理方法如下。

设由主观赋权法得到的权值为 $\overline{w}_1 = \left(\overline{w}_{11}, \overline{w}_{12}, \cdots, \overline{w}_{1m}\right)^{\mathrm{T}}$，本章应用层次分析法得到主观权重，由于层次分析法在许多文献中都可以查到其基本原理与方法，在此不再赘述。本章主要介绍客观权重的形成过程。

对于标准化矩阵 P，令

$$P_{ij} = z_{ij} \Big/ \sum_{i=1}^{n} z_{ij} \qquad (4\text{-}4)$$

由信息论知，指标 G_j 的信息熵为

$$E_j = -\left(\ln n\right)^{-1} \sum_{i=1}^{n} P_{ij} \cdot \ln P_{ij} \qquad (4\text{-}5)$$

式中约定，当 $P_{ij} = 0$ 时，$P_{ij} \cdot \ln P_{ij} = 0$，则

$$\overline{w}_{2j} = \left(1 - E_j\right) \Big/ \sum_{k=1}^{m} \left(1 - E_k\right) \qquad (4\text{-}6)$$

为指标 G_j 的客观权重，从而所有指标的客观权重向量为

$$\overline{w}_2 = \left(\overline{w}_{21}, \overline{w}_{22}, \cdots, \overline{w}_{2m}\right)^{\mathrm{T}} \qquad (4\text{-}7)$$

（2）建立最小二乘优化决策模型。

设各指标的权重为 $\overline{w} = \left(\overline{w}_1, \overline{w}_2, \cdots, \overline{w}_m\right)^{\mathrm{T}}$，由期望效益法，令方案 A_i 的决策值为

$$f_i = \sum_{j=1}^{m} \overline{w}_j \cdot z_{ij}, i=1,2,\cdots,n \qquad (4\text{-}8)$$

为了达到主观与客观的统一，应使对所有方案的所有指标而言，指标的主观、客观赋权下的决策结果的偏差越小越好，为此建立如下形式的最小二乘优化决策模型。

目标函数：

$$F = \sum_{i=1}^{n} \sum_{j=1}^{m} \left\{ \left[\left(\overline{w}_{1j} - \overline{w}_j \right) \cdot z_{ij} \right]^2 + \left[\left(\overline{w}_{2j} - \overline{w}_j \right) \cdot z_{ij} \right]^2 \right\} \tag{4-9}$$

约束条件：

$$\sum_{j=1}^{m} \overline{w}_j = 1, \overline{w}_j \geqslant 0, j=1,2,\cdots,m \tag{4-10}$$

为了求解该优化模型，首先需构造拉格朗日函数：

$$L = \sum_{i=1}^{n} \sum_{j=1}^{m} \left\{ \left[\left(\overline{w}_{1j} - \overline{w}_j \right) \cdot z_{ij} \right]^2 + \left[\left(\overline{w}_{2j} - \overline{w}_j \right) \cdot z_{ij} \right]^2 \right\} + 4\lambda \left(\sum_{j=1}^{m} \left(\overline{w}_j - 1 \right) \right) \tag{4-11}$$

令

$$\frac{\partial L}{\partial \overline{w}_j} = -\sum_{i=1}^{n} 2 \left(\overline{w}_{1j} + \overline{w}_{2j} - 2\overline{w}_j \right) \cdot z_{ij}^2 + 4\lambda = 0 \tag{4-12}$$

$$\frac{\partial L}{\partial \lambda} = 4 \left(\sum_{j=1}^{m} \overline{w}_j - 1 \right) = 0 \tag{4-13}$$

上述 $m+1$ 个变量 $m+1$ 个方程组成的方程组可以用矩阵表示为

$$\begin{bmatrix} B_{mm} & e_{ml} \\ e_{ml}^{\mathrm{T}} & 0 \end{bmatrix} \cdot \begin{bmatrix} w_{ml} \\ \lambda \end{bmatrix} = \begin{bmatrix} C_{ml} \\ 1 \end{bmatrix} \tag{4-14}$$

式中，

$$B_{mm} = \mathrm{diag} \left[\sum_{i=1}^{n} z_{i1}^2, \sum_{i=1}^{n} z_{i2}^2, \cdots, \sum_{i=1}^{n} z_{im}^2 \right]$$

$$e_{ml} = (1,1,\cdots,1)^{\mathrm{T}}$$

$$\overline{w}_{ml} = B_{mm}^{-1} \cdot \left[C_{ml} + \frac{1 - e_{ml}^{\mathrm{T}} \cdot B_{mm}^{-1} \cdot C_{ml}}{e_{ml}^{\mathrm{T}} \cdot B_{mm}^{-1} \cdot e_{ml}} e_{ml} \right] \tag{4-15}$$

由式（4-15）解出 $\overline{w}_{ml} = \overline{w} = (\overline{w}_1, \overline{w}_2, \cdots, \overline{w}_m)^{\mathrm{T}}$ 后，则方案 A_i 的决策值为

$$f_i = \sum_{i=1}^{m} \overline{w}_j \cdot z_{ij}, i=1,2,\cdots,n \tag{4-16}$$

最后将最大的 f_i 所对应的方案确定为最佳方案。

2. 地下水脆弱性评价指标权重的确定过程

对于本质脆弱性评价指标权重的确定过程，具体实现步骤如下。

（1）由于研究区为人口稠密地区，包括农业活动在内的各种人类活动对地下水环境影响很大。基于这一点，同时参考地下水脆弱性评价典型方法——DRASTIC模型中指标权重的确定过程，本章给予本质脆弱性 8 个评价指标以不同的权重，如表 4-7 所示。

表 4-7　本质脆弱性评价指标主观权重表

序号	本质脆弱性评价指标	主观权重	
		相对数值	具体数值
1	地下水埋深	5	0.161
2	含水层净补给量	4	0.129
3	含水层介质类型	3	0.097
4	土壤介质类型	5	0.161
5	地形坡度	3	0.097
6	包气带介质类型	4	0.129
7	含水层水力传导系数	2	0.065
8	土壤表层有机质含量	5	0.161

（2）在已经获得的主观权重基础上，利用基于层次分析方法编制的决策分析程序，把计算后的每个评价单元 8 个指标数值代入此程序运算后，即可得出每个指标的客观权重和综合权重，计算结果如表 4-8 所示。表 4-8 中综合权重即为本质脆弱性指标综合权重集，即

$$W_1=(0.134,0.075,0.053,0.066,0.179,0.066,0.358,0.069)$$

表 4-8　本质脆弱性评价指标综合权重表

序号	本质脆弱性评价指标	权重数值		
		主观权重	客观权重	综合权重
1	地下水埋深	0.161	0.065	0.134
2	含水层净补给量	0.129	0.009	0.075
3	含水层介质类型	0.097	0.002	0.053
4	土壤介质类型	0.161	0.002	0.066
5	地形坡度	0.097	0.291	0.179
6	包气带介质类型	0.129	0.033	0.066
7	含水层水力传导系数	0.065	0.591	0.358
8	土壤表层有机质含量	0.161	0.007	0.069

同理，按照上述步骤可求出特殊脆弱性 3 个评价指标相应的权重数值。

①根据地下水脆弱性相关评价标准与评分体系，结合研究区具体状况，给出特殊脆弱性 3 个评价指标的主观权重，如表 4-9 所示。

表 4-9　特殊脆弱性评价指标主观权重表

序号	特殊脆弱性评价指标	主观权重	
		相对数值	具体数值
9	人均水资源量	6	0.300
10	需水量/供水量	7	0.350
11	可耕地面积/土地总面积	7	0.350

②把主观权重和计算后的实际数值代入决策分析程序运算后，即可得出这 3 个指标的客观权重和综合权重，计算结果如表 4-10 所示。

表 4-10　特殊脆弱性评价指标综合权重表

序号	特殊脆弱性评价指标	权重数值		
		主观权重	客观权重	综合权重
9	人均水资源量	0.300	0.599	0.407
10	需水量/供水量	0.350	0.206	0.300
11	可耕地面积/土地总面积	0.350	0.195	0.293

表 4-10 中综合权重即为特殊脆弱性指标综合权重集，即

$$W_2=(0.407,0.300,0.293)$$

4.3.4　下辽河平原地下水脆弱性评价及结果分析

1. 下辽河平原地下水脆弱性评价

根据绪论中的定义可知，地下水脆弱性包括本质脆弱性和特殊脆弱性两个方面。其中，本质脆弱性主要考虑水文地质内部因素对地下水脆弱性的影响，特殊脆弱性主要考虑人类活动等外部因素对地下水脆弱性的影响。因此，本章开展的地下水脆弱性评价研究也应包括这两个方面。

本章将利用模糊模式识别模型分别从本质脆弱性和特殊脆弱性两个方面对研究区地下水资源进行评价。

（1）模糊模式识别模型。

设由 n 个具有 m 个指标特征的样本组成的样本矩阵 X 和由 c 个标准模式组成的标准模式矩阵 Y 分别为

$$X = \begin{bmatrix} x_{11} & x_{12} & \cdots & x_{1n} \\ x_{21} & x_{22} & \cdots & x_{2n} \\ \vdots & \vdots & & \vdots \\ x_{m1} & x_{m2} & \cdots & x_{mn} \end{bmatrix} = \left(x_{ij} \right)_{m \times n} \tag{4-17}$$

$$Y = \begin{bmatrix} y_{11} & y_{12} & \cdots & y_{1c} \\ y_{21} & y_{22} & \cdots & y_{2c} \\ \vdots & \vdots & & \vdots \\ y_{m1} & y_{m2} & \cdots & y_{mc} \end{bmatrix} = \left(y_{ih} \right)_{m \times c} \tag{4-18}$$

为便于分析,在进行模糊识别时要先进行正规化,以消除指标物理量性质与量纲的影响。设样本矩阵 X 和标准模式矩阵 Y 经正规化后变为矩阵元素在区间[0,1]中的特征模糊矩阵 R 和 S,其矩阵形式分别为

$$R = \begin{bmatrix} x_{11} & x_{12} & \cdots & x_{1n} \\ x_{21} & x_{22} & \cdots & x_{2n} \\ \vdots & \vdots & & \vdots \\ x_{m1} & x_{m2} & \cdots & x_{mn} \end{bmatrix} = \left(x_{ij} \right)_{m \times n} \tag{4-19}$$

$$S = \begin{bmatrix} s_{11} & s_{12} & \cdots & s_{1c} \\ s_{21} & s_{22} & \cdots & s_{2c} \\ \vdots & \vdots & & \vdots \\ s_{m1} & s_{m2} & \cdots & s_{mc} \end{bmatrix} = \left(s_{ih} \right)_{m \times c} \tag{4-20}$$

设将 n 个样本依据样本的 m 个指标特征值按 m 个标准模式加以识别和划分,其模糊识别矩阵如式(4-21)所示。另外,在模糊识别过程中,为了充分尊重客观事实和领域专家的智慧和经验,考虑不同的指标对识别的重要程度不同,因而引入指标权重矩阵 W,其矩阵形式如式(4-22)所示。

$$U = \begin{bmatrix} u_{11} & u_{12} & \cdots & u_{1n} \\ u_{21} & u_{22} & \cdots & u_{2n} \\ \vdots & \vdots & & \vdots \\ u_{c1} & u_{c2} & \cdots & u_{cn} \end{bmatrix} = \left(u_{hj} \right)_{c \times n} \tag{4-21}$$

$$W = \begin{bmatrix} w_{11} & w_{12} & \cdots & w_{1n} \\ w_{21} & w_{22} & \cdots & w_{2n} \\ \vdots & \vdots & & \vdots \\ w_{m1} & w_{m2} & \cdots & w_{mn} \end{bmatrix} = \left(w_{ij} \right)_{m \times n} \tag{4-22}$$

在式(4-21)中,u_{hj} 为样本 j 隶属于标准模式 h 的隶属度,$h=1,2,\cdots,c$。矩阵 U 满足以下条件:

$$\sum_{h=1}^{c} u_{hj} = 1 \tag{4-23}$$

$$\sum_{j=1}^{n} u_{hj} > 0 \tag{4-24}$$

设有指标权重矩阵 W、特征模糊矩阵 R 和 S、模糊识别矩阵 U，定义式（4-25）为样本 j 与模式 h 之间的加权广义权距离。该距离完整地描述了样本 j 与模式 h 之间的差异，因为它不仅考虑了指标权重矩阵，而且同时以样本 j 隶属于模式 h 的隶属度 u_{hj} 为权重，完全符合在模糊数学中可以将隶属度定义为权重的观点。

$$d(r_j, s_h) = u_{hj} \| w_j (r_j - s_h) \| \tag{4-25}$$

为了求解最优模糊识别矩阵 U，建立目标函数

$$\min\{F(u_{hj})\} = \sum_{j=1}^{n}\sum_{h=1}^{c} d(r_j, s_h)^2 = \sum_{j=1}^{n}\sum_{h=1}^{c} u_{ij}^2 \left[\sum_{i=1}^{m} \left(w_{ij}(r_{ij} - s_{ih}) \right)^2 \right] \tag{4-26}$$

式（4-26）的物理意义为：样本集相对于全体模式的加权广义距离的平方和最小。理论上已经证明，按照此准则求出的模糊识别矩阵 U 将是最优的。

通过构造拉格朗日函数，可以得出如下的模糊识别理论模型：

$$u_{hj} = 1 \Big/ \left\{ \sum_{k=1}^{c} \left[\frac{\sum_{i=1}^{m}\left[w_{ij}(r_{ij} - s_{ih}) \right]^2}{\sum_{i-1}^{m}\left[w_{ij}(r_{ij} - s_{ik}) \right]^2} \right] \right\} \tag{4-27}$$

（2）地下水本质脆弱性评价。

对地下水本质脆弱性的评价主要涉及 8 个指标，其具体数值已经在表 4-6 中列出。此外，每个评价指标的综合权重也已得到，如表 4-8 所示。再把本质脆弱性评价指标数值及其相应权重汇总起来，如表 4-11 所示。

表 4-11　地下水本质脆弱性评价指标及其权重数值表

序号	综合权重	I_1	I_2	I_3	L_4	II_1	II_2	II_3	III	IV
1	0.134	1~3	1~5	2~5	2~10	2~5	2~5	1~4	0~4	0~3
2	0.075	167.2	157.4	136.6	130.0	103.8	127.0	152.1	165.9	132.3
3	0.053	8	8	7	8	8	8	7	8	8
4	0.066	6	5	5	5	5	5	5	6	5
5	0.179	0.500	0.101	1.872	0.921	1.400	2.224	1.078	0.300	0.025
6	0.066	2	2	2	2	2	2	2	7	2
7	0.358	53.42	86.42	53.29	62.25	60.00	56.21	203.20	4.77	21.72
8	0.069	1.5~2.0	1.5~2.0	1.5~2.0	1.5~2.0	1.0~1.5	1.0~2.0	1.0~1.5	1.0~2.5	1.0~2.5

注：表中所有涉及范围的类型划分，都是含上不含下

　　依据表 4-11 中获取的评价指标原始数据及权重数值，应用基于模糊数学方法编制的模糊模式识别程序进行运算后，即可得到各个评价单元对于 5 个脆弱性级别的相对隶属度，然后根据最大隶属度原则可以确定评价对象的脆弱性级别。其中本质脆弱性评价结果如表 4-12 所示。

表 4-12　地下水本质脆弱性评价结果

项目	1 级	2 级	3 级	4 级	5 级	级别特征值	所属级别
I_1	0.03	0.04	0.12	0.68	0.13	3.84	4
I_2	0.02	0.03	0.05	0.29	0.61	4.43	4
I_3	0.10	0.14	0.30	0.32	0.14	3.26	3
I_4	0.03	0.03	0.09	0.70	0.15	3.92	4
II_1	0.06	0.08	0.18	0.51	0.17	3.68	4
II_2	0.10	0.14	0.28	0.32	0.16	3.29	3
II_3	0.03	0.04	0.08	0.37	0.48	4.22	4
III	0.15	0.23	0.41	0.14	0.07	2.74	3
IV	0.11	0.18	0.48	0.16	0.07	2.90	3

　　根据地下水本质脆弱性评价计算结果，可以完成下辽河平原地下水本质脆弱性分布图，如图 4-1 所示。

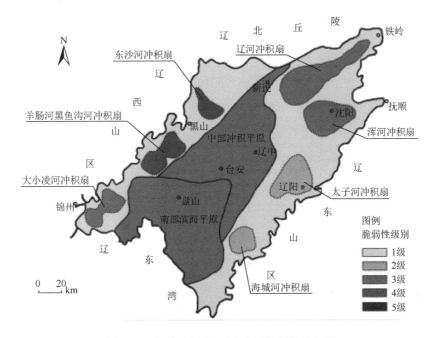

图 4-1　下辽河平原地下水本质脆弱性分布图

（3）地下水特殊脆弱性评价。

对地下水特殊脆弱性的评价包括 3 个指标，即人均水资源量、水资源需水量与供水量比、可耕地面积与土地总面积百分比。根据前面已有的计算结果，现将这 3 个指标的具体数值及其权重列于表 4-13。

表 4-13 地下水特殊脆弱性评价指标及其权重数值表

序号	综合权重	I_1	I_2	I_3	I_4	II_1	II_2	II_3	III	IV
9	0.407	785.85	2742.64	1762.00	1751.61	468.13	406.12	972.66	1067.49	214.31
10	0.300	0.70	0.95	0.81	0.28	0.54	0.94	0.66	0.47	0.53
11	0.293	0.47	0.43	0.17	0.35	0.50	0.47	0.32	0.51	0.26

以表 4-13 中所列数据作为原始数据，应用模糊模式识别程序进行运算后，可得到各个评价单元对于 5 个脆弱性级别的相对隶属度，从而确定每个评价单元的脆弱性级别。具体来说，特殊脆弱性评价结果如表 4-14 所示。

表 4-14 地下水特殊脆弱性评价结果

项目	1 级	2 级	3 级	4 级	5 级	级别特征值	所属级别
I_1	0.03	0.07	0.53	0.29	0.08	3.31	3
I_2	0.17	0.32	0.28	0.14	0.09	2.66	3
I_3	0.23	0.37	0.23	0.10	0.07	2.42	2
I_4	0.25	0.65	0.07	0.02	0.01	1.89	2
II_1	0.03	0.06	0.18	0.54	0.19	3.79	4
II_2	0.03	0.05	0.12	0.47	0.33	4.02	4
II_3	0.08	0.23	0.54	0.10	0.05	2.81	3
III	0.09	0.41	0.41	0.06	0.03	2.54	3
IV	0.07	0.11	0.26	0.38	0.18	3.49	3

根据地下水特殊脆弱性评价计算结果，可以完成下辽河平原地下水特殊脆弱性分布图，如图 4-2 所示。

（4）地下水脆弱性综合评价。

在对研究区地下水资源分别进行本质脆弱性与特殊脆弱性评价的基础上，依据已有研究成果和专家知识经验，将本质脆弱性与特殊脆弱性评价结果的级别特征值分别赋以 0.4、0.6 的权重（主要考虑地下水受人类活动的扰动比较大），即可以得出每个评价对象的综合脆弱性值，具体评价结果见表 4-15 和图 4-3。

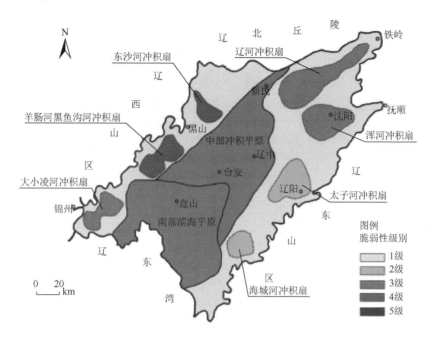

图 4-2   下辽河平原地下水特殊脆弱性分布图

表 4-15   地下水综合脆弱性评价结果

项目	级别特征值	脆弱性级别
I_1	3.52	4
I_2	3.37	3
I_3	2.76	3
I_4	2.70	3
II_1	3.75	4
II_2	3.73	4
II_3	3.37	3
III	2.62	3
IV	3.25	3

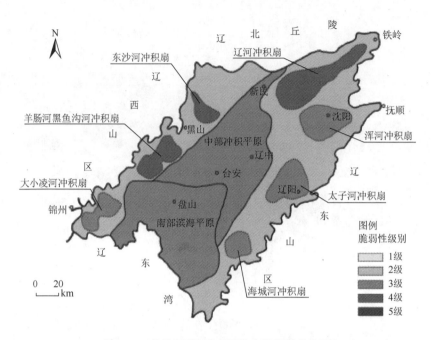

图 4-3　下辽河平原地下水综合脆弱性分布图

2. 评价结果分析

为了便于对评价结果进行对比分析，把本质脆弱性、特殊脆弱性与综合脆弱性评价结果共同列于表 4-16 中。

表 4-16　地下水脆弱性评价结果对比分析表

评价类型	I_1	I_2	I_3	I_4	II_1	II_2	II_3	III	IV
本质脆弱性	4	4	3	4	4	3	4	3	3
特殊脆弱性	3	3	2	2	4	4	3	3	3
综合脆弱性	4	3	3	3	4	4	3	3	3

从地下水脆弱性的综合评价结果来看，现状年研究区内 I_1、II_1 和 II_2 这 3 个分区的地下水脆弱程度为 4 级（比较脆弱），这些地区均为研究区内经济发展水平较高的地区，人口比较稠密，工农业用水量较大，地下水资源相对来说较为短缺。其余 6 个分区的地下水脆弱程度为 3 级（一般脆弱），这些地区虽为经济发展水平较高的地区，地下水需求量很大，但是由于当地供水部门采取了较为科学合理的水资源利用措施，注重地表水与地下水资源的协调开发，所以地下水脆弱程度不是特别高。其中 IV 区（即南部滨海平原地区）浅层地下水多为咸水，淡水资源分布少且埋深较大，从而造成地下水资源比较缺乏，从实际情况上看其地下水应该

比较脆弱；但是由于本区土地可开垦条件差，造成土地开发利用程度也较低，同时本区经济发展水平一般，导致本区的有些评价指标值如人均水资源量等明显偏小，从而使得本区的地下水脆弱性评价结果为一般脆弱。此外，对于未参与具体评价的东西部山前倾斜平原中的洪积扇扇间地带及扇前缘坡洪积裙，由于这些地区经济发展水平一般，工农业需水量不算很大，水资源供需矛盾不突出，所以将其脆弱程度定为 2 级（轻微脆弱）。

总的来说，下辽河平原地区第四纪堆积物巨厚，上有潜水，下有承压水，地下水资源尤其浅层地下水资源十分丰富，地下水埋深较浅，相对而言为地下水环境脆弱区。将本章研究结果与下辽河平原地区地下水水体实际污染状况进行对比分析，可以发现两者较好地吻合在一起。

第5章　基于GIS-WOE法的下辽河平原地下水脆弱性评价

5.1　WOE方法

证据权重（weights of evidence，WOE）方法是加拿大数学地质学家 Agterberg（1989）提出的一种基于二值（存在或不存在）图像的地学统计方法，是在假设条件独立的前提下，基于贝叶斯定理的一种定量预测方法。

Agterberg（1989）和 Harris 等（2001）都先后应用 WOE 方法来预测矿产的远景分布。根据经验选择一些与矿产分布形成有关的地学信息作为预测因子，以成矿情况为响应因子，通过对这些因子的叠加复合分析来进行矿产远景区的预测。而每个预测因子对相应因子的贡献是由这个因子的权重值决定的，某预测因子与矿产同时出现的概率越大，其找矿意义无疑越重大，其权重值也就越大，通过对已知成矿情况网格单元的预测因子和响应因子之间的统计分析，计算出权重，然后对各待预测网格单元的各预测因子进行加权综合，最后通过确定每一单元响应因子出现的概率大小便可得到不同级别的成矿远景区。

Barber 等（2006）首次将 WOE 这种空间统计方法用于区域地下水脆弱性的研究。研究区为澳大利亚皮尔河流域农业区，根据当地实际情况，选择地下水埋深、包气带性质和含水层岩性三个参数作为预测因子，电导率为响应因子，用 WOE 方法分析预测因子和响应因子之间的统计关系，结合 GIS 技术获得研究区的地下水脆弱性图。Agterberg（1989）也将 WOE 方法用于意大利北部的一个地区，以降雨、灌溉、土壤类型、土地利用、包气带水利传导系数、地下水埋深和地下水流速度为预测因子，以硝酸盐浓度为响应因子，对该地区的地下水脆弱性进行评价。雷静等（2003）在国内首次应用证据权重方法模型进行唐山市平原区地下水硝酸盐氮特殊脆弱性评价；一般来说，证据权重方法的实现步骤如下。

（1）对各证据因子进行处理，由于证据权重方法最初是基于二值栅格图像的，因此对于栅格图像，首先进行二值化处理，即把所有的专题关系转化为二值图像。如果采用的是矢量专题信息，则可以基于网格模型，首先提取已知响应因子图层进行网格划分，建立响应因子网格图层。

（2）将各证据因子的专题图层与响应因子（网格）图层叠加，进行前验概率及权重（W^+、W^-）计算。

（3）进行证据因子的相对响应因子条件独立性检验，并根据前验概率及权重（W^+、W^-）值，筛选出最合理的证据因子专题图层，进行后验概率计算。

（4）根据后验概率计算的结果生成后验概率分布图（Harris et al.，2001）。

5.1.1　先验概率计算

假设研究区用 T 表示，其面积为 $A(T)$，将研究区分成若干单元格，每个单元格的面积为 U，则研究内单元格的总数为 $N(T)=A(T)/U$。响应因子用 D 表示，假设已知 $N(D)$ 个单元格内有响应因子分布，如果 U 足够小的话，已知响应因子的点数将等于 $N(D)$(即每个单元格内刚好有一个响应因子分布)。则在研究区内随机选取一个单元格，其内响应因子出现的概率为 $P(D)=N(D)/N(T)$，这也被称为先验概率。WOE 方法假定整个研究区内各单元格的先验概率都相等。先验概率用几率来表达，即为

$$O(D) = \frac{P(D)}{1-P(D)} = \frac{N(D)}{N(T)-N(D)} \tag{5-1}$$

5.1.2　后验概率计算

对第 j 个（$j=1,2,\cdots,n$）预测因子二值图来说，假设 B_j 表示因子的某种模式（如分类值为 1）存在，$\overline{B_j}$ 表示不存在（如分类值为 2），则 $N(B_j) = A(B_j)/U$ 表示因子存在的单元数，类似的，$N(\overline{B_j}) = A(\overline{B_j})/U$ 表示因子不存在的单元数。如果没有数据缺失的话，$N(B_j) + N(\overline{B_j}) = N(T)$。但是，如果数据有缺失的话（如不完全勘探），则存在另一种情况（通常值为 0），$N(B_j) + N(\overline{B_j})+N(缺失数据) = N(T)$。本节中我们认为 N（缺失数据）$=0$。

应用 GIS 很容易得出 $N(B_j)$、$N(\overline{B_j})$、N（T）。将该预测因子图和响应因子图重叠，我们也很容易得到 $N(B_j \bigcap D)$、$N(\overline{B_j} \bigcap D)$、$N(B_j \bigcap \overline{D})$ 和 $N(\overline{B_j} \bigcap \overline{D})$，它们分别表示该因子存在或不存在的情况下响应因子存在或不存在的数目。相应地得到以下条件概率：

$$P(B_j|D) = \frac{N(B_j \bigcap D)}{N(D)}, P(B_j|\overline{D}) = \frac{N(B_j \bigcap \overline{D})}{N\overline{D}}$$

$$P(\overline{B_j}|D) = \frac{N(\overline{B_j} \bigcap D)}{N(D)}, P(\overline{B_j}|\overline{D}) = \frac{N(\overline{B_j} \bigcap \overline{D})}{N(\overline{D})} \tag{5-2}$$

如果将研究区每个单元格内有响应因子存在的先验概率即 P（D）视为恒定的话，那么每一个预测因子图相对先验概率而言对响应因子存在的后验概率起加强

或减弱的作用。对第 j 个预测因子而言，其后验概率 $P(D|B)$ 和 $P(D|\overline{B}_j)$ 可以由先验概率 $P(D)$ 来计算：

$$P(D|B_j) = P(D)\frac{P(B_j|D)}{P(B_j)}$$

$$P(D|\overline{B}_j) = P(D)\frac{P(\overline{B}_j|D)}{P(\overline{B}_j)}$$

(5-3)

此式即为贝叶斯定理。将其转化成几率的形式，则有

$$O(D|B_j) = O(D)\frac{P(B_j|D)[1-P(D)]}{P(B_j)[1-P(D|B_j)]}$$

$$O(D|\overline{B}_j) = O(D)\frac{P(\overline{B}_j|D)[1-P(D)]}{P(\overline{B}_j)[1-P(D|\overline{B}_j)]}$$

(5-4)

根据条件概率公式对式（5-1）进行整理有

$$O(D|B_j) = O(D)\frac{P(B_j|D)}{P(B_j|\overline{D})P(\overline{D})}$$

$$O(D|\overline{B}_j) = O(D)\frac{P(\overline{B}_j|D)}{P(\overline{B}_j|\overline{D})P(\overline{D})}$$

(5-5)

式（5-5）可化为

$$O(D|B_j) = O(D)\frac{P(B_j|D)}{P(B_j|\overline{D})}$$

$$O(D|\overline{B}_j) = O(D)\frac{P(\overline{B}_j|D)}{P(\overline{B}_j|\overline{D})}$$

(5-6)

将式（5-6）转化成自然对数形式，则有

$$\ln O(D|B_j) = \ln O(D) + \ln\frac{P(B_j|D)}{P(B_j|\overline{D})}$$

$$\ln O(D|\overline{B}_j) = \ln O(D) + \ln\frac{P(\overline{B}_j|D)}{P(\overline{B}_j|\overline{D})}$$

(5-7)

对于第 j 个预测因子二值图，其一对正负权重用条件概率比值的自然对数定义为

$$W_j^+ = \ln\frac{P(B_j|D)}{P(B_j|\overline{D})} \quad W_j^- = \ln\frac{P(\overline{B}_j|D)}{P(\overline{B}_j|\overline{D})}$$

(5-8)

则式（5-7）可表示为

$$\ln O(D \mid B_j) = W_j^+ + \ln O(D)$$
$$\ln O(D \mid \overline{B_j}) = W_j^- + \ln O(D)$$

（5-9）

式（5-9）即为贝叶斯定理的对数线性形式，可以形象地将其理解成通过用权重对先验概率进行"修正"来得到后验概率。

权重值提供了描述响应因子与预测因子图之间空间联系的一种度量方法。对预测因子的每类属性都要计算其权重值。正值表示在该属性存在的情况下响应因子出现的概率比随机产生的更大；相反地，负值表示比随机产生的更小；零值或接近于零值表示对该类属性而言，响应因子是随机分布的，该类属性对响应因子的分布不具有预见性。

一对正负权重的差用 C 来表示，$C=W^+-W^-$。除了两者都是零值的情况，W^+ 和 W^- 的符号总是相反的。C 值综合了正负一对权重的影响，是响应因子点和预测因子图之间空间联系的综合度量。对于预测因子图与响应因子点之间存在正空间相关的情况，C 为正值，其范围通常为 0～2。其中在 0～0.5 表明该预测因子图对响应因子分布具有轻微的预见性，在 0.5～1 为中度预见性，1～2 为高度预见性，若大于 2 则表示有极端的预见性。同样，若 C 为负值的话，则表示负空间相关，其值的范围和相应的预见性程度也是与正空间相关情况相对应的。

假设有两个预测因子二值图 B_j（$j=1,2$），由概率定理可知：

$$P(DB_1 \mid B_2) = P(B_2 \mid DB_1)P(B_1 \mid D)P(D)$$

（5-10）

如果 B_1 和 B_2 对响应因子发生情况来说是条件独立的话，那么 $P(B_2 \mid DB_1) = P(B_2 \mid D)$，则式（5-10）可化为

$$P(DB_1 \mid B_2) = P(B_1 \mid D)P(B_2 \mid D)P(D)$$

（5-11）

进而推出 B_1 和 B_2 两个预测因子图叠加后的后验几率对数：

$$\ln O(D \mid B_1 B_2) = W_1^+ + W_2^+ + \ln O(D)$$
$$\ln O(D \mid B_1 \overline{B_2}) = W_1^+ + W_2^- + \ln O(D)$$
$$\ln O(D \mid \overline{B_1} B_2) = W_1^- + W_2^+ + \ln O(D)$$
$$\ln O(D \mid \overline{B_1} \overline{B_2}) = W_1^- + W_2^- + \ln O(D)$$

（5-12）

类似地，如果有 n 个预测因子二值图 B_j（$j=1, 2, \cdots, n$），如果它们之间都关于响应因子点条件独立，则后验几率对数为

$$\ln O(D \mid B_1^k B_2^k B_3^k \cdots B_n^k) = \sum_{j=1}^n W_j^k + \ln O(D)$$

（5-13）

式（5-13）中等号左边的上标 k 表示预测因子二值模式存在或不存在。等号右边

当预测因子模式存在时，$W_j^k = W_j^+$；不存在时，$W_j^k = W_j^-$；数据缺失时，$W_j^k = 0$。

用公式 $P=O/(1+O)$ 可以将后验几率对数转化成后验概率。

5.2　专家证据权重法

5.2.1　专家证据权重法的提出及应用

Harris 等（2001）、Bonham-Carter（1994）、Bonham-Carter 等（1990，1989）和 Agterberg（1989）提出的证据权重法，是基于 GIS 的矿产资源评价的主要方法之一，目前在世界各国都得到了广泛的应用（丁清峰等，2005；Raines，1999；Agterberg et al.，1990）。证据权重法根据权重值的计算方法又分为"数据驱动"（Agterberg et al.，1990）和"知识驱动"（丁清峰等，2005）。数据驱动证据权重法要求研究区研究程度较高，有大量的已知训练点或远景区。如果要对研究程度低的地区进行基于 GIS 的矿产资源评价工作，则需采用知识驱动证据权重法，知识驱动证据权重法最初目的是在不能获取足够训练点的研究程度低的地区对证据因子赋权重值。

采用数据驱动证据权重法进行矿产资源预测评价时，使用的软件是互联网上 Kemp 等免费提供的 ArcView3.x 平台下的空间数据分析扩展模块 Arc-Wofe（徐明峰等，2005）。该软件不仅提供了实现数据证据权重法的所有功能，而且还有一个 "expert weights" 选项，可以不依据已知训练点，而是依据专家的认识人为地为各证据因子赋权重值，丁清峰等称之为"专家证据权重法"（丁清峰等，2006，2005；Raines，1999），也称为知识驱动证据权重法。国内对该方法的应用较少，主要有：丁清峰等于 2005～2007 年连续三年应用该方法对青海东昆仑成矿远景区进行研究与评价，刘世翔等（2008）利用该方法评价黑龙江西北部金矿成矿情况，均取得较好的效果。

目前，"专家证据权重法"在水资源评价领域还未见应用，为此本书采用知识驱动证据权重法即"专家证据权重法"，进行地下水脆弱性的研究与评价，发现其结果与研究区地下水脆弱性的实际情况比较相符，获得了很好的效果，表明专家证据权重法的确能应用于像下辽河平原地区那样研究程度低的地区。

5.2.2　专家证据权重法的原理

专家证据权重法的原理与数据证据权重法的一样，都是以证据权重模型（Ranjan et al.，2008；Soile et al.，2007；Porwal et al.，2006；Zahiri et al.，2006）为基础，但两者之间又有本质的区别。前者建立模型的证据因子权重是由水文地质专家根据知识系统人为设定的，且无须对证据因子进行条件独立性检验；后者建立模型的证据因子需满足条件独立性检验，且其权重是根据已知响应因子（如监测井氮浓度）统计出来的。

5.2.3　证据因子权重设定原则

证据权重法中证据因子正权重与负权重之差 C 值的大小表示该证据因子（脆弱性标志）脆弱性指示性的高低，是一个总体检验证据因子与响应因子（监测井氮浓度）之间空间相关性好坏的数值。当证据因子正负权重的绝对值在 0～0.5 时，具有一般指示性；当其绝对值在 0.5～1.0 时，具有中等指示性；当其绝对值在 1～2 时，具有强指示性；当其绝对值大于 2 时，具有极强指示性（Cheng et al.，1999）。根据这个原则，在应用专家证据权重法时，为证据因子赋正权重值时做如下约定：对地下水脆弱性影响最大的证据因子设定其正权重值为 2.5 左右；影响较大的设定其正权重值为 1.5 左右；影响一般的设定其正权重值为 0.75 左右；影响较差的设定其正权重值为 0.25 左右。

专家证据权重法和数据证据权重法对证据因子权重的计算方法完全不一样，专家证据权重法中的证据因子的权重必须由专家根据知识系统来确定。应用专家证据权重法虽然不需要根据已知响应因子（点）数作为训练点来统计各证据因子的权重，但同样需要定义虚拟响应因子（点）作为训练点来控制各证据因子的权重值，因为各证据因子的权重值不能直接设定，需靠人为控制各证据因子存在区的虚拟响应因子（点）数的百分比来定义，其中虚拟响应因子（点）或称虚拟训练点并不是实际存在的，也没有具体的地理位置，仅供设定证据因子权重用。其设定办法是通过调节各证据因子存在区内虚拟训练点所占百分比来控制该证据因子的正权重，这样该证据因子不存在区内虚拟训练点，所占百分比也就确定了，即其负权重也随之确定（刘仁涛等，2006；贺新春等，2005）。

5.2.4　专家证据权重法实施流程

通过与统计证据权重法对比，总结出专家证据权重法的实施流程图（图 5-1）。

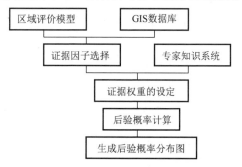

图 5-1　专家证据权重法实施流程图

（1）参数的设置。

在利用 ArcView3.x 下 Arc-Wofe 模块进行计算之前，需对研究区、单元格面积、虚拟响应因子（点）等参数进行设置，然后据此计算出先验概率。

（2）知识系统和区域评价模型的建立。

建立知识系统是应用专家证据权重法的基础，即通过对研究区基础地质、水文等方面的详尽研究来建立区域评价模型。只有知识系统建立以后，专家才有可能依据所建立的区域评价模型提取出证据因子，即地下水脆弱性评价信息，并对其进行权重的设定。

（3）证据因子的选择及其权重的设定。

根据已建立的知识系统，合理地选择各证据因子并设定权重。

（4）后验概率的计算。

根据所设定的各证据因子的权重值计算研究区的后验概率（Kemp et al.，2001）。

5.3 下辽河平原地下水脆弱性评价影响因子及预测因子选择

5.3.1 研究区地下水脆弱性评价影响因素

影响地下水脆弱性的因素包括与地下水系统有关的地形地貌条件、埋藏条件、水动力条件及人类活动等一切因素，概括起来，主要有以下几个方面。

（1）水文地质因素。

①壤净化能力。

土壤是包气带上部具有显著生物活力的部分，土壤介质类型与土壤中有机质含量对渗入地下水的补给量及污染物垂直运移至包气带有显著的影响。土壤颗粒越小，表层有机质含量越大，对污染物向下运移的阻碍作用越强，地下水水质脆弱性越低，地下水不易受到污染；反之地下水易受到污染。

②包气带净化能力。

包气带净化能力的大小取决于岩性、厚度、渗透性和吸附性能等。包气带岩性颗粒越细，厚度越厚，渗透性越小，对污染物质的吸附能力越大，包气带净化能力就越强；反之，包气带厚度越薄，岩性越粗，渗透性越大，净化能力就越弱（Kemp et al.，2001）。

③含水层的净化能力。

污染物进入含水层后，污染物迁移的范围和速度取决于含水层的性质。因此含水层性质也是影响地下水脆弱性的一个因素。含水层的净化性能受含水层的稀释能力和污染物在含水层中的滞留时间等因素影响。

（2）地貌因素。

地貌因素的影响主要表现为影响地下水的运移过程。区域内地貌单元主要可分为：东部山前强差异性下降的冲洪积倾斜平原、西部山前弱差异性下降的冲洪积倾斜平原、中部均匀下降的冲积平原、滨海大幅度下降的冲海积河口三角洲平原以及平原外围长期上升的低山丘陵。东西部山前冲洪积倾斜平原都由冲洪积扇和坡洪积裙联结组成，坡洪积裙坡降 1‰~3‰，冲洪积扇坡降 0.5‰~1‰。中部的冲积平原为河流冲积而成，这里地形平坦，地势低平，坡降 0.1‰~0.5‰，地下水径流条件较差，有利于污染物的富集。对南部滨海冲积三角洲平原来说，这里地势低洼，坡降 0.05‰左右，地面标高 2~5m，受海水顶托作用影响，形成大面积的土壤盐渍化和沼泽化地区。此外，由于沿海地区大量超采地下水，形成地下水下降漏斗，引发强烈的海水（咸水）倒灌现象，造成区域地下水环境质量严重退化。

（3）人为因素。

人类活动对改变地下水环境状况起到不可否认的巨大作用，人为作用引起的环境水文地质问题主要是地下水开采漏斗及水质污染的形成（张军以等，2014）。

5.3.2　本质脆弱性评价预测因子的选择

根据下辽河平原的具体情况，将 DRASTIC 方法直接应用到该区并不能取得很好的效果，本书在借鉴国内外已有研究经验的基础上，提出适合研究区的地下水脆弱性评价因子体系及地下水脆弱性评价模型。

根据下辽河平原的水文地质条件特征及资料收集情况，选择含水层厚度（H_D）、天然总补给量（R）（包括降雨入渗补给、地表水入渗补给及侧向补给量）作为地下水本质脆弱性水量方面的评价因子；选择保护层（B）（含水层上覆弱透水层）、土壤类型（S）、土壤有机质含量（O）、地形坡度（T）、含水层渗透系数（C）5 项指标作为地下水本质脆弱性水质方面的评价因子。

（1）含水层厚度（H_D）。

含水层指能够透过并给出相当数量水的岩土层，在第四纪地层中定名为粗、中、细、粉砂及卵、砾、碎石的层位视为含水层，累计计算和表示其综合厚度。含水层厚度越厚，相对来说地下水资源量越大，地下水水量脆弱性越低。

（2）天然总补给量（R）。

补给量的大小和质量对地下水系统的物理和化学变化起很大作用，反映了污染物运动的动力，同时补给量也影响着地下水的水量脆弱性（李随民等，2007）。因此，本书在水量脆弱性评价和水质脆弱性评价中，都将天然总补给量作为一个重要的评价因子。但是，对水质脆弱性评价来说，天然总补给量越大，地下水受到污染的潜在趋势就越大，地下水相对脆弱性越高；对于水量脆弱性评价，天然总补给量越大，地下水相对脆弱性越低。因而，在对地下水水量、水质两方面的脆弱性进行评价时，对天然总补给量各范围的评分值是完全相反的。

（3）保护层（B）。

保护层指含水层上覆弱透水层，反映了包气带对地下水脆弱性的影响。其厚度越厚，地下水脆弱性相对越低。

（4）土壤类型（S）。

土壤介质是指非饱和带最上部具有显著生物活动的部分，在 DRASTIC 方法中所要评价的土壤介质通常为距地表平均厚度 0.6m 或小于 0.6m 的地表风化层。土壤介质对渗入地下水的补给量具有显著影响，因此对污染物垂直运移至渗流区有显著的影响。如淤泥和黏土，可大大降低土壤的渗透性，限制污染物向下运移，而且在土壤层中污染物可发生过滤、生物降解、吸附和挥发等一系列过程，这些过程大大削减了污染物向下迁移的量。一般情况下，土壤中黏土类型、黏土的胀缩性能以及土壤中颗粒的尺寸对地下水脆弱性有很大影响。黏土的胀缩性和颗粒越小，地下水的水质脆弱性就越低。

当某一区域的土壤介质由两种类型的土壤组成时，可选择最不利的具有较高易污染的介质进行评分。例如，某一区域的土壤有砂和黏土两种介质存在时，可选择砂作为土壤介质的评分。

（5）土壤有机质含量（O）。

污染物（特别是农药）在土壤上的吸附性能与土壤中的有机质含量有显著的相关性，土壤中有机质含量越高，吸附性能越强，从而可供淋滤的污染物越少，地下水脆弱性越低，因此将该因子作为一个影响地下水脆弱性的评价因子。

（6）地形坡度（T）。

地形坡度影响着污染物渗透至地下水中浓度的多少。研究区地形坡度较为平缓，铁岭高程 61m，以 0.02%～0.5% 的坡降向南西降低。参照 DRASTIC 体系中地形坡度的评分标准，确定该指标的分级范围及其分数。

（7）含水层渗透系数（C）。

含水层渗透系数与含水层岩性密切相关，反映了含水层介质的渗透性，控制着污染物在含水层内迁移的速率。其值越大，污染物在含水层内的迁移速度越快，地下水脆弱性越高。

5.3.3　特殊脆弱性评价预测因子的选择

对于地下水特殊脆弱性的评价选择施肥强度（F）、地下水平均开采量（E）、水资源需水量与供水量之比（X）、耕地面积与土地面积百分比（G）、人均水资源量（P）、用水效率（Y）6 项指标。

（1）施肥强度（F）。

施肥强度越大，含水层中氮的浓度相应越大，地下水脆弱性越高。因此，本书将施肥强度作为评价地下水特殊脆弱性的一个评价因子。

（2）地下水平均开采量（E）。

地下水开采量越大，含水层中污染物由于浓缩效应而浓度越大。过量开采地下水，会引起区域地下水位持续下降，形成水位降落漏斗。因此，将地下水开采量作为评价地下水特殊脆弱性的一个评价因子，地下水开采量越大，地下水相对脆弱性越高。

（3）水资源需水量与供水量之比（X）。

水资源需水量与供水量之比可衡量水资源所受到的压力大小，值越大，表明水资源所受到的压力越大，相应的地下水资源的压力越大，地下水脆弱性越高。

（4）耕地面积与土地面积之比（G）。

大量研究表明大尺度土地覆被与土地利用变化是导致区域气候和水文循环变化的重要因素，土地覆被与土地利用变化引起的区域植被生态系统改变对区域水文循环过程有着极其显著的影响（刘仁涛等，2006；韩绍阳等，2002；林山杉等，2000），本书选择耕地面积与土地面积之比来表征人类对土地的压力，值越大，相应的地下水脆弱性越高。

（5）人均水资源量（P）。

人均水资源占有量数值越大表明人均占有地下水资源越大，地区地下水资源越丰富，从而表示地区地下水系统抵御外界因素干扰的能力越强，地下水脆弱性越小；相反地，值越小，地下水脆弱性越高。

（6）用水效率（Y）。

用水效率在一定程度上反映了地区水资源综合利用程度的高低。用水效率高说明该地区能充分有效利用水资源，从而减少了浪费行为的发生，因此值越大，相应的地下水脆弱性越低。

5.4　研究区地下水评价模型与 GIS 技术的结合使用

1. ArcView 软件简介

ArcView 是美国环境系统研究所（Environmental Systems Research Institute，ESRI）研制的集成地理信息系统和桌面制图系统软件。它采用了可扩展的结构设计，整个系统由基本模块和可扩充模块构成（李彩梅等，2015）。其基本模块包括对视图、表格、图表、图版和脚本的管理。这些基本模块可以完成以下功能。

（1）创建基于 GIS 的电子地图。ArcView 的矢量数据模型支持创建基于 GIS 的电子地图，电子地图中的任何图元对象都具有系统赋予的唯一内部标识，从而可以进行各种访问。为电子地图中的地理对象连接属性信息：ArcView 对电子地图中具有内部标识的任一图元对象，都可以组织和建立与其相关的属性信息，从而形成完整地图对象的信息结构。

（2）空间数据与属性数据的交叉查询。在 ArcView 所创建的电子地图中，可以通过地图对象查询得到其相应的属性信息，也可以根据属性值或属性值的范围，通过结构化查询语言操作，构造复合查询条件的逻辑表达式，在地图中查找相应的空间数据对象，从而实现地图空间数据与属性数据的交叉查询（王劲峰等，2010）。

（3）建立基于空间数据与属性数据的分析图表。ArcView 支持六种类型的图表，即平面图、水平直方图、柱状图、线图、饼图和坐标散点图，每种类型的图表均有几种变型可供选择。ArcView 图表实现了对表格数据的动态与直观显示，图表将信息快捷直观地传递给用户，而这些信息如果用其他方法获取，则需要花费很长时间。

（4）制作地图图板。图板是一个文档，ArcView 通过图板设计，可以创建和输出高质量的地图。图板可以由各种文档、图形和文本组成。项目中的视图、表格、图表也可以放在图板之中。图板的设计是在 ArcView GIS 的图形用户接口（graphic user interface，GUI）中完成的。

除了这些基本模块，ArcView 还包括大量可扩充功能模块，正是借助于这些可扩充的功能模块，ArcView 才可以完成大量的空间分析任务。这些可扩充的功能模块包括：①空间分析模块。使桌面用户可以创建、查询、分析基于栅格的光栅地图，可以通过多数据层查询信息。②网络分析模块。用于解决各类地理网络问题（街道、高速公路、河流、管线）。③三维分析模块。为桌面用户提供了三维表面模型以及交互式的三维透视观察功能。④绘图输出模块。主要用于绘图文件光栅化。⑤影像分析模块。⑥追踪分析模块。⑦因特网地图发布模块（汤国安等，2002）。

2. WOE 模块简介

WOE 方法是一种基于二值存在或不存在图像的地学统计方法，是在假设条件独立的前提下基于贝叶斯定理的一种定量预测方法，作为 ArcView 的扩展模块，Weights of Evidence 安装后，作为一个单独的菜单嵌入 MapInfo professional 的主菜单中，从而实现与 ArcView 的无缝衔接（栗石军，2008；李涛，2004）。

WOE 方法的主要思想是选择若干影响研究区地下水脆弱性的因子作为预测

因子，利用概率统计方法来分析预测因子地理分布二值图（或多值图）和响应因子分布二值图之间的关系，从而得到整个研究区响应因子的概率分布图。

3. 研究区地下水评价模型与 GIS 技术的结合使用

随着 GIS 技术的日趋成熟，将 GIS 与地下水运移模型结合起来评价地下水的脆弱性，使评价过程变得简单容易，为地下水脆弱性的研究提供了有力支持，极大地推动了地下水脆弱性研究的发展（晏王波，2013；尹海伟等，2006）。本章将地下水评价模型与基于 ArcView GIS 软件分析模块开发的 Arc-Wofe 模块结合，作为 ArcView 中扩展模块，其生成的区域地下水脆弱性评价流程如图 5-2 所示。

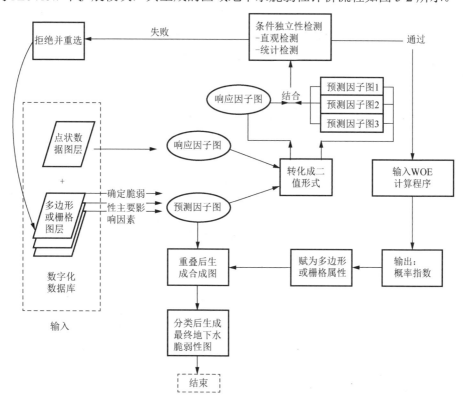

图 5-2　基于 WOE 方法和 GIS 的区域地下水脆弱性评价流程图

5.5　基于 WOE 方法的下辽河平原地下水硝酸盐氮特殊脆弱性研究

下辽河平原区地下水硝酸盐氮浓度的超标情况比较严重，而硝酸盐的污染情况在一定程度上可以反映地下水的整体水质。针对该情况，本章在地下水本质脆弱性评价的基础上进一步以硝酸盐氮为代表，利用 WOE 方法和 GIS 技术对该地区的地下水特殊脆弱性进行评价。

实证权重法的主要思想是选择若干影响研究区地下水脆弱性的因子作为预测因子，利用概率统计方法来分析预测因子地理分布二值或多值图和响应因子分布二值图之间的关系，从而得到整个研究区响应因子概率分布图。

本章以 ArcView GIS 软件为平台利用加拿大地质调查局 Bonham-Carter 等开发的 Arc-SDM 扩展模块中的 WOE 方法研究下辽河平原区地下水硝酸盐氮特殊脆弱性。

5.5.1　Arc-SDM 模块 WOE 方法流程

Arc-SDM 模块的 WOE 方法（Kemp et al.，2001）功能中包括多项功能菜单，通过依次选择不同的菜单来实现 WOE 方法的分析，主要的功能菜单之间的数据流程如图 5-3 所示。

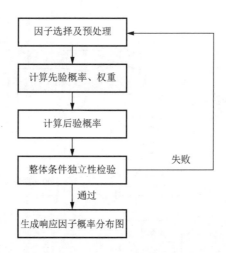

图 5-3　WOE 方法数据流程

5.5.2　评价因子选择及预处理

证据权重法应用的一个前提是必须具备一定量的基础图件，并能够在成熟的成矿地质模型的指导下，从这些基础图件中优选编制可应用于预测的各种辅助性图件（严明疆等，2005）。待评价的为下辽河平原地下水硝酸盐氮特殊脆弱性，本节根据研究区的具体情况及所获得数据的情况，选取了 6 个预测因子证据层。响应因子二值分布图在 Arc-SDM 模块中要求为点状数据，以研究区内 30 个监测井 2005 年硝酸盐氮浓度为响应因子。

（1）施肥强度（F）。

下辽河平原作为辽宁省最大的冲积平原，为省内最重要的商品粮基地，农业非常发达，农业污染也较为严重，尤其是化肥的大量使用使得地下水中氮浓度不断增加，这对当地居民的身体健康造成了不利影响。施肥强度越大，含水层中氮的浓度相应越大，地下水脆弱性越高。因此，本节将施肥强度作为评价地下水特殊脆弱性的一个评价因子，并以地级市为单元，利用 MapInfo 软件绘制出施肥强度（kg/m^2）空间分布图（图 5-4）。数据来源于《辽宁统计年鉴》，为 1994～2004 年的平均值。从图 5-4 中可以看出，下辽河平原施肥强度东北部略低于西南部，其中营口地区施肥强度最大。

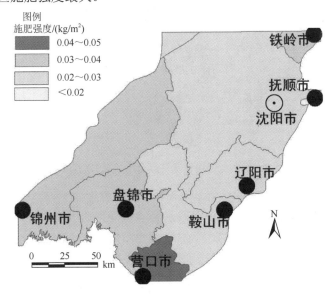

图 5-4   施肥强度分布图（见书后彩图）

（2）地下水平均开采量（E）。

在下辽河平原地区，对地下水的人为影响还反映在地下水的开采情况。由于过量开采地下水，研究区区域地下水位持续下降，形成了许多地下水位降落漏斗。长期超采地下水，引起地面污水渗入漏斗之内，导致水质恶化。同时，地下水全部疏干后，必将引起地面沉降，使房屋、桥梁等地面建筑物遭到破坏（Gogu et al.，2000）。因此，本节将地下水开采量作为评价地下水特殊脆弱性的一个评价因子，地下水开采量越大，地下水相对脆弱性越高。研究区地下水开采量分布图，如图 5-5 所示，数据来源于《辽宁省地下水资源评价》，为 1994～2004 年平均开采量，即各市县的开采量除以面积值。研究结果表明，沈阳市和平区、铁西区、皇姑区、沈河区、大东区、于洪区、东陵区、苏家屯区、辽中县，鞍山的台安县开采强度都较大，营口市及盘锦市开采强度较小，但营口地区地下水资源较为贫乏，主要为咸水区，因此，在开采地下水中很容易造成超采，应引起注意。盘锦地区第四纪地下水多为咸水，失去供水意义，深层新近纪裂隙、孔隙承压水为主要供水水源，但本节没有计算承压水的开采量。

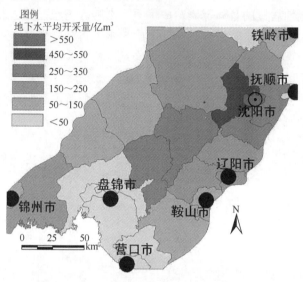

图 5-5　地下水平均开采量分布图（见书后彩图）

（3）水资源需水量与供水量之比（X）。

水资源需水量与供水量之比可衡量水资源所受到的压力大小，值越大，表明水资源所受的压力越大，相应的地下水资源的压力越大，地下水脆弱性越高。其比值分布见图 5-6。数据来源于《辽宁省水资源公报》，为 1999～2005 年的平均值。

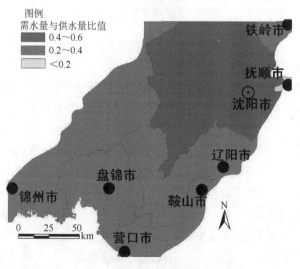

图 5-6　需水量与供水量比值分布图（见书后彩图）

（4）耕地面积与土地面积之比（G）。

大量研究表明大尺度土地覆被与土地利用变化是导致区域气候和水文循环变化的重要因素，土地覆被与土地利用变化引起的区域植被生态系统改变对区域水文循环过程有着极其显著的影响（姜桂华，2002；孙才志等，2000；Michael et al.，1999），本节选择耕地面积与土地面积之比来表征人类对土地的压力，值越大，相应的地下水脆弱性越高。分布情况见图 5-7。数据来源于《辽宁城市统计年鉴》，为 1994～2004 年的平均值。

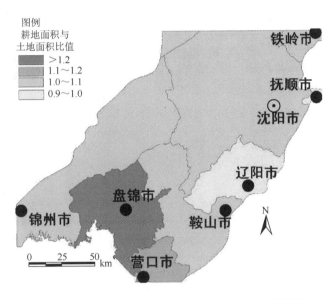

图 5-7　耕地面积与土地面积比值分布图（见书后彩图）

（5）用水效率（Y）。

用水效率在一定程度上反映了地区水资源综合利用程度的高低，用水效率高说明该地区能充分有效利用水资源，从而减少浪费行为的发生，因此值越大，相应的地下水脆弱性越低，用水效率分布图见图 5-8，数据来源《辽宁省水资源公报》，为 1999～2005 年的平均值。

（6）人均水资源量（P）。

人均水资源量数值越大表明人均占有地下水资源越大，地区地下水资源越丰富，从而表示地区地下水系统抵御外界因素干扰的能力越强，地下水脆弱性越小。人均水资源量分布如图 5-9 所示。数据来源于《辽宁省水资源公报》，为 1994～2004 年的平均值。

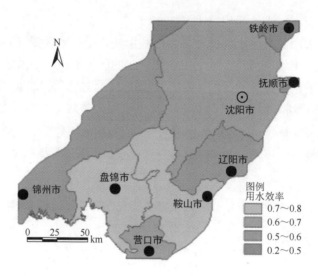

图 5-8 用水效率分布图（见书后彩图）

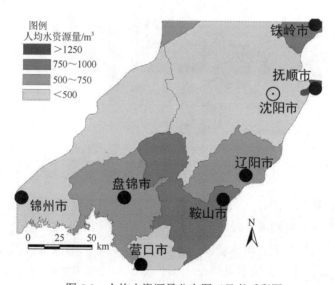

图 5-9 人均水资源量分布图（见书后彩图）

5.5.3 证据权重法的实现

证据权重法预测的流程为：响应因子（点）提取→前验概率计算→各证据层权重计算→条件独立性检验→证据层筛选→后验概率计算（靶区预测）（李随民等，2007）。

本次预测工作是在 ArcView 平台上用加拿大 Laura Kemp 编写的证据权重法

扩展（wofe extension）模块完成的。首先提取下辽河平原地区 30 个监测井作为计算权重因子的点主题（training points）（图 5-10），将下辽河平原范围作为证据权重法预测中的研究区主题（study area grid theme）。

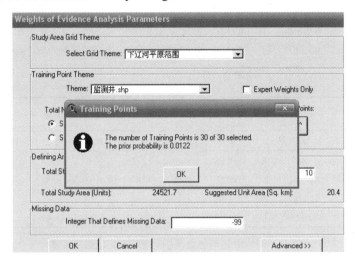

图 5-10　证据权重法参数设置界面

（1）先验概率计算。

在网格单元 $10km^2$ 条件下，依据公式计算出先验概率为 0.0122。程序建议的网格单元面积为 $20.4km^2$，程序建议的网格单元面积计算公式为：建议网格单元面积值=（全部学习区面积/全部训练点数）/40；程序建议的网格单元面积值是一个上限值，实际计算时的网格单元面积应等于或小于该值。

（2）各证据层权重因子计算。

各证据层权重因子的数值大小主要根据已知监测井与证据因子之间的空间分布关系来确定。各证据层的权重结果如下（表 5-1～表 5-6）。

表 5-1　施肥强度证据因子权重

分类	A/km^2	A_u	P	W^+	$S(W^+)$	W^-	$S(W^-)$	残差	$S(C)$	$s(C)$
1	98.1143	9.8114	1	2.2152	1.0552	−0.0303	0.1868	2.2454	1.0716	2.0953
3	14075.1056	1407.5106	25	0.3784	−0.9460	−1.1048	0.4483	1.3244	0.4916	2.6940
5	9396.6004	939.6600	4	−1.0637	0.3451	0.3373	0.1978	−1.4089	0.5387	−2.6153
7	951.8813	95.1881	0	—	—	—	—	—	—	—

注：A 表示证据因子中每类所占的面积；A_u 表示证据因子每类所占的面积，以每个矿点的所占的单元面积为单位；P 表示证据因子每类中的矿化点数；W^+表示证据因子每类存在处的权重值；W^-表示每类不存在处的权重值；$S(W^+)$、$S(W^-)$分别表示 W^+和 W^-的标准差；$S(C)$表示 W^+-W^-的标准差；$s(C)$表示学生化残差，$s(C)=(W^+-W^-)/S(C)$。表 5-2～表 5-6 变量含义与本表相同

表 5-2　地下水平均开采量（E）证据层权重

分类	A/km^2	A_u	P	W^+	$S(W^+)$	W^-	$S(W^-)$	残差	$S(C)$	$s(C)$
1	4740.4721	474.0472	3	-0.6651	0.5792	0.1109	0.1938	-0.7760	0.6107	-1.2706
3	6558.1695	655.8170	8	-0.0029	0.3557	0.0011	0.2145	-0.0040	0.4154	-0.0097
5	8059.1469	805.9174	11	0.1109	0.3036	-0.0590	0.2308	0.1699	0.3813	0.4455
7	4263.6708	426.3671	8	0.4343	0.3569	-0.1205	0.2144	0.5548	0.4163	1.3326
9	752.2100	75.2210	0	—	—	—	—	—	—	—
10	148.0322	14.8032	0	—	—	—	—	—	—	—

表 5-3　水资源需水量与供水量之比（X）证据层权重

分类	A/km^2	A_u	P	W^+	$S(W^+)$	W^-	$S(W^-)$	残差	$S(C)$	$s(C)$
3	2179.1713	217.9171	6	0.8268	0.4140	-0.1316	0.2052	0.9584	0.4621	2.0741
5	18171.8099	1817.1810	24	0.0775	0.2055	-0.2611	0.4102	0.3387	0.4588	0.7382
7	951.8813	95.1881	0	—	—	—	—	—	—	—
9	3218.8391	321.8839	0	—	—	—	—	—	—	—

表 5-4　耕地面积与土地面积之比（G）证据层权重

分类	A/km^2	A_u	P	W^+	$S(W^+)$	W^-	$S(W^-)$	残差	$S(C)$	$s(C)$
1	98.1143	9.8114	1	2.2152	1.0552	-0.0303	0.1868	2.2454	1.0716	2.0953
3	16078.7038	1607.8704	18	-0.0898	0.2370	0.1519	0.2907	-0.2418	0.3751	-0.6445
5	8344.8834	834.4883	11	0.0756	0.3035	-0.0413	0.2308	0.1168	0.3813	0.3064

表 5-5　人均水资源量（P）证据层权重

分类	A/km^2	A_u	P	W^+	$S(W^+)$	W^-	$S(W^-)$	残差	$S(C)$	$s(C)$
1	98.1143	9.8114	1	2.2152	1.0552	-0.0303	0.1868	2.2454	1.0716	2.0953
5	3848.8365	384.8836	8	0.5387	0.3573	-0.1410	0.2143	0.6798	0.4166	1.6315
7	5587.3539	558.7354	6	-0.1319	0.4105	0.0359	0.2054	-0.1678	0.4590	-0.3655
9	14987.3969	1498.7397	15	-0.2030	0.2595	0.2551	0.2603	-0.3083	0.3675	-1.2465

表 5-6　用水效率（Y）证据层权重

分类	A/km^2	A_u	P	W^+	$S(W^+)$	W^-	$S(W^-)$	残差	$S(C)$	$s(C)$
1	487.1291	48.7129	0							
2	287.4578	28.7458	1	1.0681	1.0179	-0.0224	0.1868	1.0905	1.0349	1.0538
3	98.1143	9.8114	1	2.2152	1.0552	-0.0303	0.1868	2.2454	1.0716	2.0953
4	7771.6891	777.1689	9	-0.0556	0.3353	0.0248	0.2196	-0.0804	0.4008	-0.2005
6	9296.7647	929.6765	11	-0.0338	0.3033	0.0201	0.2309	-0.0539	0.3812	-0.1454
8	3359.9861	335.9986	8	0.6777	0.3578	-0.1646	0.2143	0.8423	0.4171	2.0194
9	3220.5604	322.0560	0	—	—	—	—	—	—	—

（3）条件独立性检验。

在进行后验概率计算之前，必须检验所选证据因子间相对于监测井分布的条件独立性。本次证据权重分析的条件独立检验结果，如表 5-7 所示。表格中的数值表示证据因子关于监测井点间的条件独立检验概率值，数值越小，表示两相交专题间相对于井点分布的条件独立性越好。从表 5-7 可以看出，6 个证据层之间的相关性都很小，均可以参与后验概率计算。

表 5-7 证据因子条件独立性检验结果

证据层	地下水平均开采量	人均水资源量	施肥强度	水资源需水量与供水量之比	用水效率
耕地面积与土地面积之比	0.4038	0.0000	0.0000	0.1299	0.0000
地下水平均开采量	—	0.2566	0.0010	0.0100	0.0182
人均水资源量	—	—	0.5664	0.0000	0.0000
施肥强度	—	—	—	0.0001	0.2782
水资源需水量与供水量之比	—	—	—	—	0.0291

（4）生成响应因子后验概率分布图。

完成上述过程后即可计算后验概率，后验概率值的分位数分为五个等级，每个等级的概率范围分别为低概率 0~0.001、较低概率 0.001~0.008、相对中等概率 0.008~0.043、相对高概率 0.043~0.085 和高概率 0.085~0.99，响应因子硝酸盐氮浓度的后验概率等级分布图，如图 5-11 所示，该图也即以硝酸盐氮为研究对象的地下水特殊脆弱性分布图，其地下水本质脆弱性分布图如图 5-12 所示。

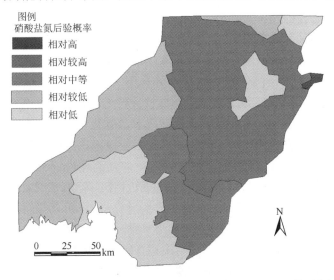

图 5-11 　下辽河平原区地下水硝酸盐氮后验概率分布图（见书后彩图）

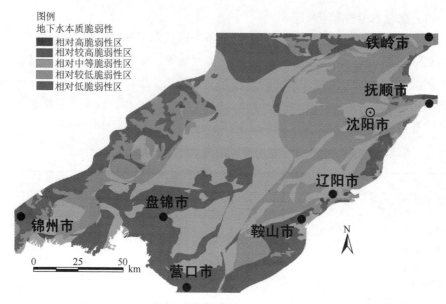

图 5-12　下辽河平原区地下水本质脆弱性分布图（见书后彩图）

5.5.4　评价结果分析

（1）研究区地下水硝酸盐氮后验概率分布情况分析。

由研究区的地下水硝酸盐氮后验概率分布图（图 5-11）可以得到下辽河平原地区地下水硝酸盐氮后验概率分布情况，高概率区主要分布在抚顺市北部，而相对较高概率区主要分布在鞍山，沈阳、辽阳、阜新为中等概率分布区，相对较低概率区主要分布在锦州市大部分、沈阳北部小部分地区，铁岭、沈阳中部、盘锦及营口大部分地区为低概率区。

（2）研究区地下水硝酸盐氮后验概率分布图与本质脆弱性分布图对比分析。

将研究区地下水硝酸盐氮后验概率分布图（图 5-11）与本质脆弱性分布图（图 5-12）进行对比可知，地下水本质脆弱性评价为高或较高脆弱性的地区，其硝酸盐氮的后验概率不一定为高概率或较高概率，但某些地区在地下水本质脆弱性评价中为较低或低脆弱性，而其硝酸盐氮的后验概率也为低或较低概率，如锦州东部地区、铁岭南部、沈阳中部。由此可知，本质脆弱性评价结果可以在一定程度上反映特定污染物，如硝酸盐氮的特殊脆弱性情况，但特殊脆弱性主要与特定污染物的性质及其具体的污染活动，如污染源情况有关，不同污染物的特殊脆弱性因其特定性，不能完全由本质脆弱性评价结果来推断，只能在参考本质脆弱性评价结果的基础上，针对不同污染物的具体情况进行特殊脆弱性的评价。因此在针对硝酸盐氮特殊脆弱性研究中，选取施肥强度、地下水平均开采量、人均水资源量、耕地面积与土地面积之比、用水效率、水资源需水量与供水量之比 6 个预测因子。

（3）研究区地下水硝酸盐氮后验概率分布图与监测井实测水质资料对比分析。

将研究区 30 个监测井的实测硝酸盐氮浓度资料与图 5-11 所示的后验概率分布图进行对比分析，图 5-13 以硝酸盐氮后验概率分布图为底图显示了各监测井实测硝酸盐氮浓度的分布情况。

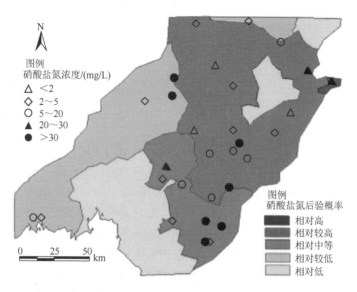

图 5-13　下辽河平原区地下水硝酸盐氮后验概率分布
及 2005 年监测井硝酸盐氮浓度水平分布图（见书后彩图）

以研究区内全部 30 个监测井为样本分别统计属于不同后验概率级的各硝酸盐氮浓度水平的监测井数目，统计结果如表 5-8 所示。从表 5-8 的统计结果可以看出：30 个监测井中有 3 个硝酸盐氮浓度小于 2mg/L，其后验概均为中等；10 个监测井的硝酸盐氮浓度大于 20mg/L，其中有 5 个监测井为高概率或较高概率（占 50%）。由此可知，硝酸盐氮低浓度水平的监测井在各后验概率区的分布，其中分布在较低或低概率区的稍多，硝酸盐浓度超标井（大于 20mg/L）大都分布在中等及较高或高概率区，各后验概率区内分布的监测井的硝酸盐氮浓度超标率各不相同，其中以高概率区为最高，达到 100%，其次是较高概率区，为 50%，低概率区的超标率为 0。各后验概率区内硝酸盐氮浓度大于 30mg/L 的监测井数占本概率区中所有监测井数的百分率也各不相同，其中以较高概率区最高，为 37.5%，其次是较低概率区为 33.3%，低概率区为 0，由此可知，监测井硝酸盐浓度的超标率和大于 30mg/L 所占百分数的分布情况都与后验概率的分布情况基本一致，后验概率较高的地区正是超标率和大于 30mg/L 所占百分数大的地区，因此，硝酸盐氮后验概率分布图能较好地反映研究区内各地硝酸盐氮的浓度水平。

表 5-8　2005 年硝酸盐氮实测浓度水平与后验概率类别关系比较表

硝酸盐氮 后验概率类别	硝酸盐氮浓度/(mg/L)					监测 井数	超标百分比/% (>20mg/L)	大于 30mg/L 所占百分数/%
	<2	2~5	5~20	20~30	>30			
低概率	0	0	0	0	0	0	0	0
相对较低概率	0	3	1	0	2	6	33.3	33.3
相对中等概率	3	4	5	1	2	15	20	13.3
相对较高概率	0	3	1	1	3	8	50	37.5
相对高概率	0	0	0	1	0	1	100	0
监测井数	3	10	7	3	7	30	—	—

注：表中所有涉及范围的类型划分，都含上不含下

（4）各预测因子权重分析。

研究中各预测因子的分类数都大于 2，各预测因子的分布图都是多值图而不是真正意义上的二值图，不能简单地由各预测因子的一对正负权重差 $C = W^+ - W^-$ 来推断各因子对响应因子影响的相对大小，但是由各预测因子正权重 W^+ 达最大值的属性分类叠加而成的情况，即使得响应因子后验概率达到最大值的情况，也是对硝酸盐氮这种特定污染物来说地下水最脆弱的情况，这种情况下各预测因子正权重的相互大小可以在一定程度上反映各预测因子对响应因子的影响大小。由表 5-9 可知各预测因子正权重的最大值，响应因子后验概率达最大时耕地面积与土地面积之比、人均水资源量、用水效率权重最大，它的"贡献"最大，其次是施肥强度，然后是水资源需水量与供水量之比，贡献最小的是地下水平均开采量。

表 5-9　预测因子正权重最大值表

预测因子	W^+ 最大值
施肥强度	1.0552
地下水平均开采量	0.4343
水资源需水量与供水量之比	0.8268
耕地面积与土地面积之比	2.2152
人均水资源量	2.2152
用水效率	2.2152

第6章　基于DRASTIC与不确定性理论的下辽河平原浅层地下水脆弱性评价

6.1　下辽河平原地下水脆弱性时空演变研究

6.1.1　基于DRASTIC模型的地下水脆弱性评价方法的建立

DRASTIC模型是1985年由USEPA提出的（Aller et al.，1985），该模型由7项对地下水脆弱性影响比较大的水文地质参数组成：地下水埋深（D）、含水层净补给量（R）、含水层介质类型（A）、土壤介质类型（S）、地形坡度（T）、包气带介质类型（I）及含水层水力传导系数（C）。7项参数按其对地下水脆弱性的影响程度不同，分别被赋予固定权重值：5、4、3、2、1、5、3。本章在DRASTIC模型基础上，根据指标数据的可获得性与代表性（孙才志等，2007a；Hammerlinck et al.，1998），选取人均水资源量（P）、耕地比（X）、施肥强度（F）、单位面积工业废水排放量（G）4项对当地地下水脆弱性影响很大的人为影响因子作为特殊脆弱性指标，并参考DRASTIC权重，根据对地下水脆弱性影响程度不同赋予相对权重值：6、7、6、7。DRASTIC模型中每个指标根据其变化范围和内在属性进行等级划分，并给出相应脆弱性评分值，评分值越大则脆弱性等级越高，见表6-1、表6-2和表6-3。根据文献（孙才志，2007b）考虑地下水受人类活动影响比较大，将本质脆弱性与特殊脆弱性分别赋予0.4和0.6的权重，各项指标脆弱性评分值加权叠加得到地下水脆弱性综合指数VI：

$$VI=0.4(D_wD_r+R_wR_r+A_wA_r+S_wS_r+T_wT_r+I_wI_r+C_wC_r)+0.6(P_wP_r+X_wX_r+F_wF_r+G_wG_r)$$

$$(6\text{-}1)$$

式中，下标w表示权重；r表示评分。由式（6-1）可得，计算得到的地下水脆弱性综合指数范围是1～10，与脆弱性分级评分意义相一致。

表6-1　地下水埋深、含水层净补给量、地形坡度、含水层水力传导系数分级与评分

地下水埋深（D）		含水层净补给量（R）		地形坡度（T）		含水层水力传导系数（C）	
分级/m	评分	分级/mm	评分	分级/%	评分	分级/（m/d）	评分
0～1.5	10	0～51	1	0～0.5	10	0～4.1	1
1.5～4.6	9	51～102	3	0.5～1	9	4.1～12.2	2
4.6～9.1	7	102～178	6	1～1.5	5	12.2～28.5	4

续表

地下水埋深（D）		含水层净补给量（R）		地形坡度（T）		含水层水力传导系数（C）	
分级/m	评分	分级/mm	评分	分级/%	评分	分级/（m/d）	评分
9.1～15.2	5	178～254	8	1.5～2	3	28.5～40.7	6
15.2～22.9	3	>254	9	>2	1	40.7～81.5	8
22.9～30.5	2	—		—		>81.5	10
>30.5	1	—		—		—	

注：表中所有涉及范围的类型划分，都含上不含下

表 6-2　含水层介质类型、土壤介质类型、包气带介质类型的分级与评分

含水层介质类型（A）		土壤介质类型（S）		包气带介质类型（I）	
分类	评分	分类	评分	分类	评分
块状页岩	2	非胀缩或非凝聚黏土	1	承压层	1
变质岩/火成岩	3	垃圾	2	粉砂/黏土	3
风华变质岩/火成岩	4	黏土质亚黏	3	变质岩/火成岩	4
冰碛物	5	粉砂质亚黏	4	灰岩	6
层状砂岩、灰岩页岩	6	亚黏土	5	砂岩	6
块状砂岩	6	砂质亚黏土	6	层状灰岩、页岩、砂岩	6
块状灰岩	6	胀缩或凝聚性黏土	7	含较多粉砂和黏土的砂砾	6
砂砾石	8	泥炭	8	砂砾	8
玄武岩	9	砂	9	玄武岩	9
岩溶灰岩	10	薄层或裸露土壤、砾	10	岩溶灰岩	10

表 6-3　特殊脆弱性指标的分级与评分

人均水资源量（P）		耕地比（X）		施肥强度（F）		单位面积工业废水排放量（G）	
分级/（m³/人）	评分	分级/%	评分	分级/（t/km²）	评分	分级/（t/m²）	评分
>1100	1	<0.05	1	<5	1	<1000	1
1000～1100	2	0.05～0.1	2	5～10	2	1000～2000	2
900～1000	3	0.1～0.15	3	10～15	3	2000～3000	3
800～900	4	0.15～0.2	4	15～20	4	3000～4000	4
700～800	5	0.2～0.25	5	20～25	5	4000～5000	5
600～700	6	0.25～0.3	6	25～30	6	5000～6000	6
500～600	7	0.3～0.35	7	30～35	7	6000～7000	7
400～500	8	0.35～0.4	8	35～40	8	7000～8000	8
300～400	9	0.4～0.45	9	40～45	9	8000～9000	9
<300	10	>0.45	10	>45	10	>9000	10

注：耕地比是指行政区内耕地面积比当地总面积；施肥强度为研究区内单位面积上的施肥量；表中所有涉及范围的类型划分，都含上不含下

6.1.2　数据处理与网格划分

1. 数据来源及处理

以下辽河平原为研究区,选取 1991 年、2000 年和 2010 年下辽河平原所跨市、县(区)的相关指标数据进行计算分析。水文地质参数数据来自《辽宁省水资源公报》《辽宁省国土资源地图集》《辽宁国土资源》《辽宁省水资源》数字高程模型(digital elevation model,DEM)提取数据以及多年多测点实测资料。人为因素的参数数据来自《中国统计年鉴》《中国城市统计年鉴》《辽宁统计调查年鉴》《辽宁省统计年鉴》《辽宁省水资源公报》等资料。

首先应用 ArcGIS 软件,将各年指标数据按其查找精度导入各县、市、调查样区、水文地质研究区等形成各指标图层,并将所有图层按同一单元格大小进行栅格化,然后进行加权叠加计算,得到脆弱性分布网格图,每个网格中心属性值即该单元区的脆弱性评分值,最后将网格数据导出进行空间统计分析。

2. 网格划分

为了尽量精确地表达研究区内地下水脆弱性的空间关联特征,需要对研究区进行合理的网格划分。在保证每个尺度内信息的完整性及定量评价的准确性基础上,综合研究区面积大小与采样工作量,本章将研究区划分成 6028 个 2km×2km 的正方形网格,每个网格即地下水脆弱性单元区,采样方式为等间距,计算每一个样区的地下水脆弱性指数,并把这个值作为样区中心点的属性值进行分析。

6.1.3　地下水脆弱性时空演变分析

1. 各时期地下水脆弱性分布

在式(6-1)的基础上,运用 ArcGIS 的空间分析与制图功能,得出下辽河平原 1991 年、2000 年和 2010 年在 1km×1km 格网下的地下水脆弱性分布图(图 6-1)。图中取 5 个时期自然断点法的断点数值的折中数划分脆弱性等级,根据脆弱性指数由低到高分成 5 个级别,分别为低脆弱性、较低脆弱性、一般脆弱性、较高脆弱性、高脆弱性,统计出各时期各个级别脆弱区所占下辽河平原总面积的比例,进行空间分布与演变分析(表 6-4)。

由图 6-1 可以看出,在整体分布上,下辽河平原地下水脆弱性具有明显的空间集聚性,脆弱性比较高的地区从下辽河平原以沈阳市为中心的北部地区单独集聚逐渐向南部滨海地区扩散,而原先的高脆弱性集中区不断得到改善,变成较高脆弱性集聚,最终演变成南北两端较高脆弱性各自集中;而脆弱性较低的地区从广泛分布在下辽河平原南部演变为主要集聚在下辽河平原东南部地区。

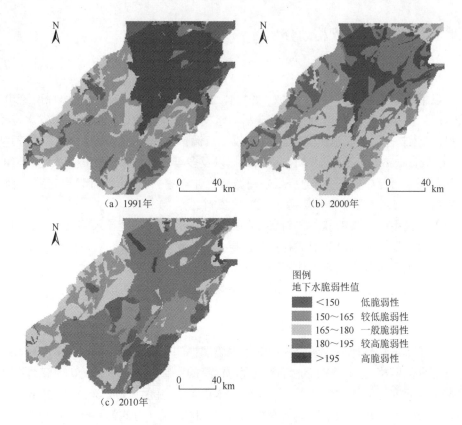

（a）1991年   （b）2000年

（c）2010年

图例
地下水脆弱性值

- <150　　低脆弱性
- 150～165　较低脆弱性
- 165～180　一般脆弱性
- 180～195　较高脆弱性
- >195　　高脆弱性

图 6-1　下辽河平原 1991 年、2000 年与 2010 年地下水脆弱性分布（见书后彩图）

表 6-4　下辽河平原各等级地下水脆弱性区面积比例　（单位：%）

年份	低脆弱性区	较低脆弱性区	一般脆弱性区	较高脆弱性区	高脆弱性区
1991	10.15	36.50	19.03	2.99	31.32
2000	6.55	19.98	31.60	25.90	15.96
2010	13.26	22.12	21.55	41.71	1.36

　　1991 年下辽河平原的脆弱性级别主要为较低脆弱性，占研究区总面积的 36.5%，这些地区主要分布在锦州市、盘锦市和鞍山市，在振兴东北老工业基地之前，这些地区经济发展比较慢，资源环境开发强度较低，当地地下水环境受污染与破坏程度较低，相应的脆弱性级别也较低；其次是高脆弱性地区，面积比例达到 31.3%，集中分布在以沈阳市为中心的下辽河平原北部，主要分布在新民市和辽中县，这些地区均属于沈阳市，早期以农业为主，耕地面积比达到 0.46，单位面积施肥量更是达到 41.24t/km^2，为研究区最高。高强度的农业种植与化肥施用致使当地地下水环境污染非常严重。早期经济发展过程中，人们对资源的大量开发利用以及污染物的大量排放，致使当地地下水环境污染严重，地下水脆弱性级

别也最高。锦州市、鞍山市和盘锦市是整个研究区中工农业发展最早的地区，在早期开发过程中人们对地下水环境的污染防范意识薄弱，致使整体地下水脆弱性较高。

到 2000 年，地下水脆弱性级别中一般脆弱性占比例最高，达到 31.6%，主要分布在下辽河平原滨海地带的盘锦市和中部地区的台安县，可见 1991 年到 2000 年，这些地区社会经济得到快速发展，工农业污染物的排放量增加致使当地地下水环境开始恶化；其次是较高脆弱性区，占 25.9%，主要分布在沈阳市和平区、铁西区、皇姑区、沈河区、大东区和辽中县等地，这些地区在当地政府与民众的保护下，相较 1991 年地下水环境得到明显改善，但是结合图 6-1 可以看出，当地地下水环境仍然很严峻。1991 年到 2000 年，沈阳市的耕地面积进一步扩大，耕地比达到 0.52，但工业废水排放从原先的 11422.78 t/km^2 降到了 6403.69 t/km^2，整体上取得了改善效果；鞍山市作为工业城市，2000 年的单位面积工业废水排放量达到 12207.09t/km^2，领先于其他城市，以工业发展为主的人类活动导致当地地下水环境恶化；盘锦市工农业均十分发达，而近海地带地质条件非常薄弱，资源开发与沿海养殖业兴起致使当地地下水脆弱性等级升高。锦州市的地下水脆弱性得到明显改善，可见当地建设风景旅游城市与港口城市，实施优先开发与优先保护政策效果显著。

2010 年的地下水脆弱性级别主要为较高脆弱性，达到 41.7%，主要集中在沈阳市和盘锦市，其中沈阳市是由高脆弱性区进一步改善致使较高脆弱性区面积持续增加；而盘锦市从 2000 年的以一般脆弱性为主进一步恶化为以较高脆弱性为主，可见伴随东北老工业基地的振兴，该地区的地下水环境面临巨大压力，从而使当地地下水脆弱性级别不断升高。改善最明显的是下辽河平原的东南部地区，包括台安县和海城市等地，这些地区水资源丰富，人均水资源量高于下辽河平原其他地区，起到良好的自我调节作用，同时配合有效的治理与保护措施，从而使地下水环境得到显著改善。2010 年地下水高脆弱性地区主要集中在沈阳市和盘锦市等地，其中沈阳市高脆弱性区比例进一步改善，人们环保意识的增强与管理工作取得了有效成果；盘锦市位于出海口，地下水水文地质条件薄弱，伴随东北老工业基地的振兴、能源开采以及沿海养殖业等活动的加强，该地区人均 GDP 连续多年在辽宁省排名靠前，但同时地下水环境面临巨大挑战，需加强地下水管理与保护工作，以实现可持续发展。

2. 评价结果合理性分析

地下水脆弱性大小与地下水中氮元素浓度呈正比关系（Antonakos et al.，2007；Assaf et al.，2009），利用这一特性可以用监测井实测资料检验本次地下水脆弱性评价结果的合理性。取各个指标的多年平均值得到下辽河平原多年平均地下水脆弱性分布图，以此为底图标出 31 个监测井的地理位置，如图 6-2 所示，取各监测井的多年平均实测氮元素（氨氮、硝酸盐氮与亚硝酸盐氮浓度之和）的浓度资料与其所在位置的地下水脆弱性评分值进行线性分析，如图 6-3 所示。

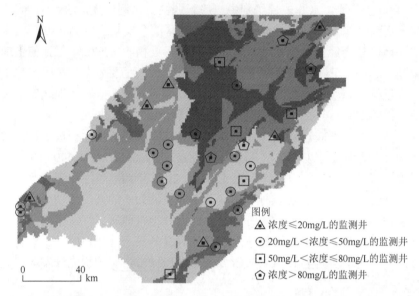

图 6-2　下辽河平原多年平均地下水脆弱性分布及氮元素浓度水平对应图（见书后彩图）

　　从图 6-2 中可以看出，氮元素浓度较高的点一般分布在地下水脆弱性评分值较高的地区，浓度较低的点一般分布在地下水脆弱性评分值较低的地区，可见本次地下水脆弱性评价结果与监测井的实测氮元素浓度数据存在线性关系。监测点氮元素浓度对应脆弱性评分值散点图如图 6-3 所示，将两组数据通过统计产品

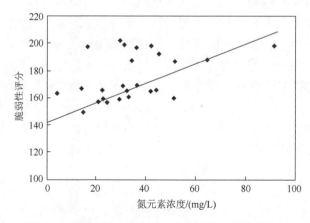

图 6-3　监测点氮元素浓度对应脆弱性评分值散点图

与服务解决方案（statistical product and service solutions，SPSS）软件进行线性相关性与显著性检验，图中拟合趋势线的 R^2 为 0.715，在 0.01 水平上显著性相关，表明两者之间具有较强线性关系。综上可得，本章提出的计算方法得到的结果具有一定实际应用性。

6.2 下辽河平原地下水脆弱性的空间结构与热冷点变动分析

6.2.1 空间结构分析

1. 空间变异性分析

根据已计算出的采样区地下水脆弱性数值，用地统计学软件 GS+完成样本变异函数理论模型的拟合，结果见表 6-5。由表 6-5 可知，1991 年和 2000 年的地下水脆弱性指数模型拟合效果最佳，2010 年以球形拟合效果最好。

表 6-5 下辽河平原地下水脆弱性理论变异函数

年份	模型	C_0	C_0+C	A_0/km	$C_0/(C_0+C)$	R^2	RSS
1991	球形	0.118000	1.311000	1.93	0.090	0.998	2.462×10^{-3}
	指数	0.085000	2.108000	5.32	0.040	0.999	1.835×10^{-3}
	线性	0.161897	1.209168	1.33	0.134	0.994	8.757×10^{-3}
	高斯	0.241000	1.189000	1.40	0.203	0.984	2.3×10^{-2}
2000	球形	0.065000	0.480000	1.09	0.135	0.986	3.523×10^{-3}
	指数	0.033000	0.561000	1.77	0.059	0.994	1.569×10^{-3}
	线性	0.142126	0.559298	1.33	0.254	0.991	2.24×10^{-2}
	高斯	0.110000	0.477000	0.88	0.231	0.982	1.569×10^{-3}
2010	球形	0.065000	0.537000	5.40	0.121	0.990	2.917×10^{-3}
	指数	0.00100	0.559000	0.92	0.002	0.969	8.663×10^{-3}
	线性	0.239338	0.624800	1.33	0.383	0.695	8.57×10^{-2}
	高斯	0.125000	0.536000	0.64	0.233	0.986	3.819×10^{-3}

注：C_0 为块金值、C 为偏基台值、C_0+C 为基台值、A_0 为变程、R^2 为复相关系数、RSS 为残差

地下水脆弱性的空间异质性受结构性因素和随机性因素影响，结构性因素主要包括 DRASTIC 7 个参数在内的水文地质条件，而随机性因素主要包括特殊脆弱性指标在内的人类活动因子。块金值 C_0 的大小表明地下水脆弱性变化受随机性因素影响的程度，本章 $C_0/(C_0+C)$ 在 1991 年、2000 年和 2010 年分别为 4%、5.9%和 12.1%，呈上升趋势，说明在 2km 的采样间距内，人类活动对地下水环境的影响

程度越来越深。从表 6-5 中可知，1991 年、2000 年和 2010 年的地下水脆弱性空间分异变程分别为 5.32km、1.77km 和 5.40km，所以在 2km 的采样间距内地下水脆弱性具有高度的空间相关性。

2. 空间关联性分析

根据 1991 年、2000 年和 2010 年地下水脆弱性的空间分布数据，利用 GeoDa095i 软件统计分析得出莫兰 I 指数散点图，如图 6-4 所示。全局莫兰 I 指数值在 1991 年、2000 年和 2010 年时分别为 0.9171、0.9009 和 0.8869，表明研究区地下水脆弱性存在较强正相关关系，即地下水脆弱性在空间分布上存在集群现象，即高脆弱区与高脆弱区相邻，低脆弱区与低脆弱区相邻，而随着时间推移，总体呈现出略微下降趋势。

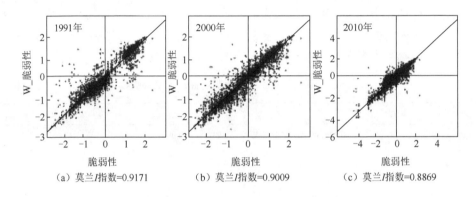

图 6-4　地下水脆弱性莫兰 I 指数散点图

6.2.2　热冷点分布及其变动分析

1. 热冷点分布

运用 ArcGIS 的空间统计模块得到下辽河平原 3 个时期地下水脆弱性的 G 指数分布情况，对数据进行可视化处理，用自然断点法将数值由低到高划分为 5 类，同类数值的集中区分别为冷点区、次冷区、温点区、次热区和热点区，如图 6-5 所示。

从图 6-5 中可以看出，3 个时期的地下水脆弱性热点分布比较集中，1991 年和 2000 年主要分布在沈阳市的新民地区和辽阳县的西部地区，1991 年的热点区面积稍大于 2000 年，减少的部分基本都演变成次热区，这与沈阳市和辽阳县的经济发展模式具有紧密关系。沈阳市作为辽宁省省会城市是当时开发最早的城市，也是下辽河平原早期经济水平最发达的地区，在沈阳市的早期发展中，主要以工农业为主，1991 年的耕地面积比为 0.46，是研究区所有城市中最高的，而施肥强度更是达到 41.24t/km²。而沈阳市从新中国成立初期起，就成为全国重工业基地之一，工业建设发达，与之伴随的工业污染也较其他城市重，高强度的农业种植、化肥使用及工业污染致使当地地下水环境污染非常严重。辽阳县除了农业发展较快，还是全省矿产资源最丰富的地区，早期对煤、铁、石灰石等资源的高强度开采活动对当地地下水水文地质造成严重破坏，且早期开发过程中人们对地下水环境保护意识薄弱。1991~2000 年，当地政府与民众的地下水环境保护意识增强，在经济活动进一步展开的基础上，做好了相应的保护措施，防止地下水环境进一步恶化，但是该地区地下水脆弱性形势依然很严峻。

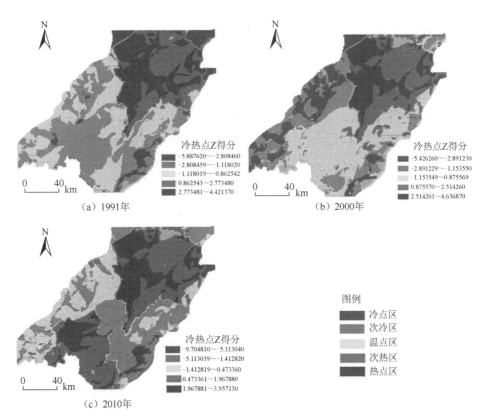

图 6-5　下辽河平原 1991 年、2000 年与 2010 年地下水脆弱性热冷点分布图（见书后彩图）

发展到 2010 年，南部滨海的盘山县附近成为热点区，加上原先存在的热点区形成两块大的热点集中区。从图 6-5 中可以看出，原先的热点集中区分布变动不大，而南部滨海地带由原先的以次冷区为主发展成以温点区为主，最后演变为以次热区和热点区为主。虽然下辽河平原北部地区地下水脆弱性形势有所改善，但依旧处于较高状态，持续稳定的高强度人类活动与缓慢的自我调节能力致使这些地区恢复起来很慢，人为保护措施仍需加强。南部滨海地区以盘锦市为代表，盘锦市人均 GDP 多年在辽宁省排名靠前，1991～2010 年是当地经济飞快发展的阶段。作为中国商品粮基地、新兴石油化工城市，盘锦地区耕地比从 1991 年的 0.23 发展到 2010 年的 0.36，施肥强度从 24.98t/km^2 增长到 34.52t/km^2，同时盘锦拥有中国最大的稠油、超稠油、高凝油生产基地，农业的迅速发展与资源开发致使当地地下水脆弱性越来越高，而滨海地区脆弱的地质结构不能提供良好的自我调节作用，以致下辽河平原滨海地带形成地下水脆弱性热点集中区。而相较热点区，冷点区分布则比较离散，所占面积比例很小，且伴随时间的推移，范围呈不断减小的趋势，说明地下水脆弱性低的地区分布比较离散，在人为保护与治理措施下，改善后的低脆弱性分布比较随机。

2. 热冷点变动分析

以各时期地下水脆弱性空间热点分布为研究对象，运用 ArcGIS 中的度量地理分布功能，得到下辽河平原 1991 年、2000 年和 2010 年地下水脆弱性热点区的重心与标准差椭圆分布，如图 6-6 所示。各时期的标准差椭圆以重心为中心，表现出不同的空间分布态势，通过重心变动距离可以得到地下水脆弱性整体空间热点的变化大小，而标准差椭圆的长轴与竖直方向形成的夹角称为旋转角度，旋转角度的变动能够定量分析热点变化的方向大小。

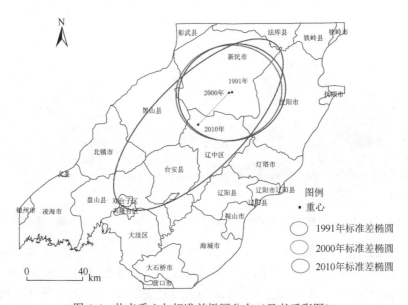

图 6-6　热点重心与标准差椭圆分布（见书后彩图）

从图 6-6 和表 6-6 可知，1991 年和 2000 年的热点标准差椭圆重叠率很高，分布在下辽河平原北部，热点重心都在新民市内，相距很近，直线距离约为 2.264km，标准差椭圆的长轴旋转角度从 74.56°变为 77.95°，即整体热点向顺时针方向倾斜了 3.39°，更进一步向东西方向分布。可见 1991～2000 年，热点重心的位置变化不大，在此时期内，地下水高脆弱性地区主要集聚在下辽河平原北部，且横向发展，但变动很小。高脆弱性表示当地人类活动行为对地下水具有持久性的压力，浅层地下水难免遭受大面积污染，而一旦对深层地下水环境造成污染，将会导致不可预测的潜在损失，治理与恢复将会十分困难。因此，在此时段之后应对下辽河平原北部地区的地下水环境优先治理，对高脆弱性集中区重点对待。对重污染工厂或企业进行整顿，加强法律法规的制约效果，及时调整产业结构和发展模式。其他地区相对较好，但形势仍不容乐观，在较大供水压力之下，应加强保护与防范措施，实现可持续利用。

2010 年的热点标准差椭圆几乎纵贯整个研究区，地下水高脆弱性集聚区演变趋势由北部单一集聚向整体发展。热点重心在辽中县内，位于下辽河平原的中间地带，相距 2000 年的热点重心距离为 30.787km，变化幅度较大。变动方向由平原北部向西南方向移动，标准差椭圆的长轴旋转角度由 2000 年的 77.95°变为 2010年的 45.51°，即空间热点的整体分布趋势逆时针变动了 32.44°，地下水脆弱性的热点分布格局呈现为东北—西南方向。这与南部滨海地区逐渐成为热点区有关，北部地区依然是地下水脆弱性的高值聚集区，但北部热点分布较 2000 年进一步改善。在 2010 年之后，下辽河平原应整体提升地下水防治保护措施，在此基础上，北部与南部滨海地区的地下水环境应重点治理，控制热点地区的进一步蔓延。北部地区相对得到改善之后却仍然处于高压状态，南部地区发展为经济中心之后，在高强度经济活动之下，地下水环境面临较大污染潜势。在整体性原则下，此阶段之后应该优先考虑加大科研力度的投入，推动循环经济与清洁能源的发展，一方面减少对耗竭型资源的过度消费，另一方面提升资源利用效率，尽可能地减少浪费与污染。此外，北部地区持久性的高压不仅来自历史遗留问题，还因为重工业集中的产业结构形式难以改变，从环保角度与生态建设角度，应该不断增强环境保护力度，如污染物处理达标后排放、多植树造林、使用清洁能源等。

表 6-6　各年份热点重心及标准差椭圆变化

年份	经度	纬度	位移/km	旋转角度/(°)
1991	122.5531°E	41.5243°N	—	74.56
2000	122.5355°E	41.5228°N	2.264	77.95
2010	122.3820°E	41.4036°N	30.787	45.51

6.3　不确定条件下的下辽河平原地下水脆弱性评价与软区划研究

6.3.1　下辽河平原的流域分区与数据处理

1. 流域分区

流域分区是指在考虑河流径流情势、水资源分布特点、自然地理条件的相似性和流域的完整性的基础上对研究区进行细分，以流域为单元进行综合管理是实现资源开发与环境保护相协调的最佳途径（林茂等，2016；孙洪波等，2010；杨桂山，2004），所以以子流域为评价单元的地下水脆弱性研究具有重要的实践意义。

利用 ArcGIS 中的水文分析功能，以试误法筛选并提取 DEM 数据中的水系。考虑在水工建筑、人工挖掘等人类干扰下，河流的随机流动性比较大，可能造成 DEM 提取的流域自然水系与实际情况不吻合。因此，采用主干河道和平原水系约束法，建立流域河网及拓扑关系，然后利用 ArcGIS 中的水文分析模块（hydrology）进行小流域自动划分。适当合并调整小流域可减少研究信息的冗余度，经初步划分，可形成 1024 个小流域，最后合并成 68 个子流域，如图 6-7所示。

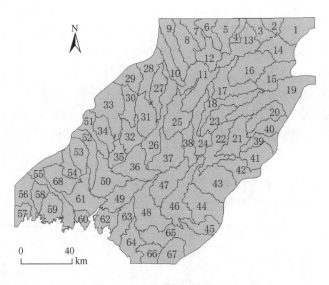

图 6-7　下辽河平原流域分区

2. 数据处理

选取下辽河平原所跨市、县（区）、流域以及水文地质单元的相关指标数据进行计算分析。水文地质参数数据主要来自《辽宁省水资源》《辽宁省国土资源地图集》《辽宁国土资源》《1：200000 下辽河平原水文地质普查勘探报告评议书》、DEM 数据及监测点实测资料。

土地利用类型数据以 2010 年 9 月 25 日的 Landsat TM 影像为基础数据，通过 ENVI（The Environment for Visualizing Images）软件的假色彩合成，并以国家级土地利用的一级分类为标准，将研究区的景观划分为耕地、林地、草地、水体、建设用地和未利用地 6 种类型，如图 6-8 所示。

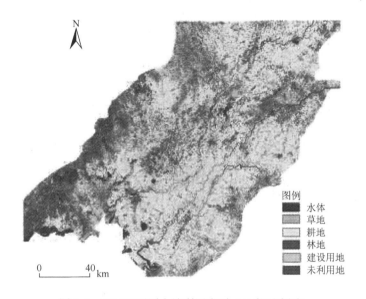

图例
■ 水体
■ 草地
□ 耕地
■ 林地
■ 建设用地
■ 未利用地

0　40 km

图 6-8　下辽河平原土地利用类型（见书后彩图）

6.3.2　DRASTICH 模型的建立

本章采用的地下水脆弱性评价方法是在 DRASTIC 模型的基础上加入人为影响因子（H）形成 DRASTICH 模型。考虑人类活动比较复杂，本节为突出参数的空间异质性，化繁为简，选择用遥感系统（remote sensing，RS）和地理信息系统的土地利用/覆盖图片来反映人类活动情况。DRASTICH 模型中参数的分级准则、评分准则及权重值分配与 DRASTIC 相一致，其中人类影响因子（H）是根据 DRASTIC 模型的各个指标分级标准，笔者按不同土地利用方式对地下水脆弱性的影响程度不同，分别赋予不同的等级评分。将已经划分好的土地利用类型，包括耕地、建设用地、水体、林地、草地和未利用地 6 种，分别赋予脆弱性等级评分值 10、8、6、5、3、1，并参照文献（Fred et al.，2004），对该指标赋予相对权重值 3。DRASTICH 模型的计算方式与 DRASTIC 模型一致，各项指标脆弱性评分值加权叠加得到地下水脆弱性综合指数 VI：

$$VI = D_w D_r + R_w R_r + A_w A_r + S_w S_r + T_w T_r + I_w I_r + C_w C_r + H_w H_r \qquad (6\text{-}2)$$

式中，下标 w 表示权重；r 表示评分。

6.3.3 参数的不确定性分析与随机模拟过程

在地下水脆弱性评价过程中存在诸多不确定性因素，如指标参数的空间异质性、资料信息的不足或数据短缺、评价模型与自然实际情况之间的偏差、人们认知的局限性等（于勇等，2013；张保祥，2006），在众多不确定因素影响下，地下水脆弱性的评价结果容易与客观实际相脱节。本章在收集储备较多数据的基础上，主要对两方面的不确定性问题进行处理：①参数的不确定性，主要体现为空间分布的随机性或模糊性；②评价结果的不确定性，由参数的不确定性可知评价结果的模糊性，也可理解为人们认知的局限性。针对以上问题，在分析参数的不确定性类型（随机性或模糊性）基础上，结合样本数据，用概率密度函数对其分布特征进行表征，并用蒙特卡罗法结合 DRASTICH 模型同时对所有参数进行足够多次随机模拟。通过引入 α 截集技术，设定不同可能性水平下模糊性参数的取值区间，可得到不同可能性水平下的地下水脆弱性指数的累积分布曲线，并根据污染潜势不同，设定脆弱性指数百分位，可得到不同可能性水平、不同百分位下地下水脆弱性指数区间。

1. 随机性参数

水文地质参数 D、T、C 数据大多通过有限的勘探实验获得，这些指标的真实性和代表性受勘探实验在空间分布上的局限（杜朝阳等，2011），不同地点或不同时间的数据很可能不同，具有明显的离散随机性，因此只能将这些指标视为具有某种统计性质的随机变量。研究表明，一个变量如果受到大量微小、独立的随机因素影响，则这个变量一般服从正态分布（黄振平，2003），地下水埋深的大小受水文地质条件、土壤条件、地质构造、开采强度等诸多因素影响，各勘探点具有明显独立性，因此将 D 视为正态分布；由于研究区为平原地区，山地面积较少，因此地形坡度的变化偏差较小，分布连续，本章将 T 定为均匀分布；对于含水层水力传导系数，引用此前多位学者的研究结果，一般呈现为对数正态分布（陈彦等，2005；Freeze，1975）。根据样本数据，表 6-7 中列出各随机性指标的分布特征（限于篇幅，在各流域选取一个代表性子流域单元为例，其他分区类似）。

表 6-7　脆弱性评价参数的不确定性表征

指标	不确定类型/分布特征		所选分区编号及区内参数不确定性分布特征值					
			1	11	19	39	47	58
D/m	随机性/正态分布	a	4.55	5	7.22	6.97	3.17	3.60
		s	1.62	1.15	5.55	2.58	1.70	2.99
R/mm	确定值	a	138	150	355	80	420	285
A	模糊性/三角分布	a_1	7	7	6	7	5	7
		a_2	8	8	8	8	6	8
		a_3	9	9	9	9	7	9
S	模糊性/三角分布	a_1	3	3	3	3	4	3
		a_2	5	5	5	5	5	5
		a_3	10	10	9	10	10	10
T/%	随机性/均匀分布	a	0.47	0.53	1.42	1.48	0.50	0.98
		s	0.26	0.40	1.57	1.30	0.24	1.09
I	模糊性/三角分布	a_1	1	1	1	1	1	1
		a_2	3	1	1	3	5	3
		a_3	10	8	10	10	10	10
C/(m/d)	随机性/对数正态分布	a	2.19	3.41	3.89	3.74	3.12	4.79
		s	0.27	0.12	0.49	0.71	1.64	0.81
H	模糊性/三角分布	a_1	1	1	1	1	1	1
		a_2	10	3	8	10	10	3
		a_3	10	10	10	10	10	10

注：表中 a 表示平均值，a_1 代表最小值，a_2 代表最可能值，a_3 代表最大值，s 表示标准差

2. 模糊性参数

在同一流域分区内，介质类指标（A、S、I）具有相似的形成背景，但同时具有空间异质性。受水文地质形成过程中的连续作用，它们在空间分布上具有连续性和渐变性，因此认为这三个指标的模糊性特征大于随机性，设定它们为模糊性指标。从图 6-8 中可以看出，不同的土地利用方式（H）较为集中，连续分布较随机分布特征更明显，因此同样将土地利用方式视为模糊性指标。通过已获取的介质类型与土地利用方式，可根据表 6-1 和表 6-2 中的分级评分标准将各个分区内 A、S、I、H 的分布特征进行定量化（模糊化）处理，每个分区可得到 A、S、I、H 的脆弱性评分最小值、最可能值和最大值，如表 6-7 所示。

3. 确定性参数

净补给量数据一般为区域内年均入渗量，很少考虑补给分布、强度与持续时间，点数据极少，且较其他参数难以获得，因此将净补给量定为确定性指标。本书利用 ArcGIS 的空间分析功能，将已获取的水文地质分区内的净补给量数据作为属性值导入各个流域分区内，根据表 6-1 中的分级与评分标准，可得到各个子流域分区净补给量的地下水脆弱性评分值。

4. 蒙特卡罗方法

蒙特卡罗方法又称随机模拟方法，是近几年来伴随电子计算机的发展而开始被广泛应用于各个领域的不确定性研究方法。它是以概率和统计理论方法为基础，利用计算机模拟程序快速产生随机数（或更常见的伪随机数），来解决一些很难用数学运算或其他方法求解的计算问题，具有独特的优越性和适用性。

本章将蒙特卡罗方法与地下水脆弱性评价相结合，求解不确定条件下的地下水脆弱性指数，主要包括以下几个步骤：①分析各个参数的不确定性特征并依次确定所服从的概率分布的函数形式；②通过参数样本数据的统计特征，利用计算机模拟程序进行足够多次的仿真实验，将每次随机模拟产生的伪随机数代入式（6-2），可得到多组地下水脆弱性指数值；③每个研究单元均可得到足够多个的地下水脆弱性指数值，从而得到不确定性问题的某种规律，用于下一步分析。蒙特卡罗方法的关键步骤在于伪随机数的产生，常见的一维分布模型有正态分布、对数正态分布、指数分布、均匀分布等。

5. 随机模拟过程

将表 6-7 中参数的不确定性特征值输入模拟程序，设定 10000 次随机模拟，将每次模拟结果代入 DRASTIC 模型，并在模型中增加一项参数 H，每个分区可得到 10000 个地下水本质脆弱性评价结果，即

$$VI_i = \left(D_w D_r\right)_i + \left(R_w R_r\right)_i + \left(A_w A_r\right)_i + \left(S_w S_r\right)_i + \left(T_w T_r\right)_i + \left(I_w I_r\right)_i + \left(C_w C_r\right)_i + \left(H_w H_r\right)_i$$

$$(6-3)$$

式中，$i=1, 2, 3, \cdots, 10000$；$D_w D_r$ 项、$T_w T_r$ 项和 $C_w C_r$ 项均为随机变量，$A_w A_r$ 项、$S_w S_r$ 项和 $I_w I_r$ 项为模糊变量，$R_w R_r$ 项为衡量 $H_w H_r$ 项为模糊变量。三角模糊数在一定区间内分布，根据可能性理论，模糊数取不同可能性，评价结果在一定区间内波动，通过取不同 α 截集，可得不同可能性下地下水脆弱性指数的累积分布曲线。在每个 α 截集下，三角模糊数具有下限值和上限值，可得地下水脆弱性指数在这一 α 截集下的下限分布和上限分布，即

$$VI^{\alpha}_{\text{下限}} = (D_wD_r)_i + (R_wR_r)_i + (A_wA_r)_i + (S_wS_r)_i + (T_wT_r)_i + (I_wI_r)_i + (C_wC_r)_i + (H_wH_r)_i$$

$$VI^{\alpha}_{\text{上限}} = (D_wD_r)_i + (R_wR_r)_i + (A_wA_r)_i + (S_wS_r)_i + (T_wT_r)_i + (I_wI_r)_i + (C_wC_r)_i + (H_wH_r)_i$$

$$(6-4)$$

为反映不同可能情况下脆弱性指数的不确定性，三角模糊数分别取 $\alpha=0.5$、$\alpha=0.7$ 和 $\alpha=1$ 时进行随机模拟。

6.3.4　评价结果分析

模糊性参数通过取不同可能性水平，得到不同取值区间，在式（6-4）基础上，连同随机性参数以及确定性参数一起随机模拟赋值，生成不同可能性水平下地下水脆弱性指数的积累分布曲线，如图 6-9 所示（限于篇幅，仅以编号为 1 的子流域单元为例，其他分区类似）。

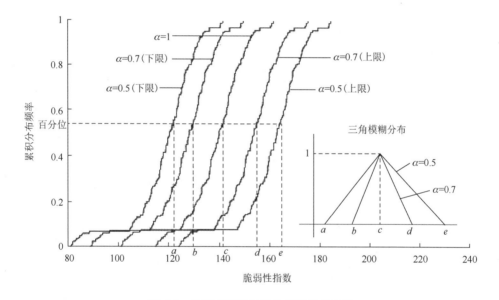

图 6-9　地下水脆弱性指数累积分布曲线

由图 6-9 可以看出，地下水脆弱性指数呈三角模糊分布。类似模糊性参数根据信任度取不同可能性水平，决策者可根据研究区土地利用方式或污染潜势不同，在累积分布曲线上取不同百分位，得到不同百分位下地下水脆弱性指数的模糊隶属区间。因此，本节的不确定性条件下的地下水脆弱性评价具有两次分层，评价结果为不同可能性水平、不同百分位下地下水脆弱性指数的三角模糊分布（图 6-10），决策者可根据实际情况选择置信水平。表 6-8 中以 50%和 95%的百分位为例，统计出代表性分区在不同可能性水平与不同百分位下地下水脆弱性的指数区间。

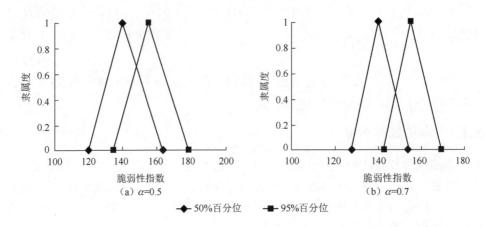

图 6-10　不同可能性水平、不同百分位下地下水脆弱性指数的三角模糊分布

结合图 6-9、图 6-10 和表 6-8 可以得出：对模糊性参数信任度越大，即 α 取值越小，则模糊性参数区间范围越大，不确定性程度越高，脆弱性指数的隶属区间越宽；α 取值越大，脆弱性指数的隶属区间越窄；研究区的污染潜势越大，则百分位取值应该越大，脆弱性指数随之增大。这种分层方法可在研究区的不确定性与实际污染潜势基础上，根据主观判断得到计算结果，能反映不确定性、信任度与脆弱性程度等多方面的信息，因此取得的结果更合理，更符合客观实际，具有实际应用意义。

表 6-8　各研究分区不同可能性水平、不同百分位下地下水脆弱性指数区间

可能性水平	百分位/%	脆弱性指数区间					
		1	11	19	39	47	58
$\alpha=0.5$	50	（139,185）	（132,173）	（139,185）	（133,179）	（162,179）	（153,199）
	95	（149,195）	（140,181）	（156,202）	（147,193）	（178,223）	（163,209）
$\alpha=0.7$	50	（148,176）	（135,160）	（145,173）	（145,173）	（171,199）	（158,185）
	95	（158,186）	（142,167）	（162,190）	（162,190）	（188,215）	（168,196）
$\alpha=1$	50	162	139	154	155	188	165
	95	171	146	172	169	204	175

6.3.5　地下水脆弱性分布软区划分析

1. 地下水脆弱性分布软区划

各子流域分区的地下水脆弱性指数均为区间数，通过 α 截集技术与百分位计

算使评价结果具有层次性（黄崇福，2012），对于同一可能性情况下，其结果仍不是唯一的。为更直观表示不同可能性水平下的地下水脆弱性分布状况，可根据不同可能性情况下计算得到的脆弱性指数下限区间和上限区间，绘制地下水脆弱性分布软区划分布图（图 6-11）。

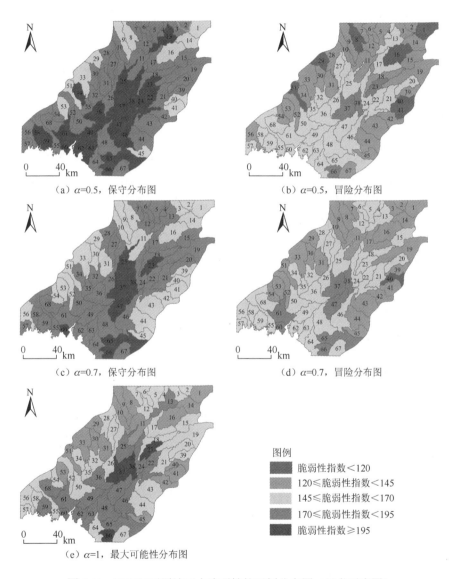

图 6-11　下辽河平原地下水脆弱性软区划分布图（见书后彩图）

图 6-11 中保守分布图通过计算上限区间的模糊期望值得到，冒险分布图根据下限区间的模糊期望值得到，在 α=1 时，可得到地下水脆弱性的最大可能性分布。由

图 6-11 可知，α=0.5 和 α=0.7 水平上的地下水脆弱性保守分布图的脆弱性程度总体上要高于冒险分布图；α=0.5 水平上的保守分布图的脆弱性程度总体上要高于 α=0.7 水平上的保守分布图，而 α=0.5 水平上的冒险分布图的脆弱性程度总体上要低于 α=0.7 水平上的冒险分布图；对比 α=0.5 水平上的保守分布图与 α=0.7 水平上的保守分布图，可看出 α=0.5 水平上的保守分布图的地下水脆弱性区域差异要比 α=0.7 水平上的保守分布图更加明显。

图 6-11 的区划结果显示，下辽河平原地下水脆弱性的总体分布特点是，在 α=0.5 水平上，保守分布图显示下辽河平原中部以及南部滨海地区的脆弱性程度较高，脆弱性指数在 195 以上；东、西部山前倾斜平原地区的脆弱性程度较低，脆弱性指数一般为[120,145)，部分区域达到[170,195)。而冒险分布图显示下辽河平原的东、西部两侧以及北部地区的脆弱性程度要低于该研究区其他地区，脆弱性指数一般在[120,145)。保守分布图显示各分区地下水脆弱性的区域差异较冒险分布图要明显，且保守分布图的脆弱性程度整体上要高于冒险分布图。在 α=0.7 水平上，保守分布图与冒险分布图的区域差异比较接近，保守分布图中，下辽河平原的中部部分地区以及西南部部分地区地下水脆弱性程度达到 195 以上，相较 α=0.5 水平的保守分布图，地下水脆弱性指数大于 195 以及在[170,195) 内的区域大量减少，脆弱性指数在[145,170) 内的相对脆弱性程度较低的区域增多；冒险分布图显示下辽河平原的东、西部两侧以及北部地区以较低脆弱性为主，脆弱性指数区间一般为[120,145)，中部以及南部以较高脆弱性为主，脆弱性指数区间一般为[145,170)。从图 6-11 中可看出，最大可能性分布图上的地下水脆弱性程度的总体分布形式与 α=0.7 水平上的脆弱性程度的总体分布形势较为接近。

2. 结果合理性分析

利用地下水脆弱性大小与地下水中氮元素浓度成正比关系这一原理，对本次地下水脆弱性评价方法得到的结果进行检验分析。最大可能性分布的空间分异相较其他情况下的分布要明显，因此以最大可能性分布图为底图，标出研究区中 31 个监测井的地理位置，如图 6-12 所示。根据监测井 2010 年的实测氮元素（氨氮、硝酸盐氮与亚硝酸盐氮浓度之和）浓度资料，与对应点的地下水脆弱性得分进行线性分析，如图 6-13 所示。

从图 6-12 中可以看出，氮元素浓度较高的点一般分布在地下水脆弱性评分值较高的地区，浓度较低的点一般分布在地下水脆弱性评分值较低的地区，可见本次地下水脆弱性评价结果与监测井的实测氮元素浓度数据具有线性关系。将两组数据通过 SPSS 线性相关性与显著性检验，得到图 6-13 中拟合趋势线的 R^2 为 0.75，在 0.01 水平上显著性相关，表明两者之间具有较强线性关系。综上可以得出，本书提出的计算方法具有良好的科学应用性。

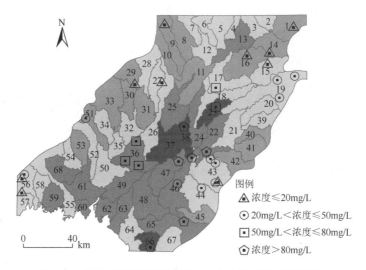

图 6-12 监测点及氮元素浓度对应分布图（见书后彩图）

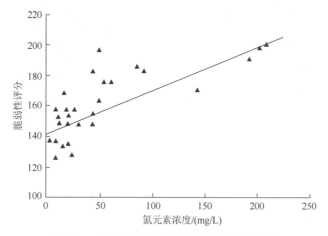

图 6-13 氮元素浓度对应脆弱性评分散点图

3. 空间关联格局分析

通过不确定性条件下的地下水脆弱性计算结果可知，不同水平下的地下水脆弱性有保守和冒险两种分布，由于脆弱性程度是相对比较值，当信任度较高时，即 α 选值较低时，两者的脆弱性分布显示出较大差异，内在分异规律有差别。进行地下水脆弱性分布的空间关联格局分析有利于揭示地下水脆弱性的空间分异规律和集聚程度，能够更好地反映下辽河平原地下水脆弱性的空间集聚特征。为便于对比分析，在已经计算出的 $\alpha=0.5$ 水平和 $\alpha=0.7$ 水平上的脆弱性指数累积分布曲线基础上，对 50%和 95%百分位下地下水脆弱性分布进行空间自相关分析（图 6-14）。

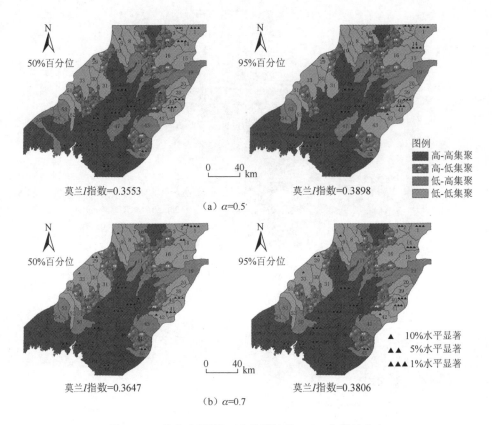

图 6-14　下辽河平原地下水脆弱性的 LISA 集聚地分布

统计分析可得 0.5 水平的 50% 和 95% 百分位下全局莫兰 I 指数值分别为 0.3553 和 0.3898，0.7 水平的 50% 和 95% 百分位下全局莫兰 I 指数值分别为 0.3647 和 0.3806，且在 1% 水平上显著，表明研究区地下水脆弱性分布具有较强正相关关系，在空间分布上集聚。由图 6-14 可看出，四种情况下的空间分布特征基本相同，高值集聚区与低值集聚区位置基本一致，且显著性水平近似，可以得出地下水脆弱性软区划对空间分布格局基本没影响，因此软区划作为地下水脆弱性分析工具具有良好的科学应用性与实际意义。

图 6-14 表明高脆弱区基本集聚在下辽河平原中部及南部地区，其中从中到南近似垂直方向的区域具有较高显著性，这些区域本身的地下水脆弱性较高，且与周边地区形成较强邻近作用。低脆弱性集聚区一般集中在下辽河平原东、西两侧，其中东部地区显示出较高显著性，这与软区划分布特征相吻合；以"高-低"或"低-高"值分布的区域相对较少，分布较为随机且不显著。

第7章　基于不确定参数系统的下辽河平原浅层地下水脆弱性评价

7.1　不确定性理论基础

1. 不确定性成因

事物的不确定性现象主要表现为事物的发展演变过程受多种因素综合作用的影响，始终体现为一种模糊、不稳定或混沌无序的状态（谢更新，2004）。"不确定理论"是由德国物理学家海森堡在 1927 年提出的，最初应用于量子力学（王捷，2012），之后迅速在各个领域中发展。在水环境领域中，不确定分析最早出现在水生态领域，O'Neill 等最早提出了关于水质模型的不确定分析（胡珺等，2013）。地下水环境系统是个庞大的、多变量相互关联的复杂开放性系统，因此受诸多不确定因素的影响。地下水系统中不确定因素按其来源主要分为客观不确定性因素及主观不确定性因素（束龙仓等，2000a）。

（1）客观不确定性因素。

客观不确定性是由地下水系统中多个相互影响、相互作用的变量在时间和空间上的异质性等原因造成的（束龙仓等，2000a）。在时间上主要表现为系统参数在不同的时间段中有本身的物质迁移规律。例如，地下水埋深、含水层净补给量、含水层水力传导系数等参数，以及污染物等随不同季节降水量、不同年份气候特征的变化而变化。在空间上主要表现为系统参数在不同空间位置，存在不同参数特征和介质类型。例如一个区域，在不同位置，地形坡度、地下水埋深、含水层介质类型等参数的数值大小和类型存在随机性，同时多个参数又相互影响，构成复杂随机的地下水环境系统。另外，地下水系统的客观不确定性也受其他自然因素的制约，如气候异常、地质突变等对地下水系统造成客观不确定性影响。

（2）主观不确定性因素。

主观不确定性是由人们对地下水系统的认知不足造成的。首先，当前经济发展程度、科学技术水平及人们对地下水系统的认知水平导致对地下水系统认识不全面；测量仪器的精确水平、观测记录的误差等都会导致获取参数时存在不确定性；在获取整个区域参数数据时，往往选取多个观测点数据代表整个区域，或取其平均值，也造成获取的数据具有不确定性。其次，数学模型的不确定性。数学模型的建立受研究内容和研究者能力水平、思维方式等制约，导致模型对地下水环境系统的反映具有片面性；在输入输出变量时，累计误差造成结果的不确定性。例如，在获取变量数据时时空误差累积性，在输入与计算过程中存在数值波动、截断误差、估值误差、弥散系数、模拟系统变量的模拟误差等导致输出的变量与预测变量结果的吻合程度存在不确定性。此外，某些参数服从一定的概率分布。例如，已有大量研究表明，渗透系数服从对数正态分布（施小清等，2005；陈彦等，2005），弥散度则具有明显的尺度效应。在模拟过程中，若是单纯作为对数正态分布模拟，与实际情况之间将会存在大量误差，增加了不确定性程度。

2. 不确定性类型

在进行地下水脆弱性评价时，不确定信息主要可分为随机性、模糊性和灰色性。

（1）随机性。

随机不确定性可分为客观随机性和主观随机性。客观随机性有以下几个方面：①参数所表现出的时空特征具有随机性；②各个参数变量之间相互影响、相互作用的方式和程度具有随机性；③各参数受其他自然和社会因素的干扰，这种干扰在时空上具有随机性。如水力传导系数（R）在不同时空大小具有随机性，受含水层介质、土壤介质类型、地形坡度等地下水环境系统本身参数的影响，呈现随机性特征，同时气候变化、地质演化，以及工程建设、管理规划、不同土地利用方式等人类活动又对地下水系统诸要素产生影响，而这种影响，一方面表现出影响方式和影响时空具有随机性，另一方面又表现为影响结果具有随机性。

主观随机性产生于人们在研究地下水系统的过程中。在地下水脆弱性评价过程中表现为：①获取参数数据时，观测点设置的数量和空间位置具有随机性，同时获取的数据也具有随机性；②选取或构建的数学模型具有随机性，模拟结果同样具有随机性。例如，监测井的设置点往往在一定要求的基础上，综合考虑当地的地质条件、水文地质条件、地下水的类型及区域整体自然特征等因素，还要考虑当地经济发展程度，城镇与乡村、工农业类型、污染物种类、地下水开采利用强度等人文因素，最终导致监测井的空间分布位置和密度的差异，而这种差异，具有随机性。

（2）模糊性。

地下水脆弱性评价中由于地下水环境的复杂性，研究对象繁多，使对象之间界限不分明，因此难以给出确定的概念，这种概念上的不确定延伸，即为模糊性。例如地下水脆弱性这一概念，自其诞生以来就不断被丰富和发展，但是目前尚无一个统一的定义（孙才志等，1999）。此外，"脆弱性"本身即为一个模糊信息。地下水脆弱性指数为多少时，表明研究区地下水"脆弱"，更容易受到污染呢？目前尚无确定的评价标准，往往是根据整个区域的相对脆弱性来划分其高脆弱区或低脆弱区，尚无确定的评价标准。研究区边界、含水层边界或厚度、地下水类型与边界等均没有明确的范围与界限。这种概念上的模糊造成了地下水系统存在诸多不确定性因素。

（3）灰色性。

人们认识能力的局限性、观测技术水平限制性、观测资料的不完全、数据的误差等导致对地下水系统的结构认识不全面，对各要素运行规律及其相互影响机制不完全明了，造成对地下水系统中存在部分已知信息和部分未知信息，根据信息论原理，这种不完全了解的部分已知、部分未知信息，即为灰色信息，由其导致的不确定性，即为灰色性（邓聚龙，1985）。地下水系统亦可被看作灰色系统。地下水环境中已获得信息大部分都属于灰色信息，各个参数在每个区域甚至每个点都有其确定的数据，但是由于各种限制条件，我们获取不了其全部的量化数据，只能获取某个时空的数据来代表某一区域该指标的大体状态。

3. 地下水环境系统不确定性研究方法

针对地下水系统的不确定性特征，地下水环境系统不确定性的主要研究方法有随机分析方法、模糊数学方法和灰色分析方法（谢更新，2004）。

（1）随机分析方法。

随机分析方法是主要针对客观随机性而提出的分析方法，包括水文频率分析计算法、相关分析法、过程随机分析法。其中，水文频率分析计算法主要研究水文变量的分布规律、频率分布特征，估算各种水文变量在一定水文现象下出现的可能值等问题。相关分析法研究两个或多个变量的相关性，以此降低复杂水系统中不确定性对模拟结果的影响。过程随机分析法是指建立数学模型探究各要素在水文随机过程中的变化规律和时间序列中的相关关系。通过随机分析法，探究水系统中各要素分布规律、变化过程规律和相关关系，可以为水资源规划、管理提供科学依据。

（2）模糊数学方法。

模糊性是评价对象本身的概念没有明确的边界、评价标准缺乏定量化导致的概念上的不确定性。为对事物进行有效评价，降低模糊不确定性的影响，美国控制论专家赞登首次提出了模糊集合理论，标志着模糊数学的诞生，并且在各个领域发展迅速。模糊数学方法的原理是把对定义的模糊性转化为隶属度函数的形式，从而将定性的模糊性进行定量化分析，进一步更科学地分析评价对象的性质和概念问题，有效处理了模糊不确定性。当今，在模糊集理论的基础上，模糊数学方法主要有模糊模式识别、模糊聚类分析法、模糊综合评价法、模糊决策分析法等，同时相似度原则、隶属度原则、贴进度原则等方法在模糊数学中应用广泛。

（3）灰色分析方法。

目前主要的灰色分析方法有灰色关联度分析、灰色系统模型（郑德凤等，2015）。在复杂的灰色系统中，用随机数学方法和模糊数学方法分析灰色系统诸要素之间关系密切程度的过程较为复杂，而运用灰色关联度分析则相对简单，为建模、决策等问题提供主要的研究方向和重点。运用灰色系统模型则可探究灰色系统中关系复杂的诸要素分布的规律性，使系统变得有序可循。

除以上三种方法外，还有处理不确定性的集对分析、针对未确知性的未确知数学法及混沌分析、小波分析等方法。同时为处理复杂不确定性，提高计算、预测的合理可靠性，运用单一的不确定性处理方法已经不能满足复杂水系统的需要，因此出现了多种方法的耦合模型，例如，随机-模糊分析的耦合、随机-灰色分析的耦合、随机-集对分析耦合、模糊-灰色分析耦合等。

7.2　下辽河平原地下水脆弱性研究方法

1. 模糊模式识别

在现实生活中，人脑需要对认识的客观事物进行模式识别，依据一定的标准或属性，判断客观事物所属的类型。例如，依据地下水水质标准，将地下水分为不同的质量等级；根据空气污染物类型和浓度，判断空气污染程度；对某地环境风险进行评价，以便确定该地区未来经济发展方式和结构等。模式识别是伴随着计算机的应用而迅速发展起来的人工智能分支学科（李波，2009）。模式识别问题已在各个领域广泛应用，但都有个共同特点，即对给定的各样本，在一定标准和不同类型下，识别其所属的类型，归为一类的样本在属性上都有其相似性，这就是模式识别。模式识别一般分为两类，一类需要识别的样本具有明确的标准和概念。例如，国家颁布的《生活饮用水卫生标准》，明确规定了在生活饮用水中各毒性指标的最高含量，各类菌类的检测标准等。但由于系统的复杂性和开放性，许多模式没有确定的概念和标准，例如地下水脆弱性指数为多少时，表明该地地下水脆弱，甚至日常生活中的善、恶、美、丑、高、矮、胖、瘦等均无明确的概念对其定义，那如何对这类模式进行识别，即为模糊模式识别。模糊模式识别最主要的数学基础为模糊集合与隶属函数（罗来平，2006）。

（1）模糊集合。

19世纪末德国数学家康托尔提出了"集合"这一经典概念，指出集合是具有特定性质的对象构成的集体。这类对象可以是具体的，也可以是抽象的，可以表示性质、概念，也可表示运算、推理，集合中各元素具有确定性、无序性和互异性。在经典集合中，对于属于集合的对象，可有明确的内涵，对于不属于集合的，则用集合的外延来表示。但现实世界中，许多概念没有明确的外延，存在诸多界限不分明的对象，表现在中间过渡的"亦此亦彼"性，这种不确定性即为模糊性。经典集合只能处理具有明确定义的对象，对模糊性对象则缺乏处理机制。因此，必须对经典集合做出推广。

（2）隶属函数。

1965 年，美国计算机与控制论专家 Zadeh 教授，针对经典集合对模糊信息处理方面的局限性，提出了模糊集理论（Zadeh，1965）。其基本内容是运用隶属度对经典集合中的隶属关系进行延伸。隶属度是给定识别对象，对论域中某一模糊模式的隶属程度，其取值范围为[0,1]。经典集合中，隶属度只能取 0 或 1 这两个值，不存在中间过渡现象。但在模糊集合中，隶属程度则推广到 0 到 1 之间的任意一个数值，从而根据隶属度的大小来刻画模糊元素对 0 或 1 的相似程度。其具体定义如下（陈水利等，2005）：

若 U 为论域，对于元素 $u \in U$，模糊集合 A 为 U 的一个子集，可以得出 A 的隶属函数为

$$U \to [0,1]$$
$$\mu_A : u \to \mu_A(u) \tag{7-1}$$

式中，$\mu_A(u)$ 为 u 对 A 的隶属度，μ_A 为 A 的隶属函数。$\mu_A(u) \in [0,1]$，越接近于 1，说明 u 对 A 的隶属度越高；相反，越接近于 0 则说明隶属度越低。当 $\mu_A(u)$ 值为 1 时，则 u 完全隶属于 A，当值为 0 时，完全不隶属于 A，则模糊集合转化为经典集合，可见，模糊集合是经典集合的特殊情况。

2. 三角模糊函数和 α 截集

（1）三角模糊函数。

三角模糊函数是根据研究对象的不确定特征，用来处理模糊信息的一种模糊数。其实质是将系统变量的模糊不确定性等定性描述转化为定量分析，在处理因概念描述产生的模糊性问题方面具有重要意义。三角模糊函数在风险分析、投资管理、模糊层次分析法、决策分析、工程、地质等方面已取得重要研究成果，并且在水环境系统评价中，成功应用于水环境风险评估、健康风险评价、地下水脆弱性评价等方面。三角模糊函数的定义如下：设模糊变量 $\tilde{A} = (a_1, a_2, a_3)$，设 a_1、a_2 和 a_3 分别为模糊变量 $\tilde{A}$ 的最小值、最可能值和最大值，且 $a_1 < a_2 < a_3$，则定义 $\tilde{A} = (a_1, a_2, a_3)$ 为三角模糊变量，其隶属函数可表示为（Ronald et al.，1997）

$$\mu_{\tilde{A}}(x) = \begin{cases} (x-a_1)/(a_3-a_1), a_1 \leqslant x < a_2 \\ (a_3-x)/(a_3-a_2), a_2 \leqslant x \leqslant a_3 \\ 0, x < a_1 或 x > a_3 \end{cases} \tag{7-2}$$

式中，x 为区间 $[a_1, a_3]$ 中的可能变量。在地下水脆弱性评价中，各参数具有非负性，即 $a_1 > 0$，则 $\tilde{A}$ 为正三角模糊函数。

（2）α 截集。

三角模糊函数可看成是隶属度的问题，隶属度越高，则区间内模糊数越接近

最可能值，根据隶属函数的性质，隶属度属于[0,1]。由于隶属函数区间的大小，代表了不同的可信度水平，即隶属度。因此，设 α 为可信度水平，$\alpha \in [0,1]$，则模糊函数 $\tilde{A}$ 可以转化为不同 α 水平下的区间数（Ronald et al., 1997）：

$$\tilde{A}^{\alpha} = \left[a_1^{\alpha}, a_2^{\alpha} \right] = \left[(a_2 - a_1)\alpha + a_1, -(a_3 - a_2)\alpha + a_3 \right] \tag{7-3}$$

即

$$\tilde{A}^{\alpha} \left\{ x \middle| \mu_{\tilde{A}}(x) \geqslant \alpha, x \in X \right\} \tag{7-4}$$

$\tilde{A}^{\alpha}$ 即为三角模糊数的 α 截集。α 越大，可信度水平越高，隶属区间越小，三角模糊数不确定性程度越低。当 $\alpha=1$ 时则模糊变量即为确定的最可能值，当 $\alpha=0$ 时则模糊变量取值范围为区间 $[a_1, a_3]$，不确定性程度达到最高。

将三角模糊函数的 α 截集与蒙特卡罗相结合，随机模拟出不同 α 截集下，不同隶属度内的可能值，则可将区间问题转化为具体的实数之间的运算。

3. 蒙特卡罗模拟

蒙特卡罗方法又叫随机模拟法，是一种以概率统计理论为基础，通过设定模拟模式，生成大量参数估计值，并以此来解决数学问题的数值计算方法（孙才志等，2014）。一般认为蒙特卡罗方法起源于 1777 年法国数学家 Buffon 提出的求圆周率π的投针实验中。在第二次世界大战期间，美国物理学家 John von Neumann 进行原子弹研究时首先采用了随机采样法，并于第二次世界大战结束后发表了随机采样研究成果，且以闻名世界的赌城"蒙特卡罗"命名，此后广泛为人们所熟知。但蒙特卡罗方法因其计算量大、计算过程复杂、精度要求高，在计算机技术没有广泛应用之前，发展较为缓慢。随着计算机技术的快速发展，由于其具有运算快、存储量大、精确性高等特点，蒙特卡罗模拟技术的迅速发展成为可能，并在物理工程、水文地质、风险分析、计算机科学、决策管理及数学计算问题等领域得到迅速应用。

蒙特卡罗模拟是在确定随机参数服从某种概率分布的前提下，使计算机进行大量的重复计算生成足够的服从一定概率的参数估计值或随机数。每组随机数都可以作为所求函数的一个变量解代入已知模型进行计算，当模拟次数足够多时，对于不确定性问题，则可以获得相对稳定的解。蒙特卡罗模拟产生的随机数又叫作"伪随机数"，原因是初始值被设置为服从特定概率和公式的参数值，模拟结果受数学模型和初始值的影响，存在一定的规律性，因此不可能成为真正的随机数。但在现实世界中，真正的随机数并不存在。此外，"伪随机数"通过大量一致性、均匀性等检验证明，在统计模拟角度，蒙特卡罗模拟的"伪随机数"也可作为真正随机数使用。

蒙特卡罗模拟法可分为以下基本步骤：①通过分析输入参数的随机性特征，

构造参数的概率分布模型，以此作为模型随机模拟的依据；②将初始值代入模型模拟出足够数量的服从相应概率分布的（伪）随机数；③将每组（伪）随机数作为参数值代入研究模型求解；④分析计算结果。

4. 灵敏度分析

（1）灵敏度分析理论。

灵敏度分析是一种表征模型输出结果对输入变量变化的灵敏程度的方法。在数学上可表示为可导函数 $F(x)$ 的一阶偏导数。最初灵敏度只用来表征系统状态对内扰和外扰因素的灵敏程度。后来，由于灵敏度分析具有预测性和诊断性特征，利用灵敏度分析对优化系统结构，降低系统受干扰程度有重要意义。在决定未来对系统的控制中可以诊断出具有高灵敏度的参数，从而为决策提供重点方向，提高精确性。在系统建模过程中，灵敏度可以作为建模的先决条件，充分考虑各参数变量对预期目标的影响程度，从而对模型结构、函数等提供优化信息，提高模型的有效性、降低复杂性，减少工作量，提高效率。在含有大量不确定信息的系统中，灵敏度分析现已成为有效处理系统不确定性因素的方法。

（2）灵敏度分析方法。

根据一次检验参数的多少，灵敏度分析可以分为局部和全局灵敏度分析（徐崇刚等，2004）。当运用局部灵敏度分析时，分别选取某一参数作为变量，其他参数选取固定值。局部灵敏度分析常用于参数较少、模型较为简单的情况。主要的局部灵敏度分析方法有直接求导法，该方法思路清晰，较为简单，适用于模型变量较少、参数可导且具有显式表达式的情况。但对于一些参数具有隐式不可导性质时，即可利用有限差分法又叫偏差变化法。有限差分法指将参数值增加或减小一个微小数值，用差商的形式近似表示微分。局部灵敏度分析虽具有操作简单的优点，但正是因其每次只能对一个参数进行分析，导致灵敏度分析结果只能片面地表示某一种参数的影响，忽略了整体参数变化，以及各参数之间相互作用对模型结果的影响程度。

基于对局部灵敏度分析法的弥补，全局灵敏度分析法不仅可以同时检验多个参数的变化对模型结果的影响，并且可以分析各参数之间相互影响程度。全局灵敏度分析法主要有基于定性分析的多元回归法、Morris 法、区域灵敏度分析（regionalized sensitivity analysis，RSA）法、傅里叶幅度灵敏度检验法等和基于定量分析的 Sobol 法、傅里叶幅度灵敏度检验扩展法、均匀设计法等（束龙仓等，2007；张丽华等，2014）。定性全局灵敏度分析指根据参数对模型结果的影响程度，对其进行排序。该方法在模型参数较多时，可以根据灵敏度分析结果，去掉影响较小的参数，以提高工作效率。基于定量分析的方法主要用来定量描述参数变化对模型输出结果的影响程度。

在处理地下水系统不确定性问题上，参数灵敏度分析方法已普遍应用，但仍以局部灵敏度分析法为主。在地下水污染风险评价中，Maged 等（1995）、Mc Kone 等（1991）均运用一阶和二阶可靠性分析方法对地下水污染风险的不确定性因素进行了分析，确定了影响程度较大的参数。在地下水数值模拟中，翟远征等（2011）、郝静等（2015）运用正交试验法，鲁程鹏等（2010）、束龙仓等（2007）运用 Morris 方法均取得了较好效果。张丽华等（2014）根据局部灵敏度的局限性以及普通全局灵敏度计算方法的复杂性，将均匀设计法引入地下水流数值全局模拟中，证明了在参数较多时运用均匀设计法对减少工作量、提高效率具有重要作用。孟碟（2012）分别运用 RSA 法和 Sobol 法分析了主要产汇流参数在新安江模型中的灵敏度，结果表明两种方法较为一致。

根据本书选取参数的数量特点和研究区实际情况，运用局部灵敏度分析中的因子变换法对参数对模型结果的贡献程度进行了分析（束龙仓等，2000b）。对不同观测点不同的参数直接进行求导，即

$$X_{i,k} = \partial y_i / \partial a_k \qquad\qquad (7\text{-}5)$$

式中，$X_{i,k}$ 为第 i 个观测点，第 k 个参数的灵敏度系数；y_i 为模拟结果；a_k 为第 i 个观测点，第 k 个参数的值。因不同参数单位不同，导致评价结果无可比性，因此需对其进行归一化处理，即

$$X_{i,k} = (\partial y_i / y_i) / (\partial a_k / a_k) \approx \left\{ \left[y_i(a_k + \Delta a_k) - y_i(a_k) \right] / y_i \right\} / (\Delta a_k / a_k) \qquad (7\text{-}6)$$

式中，Δa_k 为第 k 个参数的变化量，模拟结果由 $y_i(a_k)$ 转化为 $y_i(a_k + \Delta a_k)$，公式转化为不同参数可以进行比较的标准化无量纲形式。

7.3　基于不确定参数系统的下辽河平原浅层地下水脆弱性评价过程

7.3.1　流域单元划分与数据来源

1. 流域单元划分

流域单元的划分能够突出不同流域的异质性，是实现流域精细化管理的重要基础。它要求同一子流域单元应具有河流水文特征、自然地理条件等方面的一致性。在下辽河平原地下水脆弱性评价的过程中，进行流域单元划分是提升评价结果准确性的重要组成部分。

本章基于 ArcGIS 的水文分析模块（hydrology），将分辨率为 30m 的 DEM 数据，以试误法筛选适当门槛值提取水系。由于下辽河平原地区河流流动的随机性大，人工开挖的河流渠道改变了河流的自然分布状态，因此由 DEM 所提取的流域自然水系与实际河网不相符合。由此采用主干河道和平原水系约束法解决这一

问题，即对研究区主干河道和平原河网进行数字化。通过流域河网及拓扑关系的建立，利用 ArcGIS 中水文分析模块（hydrology）进行小流域自动划分。但小流域过多会增加研究信息的冗余度，为此对小流域进行合并调整形成子流域，并以子流域作为研究的基本单元。初步形成 1024 个小流域，最后合并成 68 个子流域。

2. 数据来源

选取下辽河平原所跨市、县（区）的水文地质参数数据进行计算分析。数据来源于《辽宁省统计年鉴》《辽宁省水资源公报》《辽宁省国土资源地图集》《辽宁国土资源》《辽宁省水文地质图集》《辽宁省水资源》、DEM 提取数据，以及多年监测点实测数据等资料。

土地利用类型数据以 2013 年 8 月的 Landsat8 TM 影像为基础，参考国家土地利用一级分类标准及研究区实际的土地利用状况，利用 ENVI4.7 软件，将下辽河平原的土地利用类型划分为水田、旱地、林地、草地、水体、建设用地和未利用地 7 种。最后根据研究区的土地利用现状对分类后影像进行修正，得到 2013 年下辽河平原的土地利用分布图（图 7-1）。

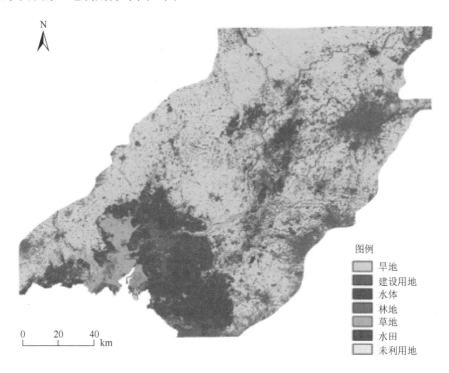

图 7-1　下辽河平原土地利用类型（见书后彩图）

7.3.2　指标体系的构建与参数不确定性表征

1. 构建评价指标体系

地下水系统是一个复杂的自然和人类共同作用的开放系统，人类活动的强度直接影响地下水脆弱性的程度。因此，为反映人类活动对地下水脆弱性的影响，本章在 DRASTIC 模型指标基础上添加了土地利用类型（L）指标构成 DRASTICL 模型。参照 DRASTIC 分级标准对土地利用类型赋予不同的分值，得到 DRASTICL 模型分级与各指标评分值（表 7-1、表 7-2）。

表 7-1　含水层介质类型、土壤介质类型、包气带介质类型、土地利用方式的分级与评分

含水层介质类型（A）		土壤介质类型（S）		包气带介质类型（I）		土地利用方式（L）	
分级	评分	分级	评分	分级	评分	分级	评分
块状页岩	2	非胀缩或非凝聚性黏土	1	承压层	1	未利用	1
变质岩/火成岩	3	垃圾	2	粉砂/黏土	3	林地	3
风华变质岩/火成岩	4	黏土质亚黏土	3	变质岩/火成岩	4	草地	5
冰碛物	5	粉砂质亚黏土	4	灰岩	6	水体	6
层状砂岩、灰岩及页岩	6	亚黏土	5	砂岩	6	建筑	8
块状砂岩	6	砂质亚黏土	6	层状灰岩、页岩、砂岩	6	旱地	9
块状灰岩	6	胀缩或凝聚性黏土	7	含较多粉砂和黏土的砂砾	6	水田	1
砂砾石	8	泥炭	8	砂砾	8	—	—
玄武岩	9	砂	9	玄武岩	9	—	—
岩溶灰岩	1	薄层或裸露土壤、砾	1	岩溶灰岩	1	—	—

表 7-2　地下水埋深、含水层净补给量、地形坡度、含水层水力传导系数分级与评分

地下水埋深（D）		含水层净补给量（R）		地形坡度（T）		含水层水力传导系数（C）	
分级/m	评分	分级/mm	评分	分级/%	评分	分级/（m/d）	评分
0～1.5	10	0～51	1	<0.5	10	0～4.1	1
1.5～4.6	9	51～102	3	0.5～1	9	4.1～12.2	2
4.6～9.1	7	102～178	6	1～1.5	5	12.2～28.5	4
9.1～15.2	5	178～254	8	1.5～2	3	28.5～40.7	6
15.2～22.9	3	>254	9	>2	1	40.7～81.5	8
22.9～30.5	2	—	—	—	—	>81.5	10
>30.5	1	—	—	—	—	—	—

注：表中所有涉及范围的类型划分，都是含上不含下

2. 参数不确定性表征

根据各参数不确定性特点，本章将参数分为随机性参数、模糊性参数与确定性参数。

（1）随机性参数。

地下水埋深（D）、地形坡度（T）、含水层水力传导系数（C）这 3 类参数值大多通过勘探实验获得，监测点的设置具有随机性，监测结果也往往随时间地点的不同而不同，具有明显的随机性。研究表明，一个变量如果受大量微小的、独立的、随机因素的影响，那么这个变量一般是一个正态变量（黄振平，2003）。地下水埋深受水文地质条件、土壤、地质构造、地形坡度、开采量与补给量等多种因素的影响，因此可以将其视为正态分布；由于研究区以平原为主，山地较少，地形起伏不大，因此可将地形坡度（T）视为均匀分布；为降低误差，在参考以往研究成果（王文圣等，2011；施小清等，2005；陈彦等，2005）基础上，可将含水层水力传导系数（C）设为对数正态分布。表 7-3 中列出各随机性指标的分布特征。限于篇幅，根据下辽河平原水文地质分区，各流域选取一个代表性子流域单元为例，其他分区类似。

（2）模糊性参数。

含水层介质类型（A）、土壤介质类型（S）、包气带介质类型（I）以及土地利用类型（L），可以视为模糊性参数。这 4 个参数在一定范围内分布具有连续性，但是在整个流域内又具有过渡性，这种在中介过渡时表现的"亦此亦彼性"即可视为模糊性。为方便随机模拟，根据表 7-1 中的分级评分标准将各个分区内 A、S、I、L 的分布特征进行三角模糊化处理，每个分区可得到各参数脆弱性评分的最小值、最可能值和最大值（表 7-3）。

表 7-3　参数的不确定性表征

参数	不确定类型/分布特征		所选分区编号及区内参数不确定性分布特征值					
			2	11	19	28	42	61
D/m	随机性/正态分布	a	5.625	5	7.222	5.679	10.418	3
		s	2.642	1.146	5.553	3.206	6.491	0.935
R/mm	确定值	a	40	150	355	150	285	200
A	模糊性/三角分布	a_1	7	7	6	7	5	5
		a_2	8	8	8	8	8	6
		a_3	9	9	9	9	9	7
S	模糊性/三角分布	a_1	3	3	3	3	3	4
		a_2	5	5	5	5	5	5
		a_3	10	10	9	10	10	10
T/%	随机性/均匀分布	a	0.381	0.532	1.417	0.626	1.670	0.358
		s	0.215	0.396	1.573	0.561	2.820	0.197

续表

参数	不确定类型/ 分布特征		所选分区编号及区内参数不确定性分布特征值					
			2	11	19	28	42	61
I	模糊性/ 三角分布	a_1	1	1	1	1	1	1
		a_2	3	1	1	3	1	6
		a_3	10	8	10	10	10	8
C/(m/d)	随机性/对 数正态分布	a	3.067	3.410	3.888	3.279	3.131	3.614
		s	0.448	0.117	0.485	0.282	0.784	0.435
L	模糊性/ 三角分布	a_1	1	1	1	1	1	3
		a_2	9	9	8	9	8	5
		a_3	10	10	10	10	10	10

注：表中 a 表示平均值，a_1 代表最小值，a_2 代表最可能值，a_3 代表最大值，s 表示标准差

（3）确定性参数。

含水层净补给量（R）数据由于其观测点少，观测周期长，一般取区域内入渗量的年平均数，因此可以将其视为确定性参数。

7.3.3　二级模糊模式识别模型与因子权重计算

1. 二级模糊模式识别模型的构建

在 DRASTIC 模型中，样本指标根据数值范围被确定为不同的等级，即使不同数值，也有可能划分为同一等级。例如，地下水埋深在 4.6～9.1m（表 7-2），评分均为 7，不能反映地下水埋深连续变化对评价结果的影响。地下水脆弱性评价可以视为含水层对易污染程度的识别问题，假设最难受污染的含水层指标对易受污染的隶属度为 0，最易受污染的含水层指标对易受污染的隶属度表示为 1。根据表 7-1 和表 7-2 可以得到样本对易污染程度的二级模式标准特征值，如表 7-4 所示。表中 1 级表示最易受污染的含水层参数标准特征值，2 级表示最难受污染的含水层参数标准特征值。

表 7-4　评价参数二级标准特征值

参数	1 级	2 级
D/m	0	30.5
R/mm	254	0
A	10	2
S	10	1
T/%	0	2
I	10	1
C/(m/d)	81.5	0
L	10	1

根据表 7-1、表 7-2 可得二级模糊识别标准特征值矩阵 F：

$$F = \begin{bmatrix} 0 & 254 & 10 & 10 & 0 & 10 & 81.5 & 10 \\ 30.5 & 0 & 2 & 1 & 2 & 1 & 0 & 1 \end{bmatrix}^{\mathrm{T}} = \left(f_{ih}\right) \tag{7-7}$$

式中，$i=1,2,\cdots,8$；$h=1,2$，$f_{i1}=0$，$f_{i2}=1$，则地下水脆弱性评价问题，可以转换为含水层对最易受污染与最难受污染的指标标准特征值的二级模糊识别问题。因此，通过以下公式建立二级模糊模式识别。

设有 n 个待识别的样本，有 m 个指标特征值，则有该样本集的指标特征值矩阵：

$$X = \begin{bmatrix} x_{11} & x_{12} & \cdots & x_{1n} \\ x_{21} & x_{22} & \cdots & x_{2n} \\ \vdots & \vdots & & \vdots \\ x_{m1} & x_{m2} & \cdots & x_{mn} \end{bmatrix} = \left(x_{ij}\right) \tag{7-8}$$

式中，x_{ij} 为样本 j 指标 i 的特征值，$j=1,2,\cdots,n$；$i=1,2,\cdots,m$。在本章中样本 $j=68$，$i=8$。

在 DRASTICL 系统中指标可以分为两类：一类特征值越大地下水脆弱性越强，如 R、A、S、I、C、L；另一类则相反，如 D 和 T。对两类指标隶属度公式计算如下：

$$r_{ij} = \begin{cases} 0, x_{ij} \leqslant x_{\min j} \\ \dfrac{x_{ij} - x_{\min j}}{x_{\max j} - x_{\min j}}, & x_{\min j} < x_{ij} < x_{\max j} \\ 1, x_{ij} \geqslant x_{\min j} \end{cases} \tag{7-9}$$

$$r_{ij} = \begin{cases} 0, x_{ij} \geqslant x_{\max j} \\ \dfrac{x_{\max j} - x_{ij}}{x_{\max j} - x_{\min j}}, & x_{\min j} < x_{ij} < x_{\max j} \\ 1, x_{ij} \leqslant x_{\min j} \end{cases} \tag{7-10}$$

根据式（7-8）可知，$f_{i1}=0$，$f_{i2}=1$，$x_{\min j}=f_{i1}=0$，$x_{\max j}=f_{i2}=1$。

由此得到 n 个样本 m 个指标的对最易污染的隶属度矩阵 R：

$$R = \begin{bmatrix} r_{11} & r_{12} & \cdots & r_{1n} \\ r_{21} & r_{22} & \cdots & r_{2n} \\ \vdots & \vdots & & \vdots \\ r_{m1} & r_{m2} & \cdots & r_{mn} \end{bmatrix} = \left(r_{ij}\right) \tag{7-11}$$

式中，$x_{\min j}$ 和 $x_{\max j}$ 分别为样本 j 指标 i 的最小值和最大值。每个指标对目标决策的影响度不同，因此，被赋予不同的权重 w。

$$w = (w_1, w_2, \cdots, w_m)^{\mathrm{T}} \tag{7-12}$$

满足归一化条件

$$\sum_{i=1}^{m} w_i = 1 \tag{7-13}$$

样本 j 与级别 h 的距离可描述为

$$d_{hj} = \sqrt[p]{\sum_{i=1}^{m} [w_{ij}(r_{ij} - s_{ij})]^p} \tag{7-14}$$

式中，p 为距离参数，$p=1$ 为海明距离，$p=2$ 为欧氏距离。本章采用欧氏距离 $p=2$。根据模糊集理论，样本 j 归属于级别 h 用相对隶属度 u_{hj} 表示，即可以表示为 d_{hj} 的权重。得到样本 j 与级别 h 之间的加权广义权距离可表示为

$$D_{hj} = u_{hj} d_{hj} \tag{7-15}$$

模糊模式识别的目的应使样本 j 与级别 h 的加权广义权距离最小，即

$$\min \left\{ F(u_{ij}) = \sum_{h=1}^{2} D_{hj}^2 \right\} \tag{7-16}$$

运用拉格朗日乘子法求解目标函数得

$$u_{ij} = \left[1 + \left\{ \frac{\sum_{i=1}^{m} (w_i r_{ij} - w_i)^2}{\sum_{i=1}^{m} (w_i r_{ij})^2} \right\} \right]^{-1} \tag{7-17}$$

即为二级模糊模式识别模型。根据此模型，u_{ij} 在[0,1]区间且值越大，表示样本 j 的易污染性越高，当 $u_{ij}=0$ 时，样本 j 最难受污染，当 $u_{ij}=1$ 时，样本 j 最容易受污染，脆弱性程度最大。

2. 确定评价参数的权重

如何给各指标赋予合理的权重是模糊综合评价中的关键问题（金菊良等，2004）。在 DRASTIC 模型中，各指标的权重为定值，并不能反映不同研究区实际指标对地下水脆弱性的贡献程度，评价结果缺乏客观性（李绍飞等，2010）。鉴于

此，本章将层次分析法与熵值法相结合，通过层次分析法求出主观权重 α_i，熵值法求出客观权重 β_i，在此基础上求出复合权重 ω_i。由于层次分析法比较常用，在此不再赘述。熵最初是一个热力学概念，由德国物理学家 R.Clausius 在 1865 年提出，美国工程师 C. E. Shannon 在 1948 年将其首次引入信息论中（邹志红等，2005）。在信息论中，某项指标熵值越大表示信息的无序化程度越高，对决策的贡献度越大，从而权重也越大。近年来熵已经在模糊数学领域得到广泛应用，在多目标模糊综合评价中起着关键作用。有关熵权的计算方法参考文献（罗军刚等，2008）。

复合权重确定公式如下：

$$\omega_i = \frac{\alpha_i \beta_i}{\sum\limits_{i=1}^{m} \alpha_i \beta_i} \tag{7-18}$$

式中，m 为指标个数。

各评价参数的权重计算结果见表 7-5。

表 7-5　各评价参数的权重

参数	α_i	β_i	ω_i
D/m	0.246	0.126	0.237
R/mm	0.153	0.151	0.177
A	0.053	0.036	0.015
S	0.089	0.033	0.023
T/%	0.035	0.135	0.036
I	0.246	0.132	0.249
C/(m/d)	0.089	0.115	0.078
L	0.089	0.272	0.185

7.3.4　不确定性分析与脆弱性评价

1. 评价过程

将三角模糊性参数设定不同的 α 截集，以代表不同的可信度水平。α 越大模糊性越低，可信度水平越高，不确定水平越低，当 α 截集为 1 时三角模糊性参数为确定值，最可能值。设定不同的 α 截集，将三角模糊性参数与随机性参数一起进行蒙特卡罗模拟赋值，设定模拟次数 5000 次，则得到不同 α 截集下的 5000 组随机模拟结果。

将不同 α 截集下的模拟结果代入式（7-18），设定脆弱性值由小到大排列，则在每个 α 截集下得出 5000 个脆弱性值。为反映不同地区地下水脆弱性与不确定性程度大小、保证结果的可靠性，以及为决策者提供评价依据，将不同 α 截集下脆弱性值依次累积，累积百分位越大，则脆弱性取值越大，当累积率为百分之百时，相应脆弱性指数则为最大值。取不同累积百分位，得出不同 α 截集与不同百分位下的地下水脆弱性指数。表 7-6 为所选分区不同 α 截集、不同百分位下地下水脆弱性指数。

表 7-6 所选分区不同可能性水平、不同百分位下的地下水脆弱性指数

可信度水平	百分位/%	脆弱性指数					
		2	11	19	28	42	61
$\alpha=0.5$	50	0.540	0.566	0.618	0.652	0.571	0.7713
	75	0.590	0.615	0.679	0.731	0.634	0.811
	95	0.660	0.681	0.782	0.792	0.738	0.860
$\alpha=0.7$	50	0.514	0.543	0.611	0.625	0.539	0.768
	75	0.554	0.571	0.649	0.666	0.594	0.794
	95	0.608	0.614	0.717	0.752	0.678	0.830
$\alpha=0.9$	50	0.502	0.528	0.589	0.608	0.523	0.763
	75	0.530	0.541	0.628	0.637	0.576	0.779
	95	0.570	0.560	0.664	0.675	0.626	0.799
$\alpha=1$	50	0.515	0.524	0.582	0.620	0.517	0.779
	75	0.538	0.534	0.615	0.649	0.561	0.788
	95	0.565	0.544	0.649	0.672	0.610	0.800

为更加直观地比较不同 α 截集下的下辽河平原地下水脆弱性分布状况与各地区不确定性程度，分别选取当 $\alpha=0.5$、$\alpha=0.7$、$\alpha=0.9$、$\alpha=1$ 时的模拟结果平均值代表不同地区的脆弱性指数，运用 ArcGIS 数据可视化功能对模拟结果进行可视化表达，从而获得下辽河平原不同 α 截集下地下水脆弱性分布图（图 7-2）。根据对最易污染的隶属程度，将模拟结果划分为不同脆弱程度，分别为低脆弱区、较低脆弱区、中度脆弱区、较高脆弱区、高度脆弱区（表 7-7）。

表 7-7 地下水脆弱性程度范围

脆弱性程度	范围
低脆弱区	[0,0.2)
较低脆弱区	[0.2,0.4)
中度脆弱区	[0.4,0.6)
较高脆弱区	[0.6,0.8)
高度脆弱区	[0.8,1)

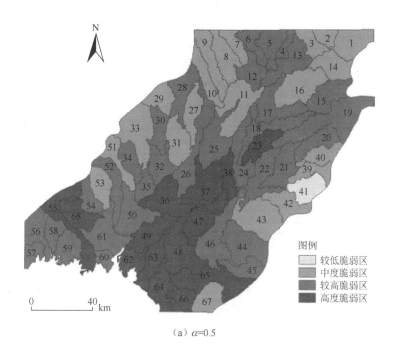

（a）$\alpha=0.5$

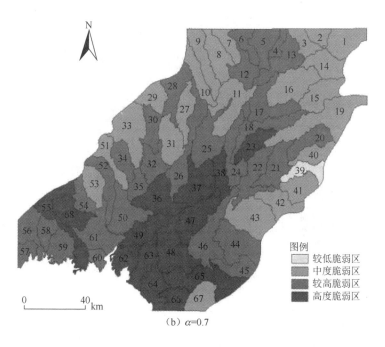

（b）$\alpha=0.7$

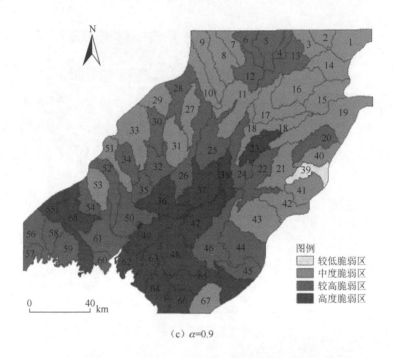

（c）$\alpha=0.9$

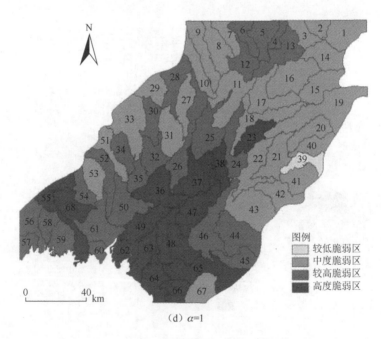

（d）$\alpha=1$

图 7-2　下辽河平原不同 α 截集下地下水脆弱性分布图

2. 评价结果分析

通过模糊模式识别模型与 α 截集相结合，各分区脆弱性指数在不同 α 截集下以非线性形式在 0 到 1 之间连续分布，越接近 1 则脆弱性程度越大。表 7-6 中可以看出，在同一 α 截集下，百分位越大，脆弱性程度越高，因此在地下水污染态势比较严峻的地区应选取较大的百分位。例如表 7-6 中分区 19、28、61 脆弱性程度相对较高，因此在实际制定相应对策时，选取较大百分位将使评价结果更加合理。而分区 2、11、42 则可相应选取较小百分位。

根据表 7-6 可知，随着 α 的增大，脆弱性指数变化范围变小，脆弱性程度降低，说明三角模糊数的区间也越来越小，不确定性程度变低。当 $\alpha=1$ 时，三角模糊数为最可能值，此时只考虑随机因素对脆弱性的影响。不同地区，在同一 α 截集不同百分位下，与同一百分位不同 α 截集下，脆弱性指数的变化幅度不同，变化幅度较大的地区不确定性程度较高。如表 7-6 中，分区 19、28、42，随着百分位与 α 截集的变化，脆弱性指数变化范围较其他地区较大，说明这类地区不确定性程度较大。因此，在实际工作中，不确定性程度较大的地区评价地下水脆弱性时，为保守起见，选取较低的 α 截集更加科学合理。分区 2、11、61，相对不确定性程度较低，可相应选取较大 α 截集。

结合不确定性程度与脆弱性程度，根据表 7-6 可知不确定性程度较大的地区，选取较低 α 截集水平；脆弱性程度较高的地区，选取较高的累积百分位。例如，分区 19、28，因其脆弱性程度和不确定性程度均较高，因此在实际评价时，选取 $\alpha=0.5$，百分位为 95% 时更加合理；而分区 61，因其较高的脆弱性程度，较低的不确定性水平，选取 $\alpha=0.9$，百分位为 95% 时，更能反映地下水脆弱性的实际情况；分区 42，因其较低的脆弱性与相对较高的不确定性，选取 $\alpha=0.5$，百分位为 75%；分区 2、11，脆弱性与不确定性程度均较低，应适当选取 $\alpha=0.9$，百分位为 50%。

从图 7-2 中可以看出，地下水脆弱性程度整体上随着 α 的增大而变小，主要受三角模糊参数变化范围的影响，当 α 截集增大，三角模糊参数不确定性程度降低，相应参数值越接近中间最可能值，而两侧较高或较低的参数值则相应忽略。当 $\alpha=1$ 时，只考虑随机参数的变化。从图中可以看出，高度脆弱区主要分布在中部台安平原、南部滨海平原、海城河冲积平原和大小凌河冲积扇地区。较高脆弱区分布在北部柳河、秀水河冲积平原、西部山前冲积平原。中度脆弱区主要分布在西北部和两侧山区。较低脆弱性区域基本分布在南沙河上游。通过对比不同 α 截集水平下各区域脆弱性程度变化情况可看出，高度脆弱区与较低脆弱区不确定程度较低；西部山前冲积扇、辽河山前冲积平原区不确定性程度均较低。浑河冲积扇、冲积平原区与辽河冲积扇前缘区不确定性程度较高。

在 $\alpha=0.5$ 水平上，较高脆弱区范围较广，主要分布在下辽河平原两侧山前冲击平原地区；中度脆弱区分布在山前冲积平原两侧，辽河冲积扇地区。在 $\alpha=0.7$ 水平上，高脆弱区分布与 $\alpha=0.5$ 水平上分布一致，较高脆弱区在浑河冲积扇地区转为中度脆弱区，范围缩小。在 $\alpha=0.9$ 与 $\alpha=1$ 水平上较高脆弱区范围在中部与东部冲积平原区进一步缩小，脆弱性程度降低。

从下辽河平原土地利用类型图（图 7-2）中可看出，中部辽中—台安平原与南部滨海平原土地利用类型以水田为主，是辽宁省重要的水稻生产基地。水田比旱田粮食产量高的同时，化肥农药的渗透量也相应增加，对水环境的污染较旱地更为严重。南部滨海平原地区地下水埋藏较浅，多数在 $1\sim2m$，局部地区甚至小于 $1m$，受第四纪海侵与海洋潮汐影响，地下水矿化度较高，已成为咸水，对外界污染物反应较为敏感。辽中—台安平原位于下辽河平原中部，地势低洼，地下水埋深大部分介于 $1\sim2.5m$，坡度较小，含水层介质类型以砂砾石为主，土壤类型以亚黏土为主，污染物容易在此聚集。较低脆弱区主要分布在东部太子河冲积扇部分地区，该区地形坡度较大，降水渗透量较小。大小凌河冲积扇地区，含水层岩性多为砾石、粗砂，渗透系数较大，外界污染物运移速度快，脆弱性高。东部辽河、浑河、太子河冲积扇地区，以及北部秀水河谷地区含水层岩性以中粗砂为主，地下水埋深小于 5m，平原区 $1\sim2m$，地下水量丰富。加之该地区土地利用类型以建设用地为主，为辽宁省工业最发达地区，每年大量污水渗入地下，对地下水造成严重污染。

结合表 7-6 可分析出，中度脆弱区的东北部和西北部山前冲积平原区、高度脆弱区及高度脆弱区两侧较高脆弱区，地下水脆弱性指数在不同 α 截集水平情况下变化幅度较小，说明上述地区不确定性程度低，相应选取 $\alpha=0.9$ 更合理。同时，高度脆弱区、较高脆弱区和较低脆弱区分别选取 95%、75% 和 50% 百分位下地下水脆弱性值，更加符合实际情况。东部浑河冲积扇地区，不确定性程度较大，脆弱性程度由较高脆弱到较低脆弱变化，因此选取 $\alpha=0.5$、75% 百分位。根据当地脆弱性程度与不确定程度来选择相应 α 水平与百分位，评价结果更加科学合理。

3. 灵敏度分析

虽然将不确定性参数进行随机模拟可以获得较为接近实际水文地质条件的数据，但是由于不同参数对模拟结果的贡献程度不同，为分清主次参数，进一步提高脆弱性评价的精确性，为今后实际工作提供参考，需对以上参数进行灵敏度分析。本章运用局部灵敏度分析中的因子变换法，按照子流域，对模型中的各参数逐一进行灵敏度分析，并求得子流域的平均值。随机参数 D、T、C，灵敏度分析初始值选取区域内观测点的平均值；三角模糊参数 A、S、I、L 初

始值选取最可能值；各参数的变化幅度分别为增大和减小 10%；分析其中一个
参数时，其他参数保持不变。表 7-8 为各参数分别增大和减小 10%后灵敏度分
析结果。

表 7-8　参数灵敏度系数

参数	灵敏度系数	
	增大 10%	减小 10%
D/m	0.133	0.131
R/mm	0.087	0.088
A	0.003	0.003
S	0.004	0.004
T/%	0.006	0.006
I	0.209	0.169
C/(m/d)	0.035	0.035
L	0.356	0.385

　　从表 7-8 中可以看出，各参数的灵敏度系数绝对值由大到小的排序为
$L>I>D>R>C>T>S>A$。较之各参数权重，参数 L 的影响变大，说明模拟结果对
三角模糊参数中土地利用类型的变化最灵敏，证明了人类对地下水环境的影响比
较剧烈；含水层介质类型（A）仍然属于影响最小的参数；其余影响顺序与权重
计算结果基本一致。因此，在今后地下水环境保护工作中，应充分考虑当地土地
利用类型对地下水环境带来的影响，特别注意土地利用规划与地下水埋深、包气
带介质类型、地形坡度等参数相互关系对地下水环境的影响，可根据实际情况酌
情考虑对影响较小参数的删减，选取影响较大参数进行评价，合理开发和注意保
护地下水环境。

第8章 大连市地下水脆弱性评价

8.1 基于 GIS 的大连市地下水脆弱性评价

8.1.1 大连市地理与地质条件

1. 研究区地理位置

研究区域主要是大连市区，包括中山区、西岗区、沙河口区和甘井子区部分区域，研究区面积约为 600km^2，北以大连湾鹤大高速，南至凌水街道老墩山，东以夏家河子—革镇堡镇一线为界，西至沿海海岸线，地处东经 120.58°～123.31°，北纬 38.43°～40.10°。研究区地理位置如图 8-1 所示。

图 8-1 研究区地理位置图

2. 研究区气候和水文条件

（1）研究区气候条件。

大连市地处北半球中纬度地带，属于暖温带气候区，是东亚地区典型的季风气候区。其三面环海的独特地理位置，使大连市具有明显的海洋性气候特征，夏季盛行东南风，冬季盛行西北风，水热同期，降雨多集中在夏季。大连市太阳辐射量随季节变化明显，多年平均气温在 8.8～10.5℃，年最高气温出现在 8 月，多年平均最高气温为 24℃，历史最高气温达到 38.1℃；年最低气温出现在 1 月，多年平均最低温为-4.8℃，历史最低气温-21.1℃（图 8-2）。受太平洋副热带高压和蒙古高压的交替影响，大连市平均风速为 3～6m/s，是中国东北风速较大的地区之一（李莹，2012）。

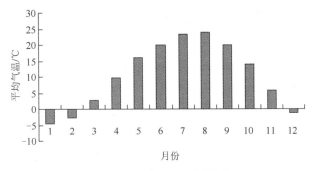

图 8-2　大连市气温变化图

大连市降水变化幅度明显，根据大连市气象站与水务局降水资料分析（赵冬艳，2011），大连市多年平均降水量约为 654.85mm，降水年内年际分布不均匀，7 月到 9 月的降水约占全年降水量的 75%，年最大降水量约为年最小降水量的 3.5 倍；降水空间分布不均匀，由东北向西南递减（图 8-3）。研究区多年平均蒸发量为 1550.1mm，历史最高蒸发量为 1960mm，最低蒸发量为 1347mm（图 8-4）。相对湿度多年平均值约为 66%，年内月平均相对湿度 7 月最高达到 80%。

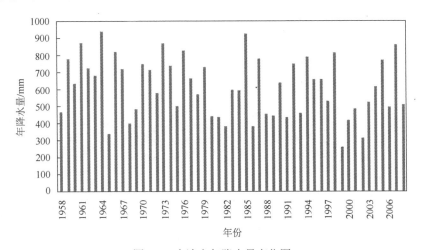

图 8-3　大连市年降水量变化图

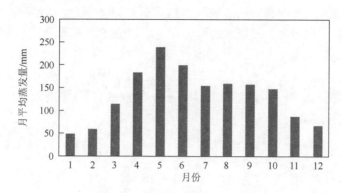

图 8-4　大连市 1960～1990 年的月平均蒸发量变化图

（2）研究区水文条件。

研究区多为独流入海的季节性河流，河流水量为中小型，属于黄渤海水系，具有河床坡度大、流域面积小的特点，常会出现季节性断流。研究区主要河流有马栏河、东大河、夏家河、登沙河等（李莹，2012），主要河流分布与特征参数见表 8-1。

表 8-1　研究区内主要河流

河流名称	发源地	长度/km	流域面积/km²	平均坡降/‰	发源地高程/m	入海河
青云河	金州荡石山	25.1	121	2.91	127	黄海
登沙河	普兰店区二龙山	25.7	229	2.42	307.4	黄海
旗杆河	金州华家屯镇	15.6	51.7	3.4	97	黄海
三十里堡河	金州二十里堡镇	29.9	157	2.71	175	渤海
龙口河	金州小黑山	19.4	54.2	5.89	469	渤海
东大河	金州芹菜沟	16.4	85.2	3.59	125	黄海
金州北大河	金州二十里堡镇	17.6	71	6.39	166.6	渤海
大魏家河	金州韩家山	18.3	77.5	4.81	84.4	渤海
柳家河	普兰店区粉皮墙村	14.7	50	3.19	110.5	黄海
石河	金州小黑山	11.6	26.2	14.3	469	渤海
马栏河	长城镇鞍子岭	19.3	71.5	9.8	328	黄海
夏家河	辛寨子镇砬子山	14.8	48.8	5.88	250.4	渤海
牧城河	华侨农场羊鼻沟子	10.4	33.7	10.36	287	渤海
凌水河	凌水镇横山	11.7	32.1	17.2	393.2	黄海
周水子河	辛寨子镇胡家岭子	11.8	27.2	8.3	93	黄海
旅顺北大河	长城镇鞍子岭	17.1	93.4	9.34	328	渤海
龙河	水师营镇大顶子	11.1	30.5	6.6	179.6	黄海
鸦鸪咀河	铁山镇老铁山	12.1	22.8	12.8	465.6	黄海

3. 研究区地形地貌条件

研究区位于黄海与渤海之间，为滨海丘陵地区，地处辽东半岛南端，属于千山山脉西南延伸部分。地势由西南向东北逐渐增高。区域以低山丘陵为主，海拔最高点为大黑山，主峰海拔663.10m。岩溶地地貌发育广泛，海岸地貌形式多样。根据地貌成因与形态类型，可划分为构造剥蚀地形、剥蚀堆积地形、堆积地形、风成地形、海成地形（崔帅，2009），如表8-2所示。

表 8-2　研究区地形与地貌条件

地形	地貌类型	分布范围
构造剥蚀地形	高丘陵	南部地区
	低丘陵	北部地区
	剥蚀台地	大连市区
剥蚀堆积地形	冰碛垄岗	金家街、南关岭、大房身
	坡洪积扇裙	分布普遍
	山前坡洪积倾斜平原	周水子、大辛寨子
堆积地形	冲洪积谷地	分布普遍
	河流阶地	马栏河、凌水河
	河床漫滩	季节性河流
	湖沼洼地	周水子
	人工堆积平地	沟谷、沿海
风成地形	黄土台地	大连南山、周水子
海成地形	陆连岛	小平岛
	海蚀一级阶地	大孤山、盐岛等沿海
	冲海积一级阶地	河流入海口附近
	海积一级阶地	沿海海湾
	海高漫滩	海湾低平处
	潮间带	海岸带

4. 研究区地质条件

1）地层

研究区位于华北板块东部，胶辽台隆至辽东半岛南端。区域内有新元古界变质地层、新元古代以来的沉积岩层及各构造岩浆期的侵入岩和喷出岩等（张艳茹，2010）。

（1）前第四纪地层。

研究区前第四纪地层均为新元古界震旦系，除局部被第四纪松散堆积层覆盖外，大部分在低山丘陵区裸露，见表8-3。

表 8-3　研究区前第四纪地层层序表

界	系	群	组	代号	厚度/m
新元古界	震旦系	金县群	大林子组	Zjxd	147
			兴民村组	Zjxx	243
			崔家屯组	Zjxcj	93.41
			马家屯组	Zjxm	179
			十三里台组	Zjxs	155
			营城子组	Zjxy	622
		五行山群	甘井子组	Zwhg	839.85
			南关岭组	Zwhn	383.22
			长岭子组	Zwhc	1469.81
		细河群	桥头组	Zxhq	1526.53

（2）第四纪地层。

研究区内第四纪地层的分布严格受地质构造与新构造运动的控制，古气候、古水文网变迁的影响及古地貌条件的约束，致使空间分布局限，形成时代不同，堆积厚度较小，成因类型复杂，岩性岩相多变，见表8-4。

表 8-4　研究区第四纪地层表

地层单位					主要成因类型	区域对比	
界	系	统	段	代号		辽东地区	全国
新生界	第四系	全新统	上段	Q_4^3	人工堆积	庄河组	
			中段	Q_4^2	冲洪积 冲海积 海积	大孤山组	冰后期
			下段	Q_4^1		泡子组	
		上更新统	上段	Q_3^2	河湖积 风积	山城子组	庐山～大理冰期
			下段	Q_3^1	坡洪积		庐山冰期
		中更新统	上段	Q_2^2	冲海积 河湖积	庙后山组	大姑～庐山间冰期
			下段	Q_2^1		金坑组	大姑冰期
		下更新统		Q_1^x	冰成	金州组	鄱阳～大姑间冰期

（3）侵入岩。

侵入岩组成成分以辉绿岩为主。侵入震旦系各个地层的形式以岩脉状顺层或者岩床为主，常由岩床变为岩脉，或由岩床向四周辐射岩脉。主要分布在羊圈子—小刘沟、后革镇堡—夏家村、石灰窑子—辽宁外贸仓库、姚家—南关岭、后盐村。

2）地质构造

大连的地质构造属于中朝准地台的辽东台隆内的三级构造区，构造形态错综复杂，褶皱构造、断裂构造是区内出现的两种构造形迹。

褶皱构造：主要发育在盖层（新元古界）中，多为紧密线型的向斜、倒转褶皱。按褶皱轴迹展布方向可分为东西向褶皱、北东向褶皱、北西向褶皱、平卧褶皱。

断裂构造：区内盖层中广泛发育脆性断裂，展布方向有东西向、北东向与北西向三组。

5. 研究区水文地质条件

1）地下水类型

根据含水介质及赋存条件，研究区地下水可分为松散岩类孔隙水、碳酸盐岩类裂隙岩溶水和基岩裂隙水三大类，同时可各自划分为两个富水等级。

2）地下水补给、径流、排泄条件

地下水的补给、径流、排泄受构造、地质、地貌、含水层特性、水文、气象等自然因素与人为因素的共同制约。

（1）松散岩类孔隙水。

松散岩类孔隙水主要分布在马栏河与凌水河河谷。地下水补给来源由于上游水库截流及城市化覆盖，以城市输水、排污管网渗漏补给为主，大气降水垂直入渗补给为辅。地下水径流除在局部因开采影响形成降落漏斗外，均呈天然状态由河谷上游向下游水平径流。松散岩类孔隙水的排泄方式主要包括人工开采、垂向蒸发与侧向径流入海。

（2）碳酸盐岩类裂隙岩溶水。

碳酸盐岩类裂隙岩溶水集中分布在北部的大连湾、南关岭、辛寨子、周水子、革镇堡一带。地下水补给来源以大气降水为主。在天然状态条件下，当含水层处于饱和状态时呈现与地形地貌相吻合的天然流场趋势，由丘陵流向丘间谷地。裂隙岩溶水的排泄方式主要包括人工开采、垂向蒸发与侧向径流入海。

（3）基岩裂隙水。

研究区基岩裂隙水分为层状块状岩类裂隙水和层状岩类裂隙水两类，分布南起凌水，付家庄、老虎滩海滨一带，北至周水子、南山等地。其主要补给来源为大气降水入渗。在城市中心区还存在城市供水管网和污水管网的渗漏补给。由于基岩裂隙的发育，大气降水除了沿地形坡降呈面状水流汇入季节性河道外，垂向渗入基岩裂隙含水层也有相当一部分。基岩裂隙水的排泄方式主要包括人工开采、垂向蒸发与侧向径流入海。

6. 研究区社会经济状况

大连市是中国重要的港口城市，是中国东北部重要的工业与商业中心、外贸进出口商品综合基地之一，也是中国著名的旅游城市。工业结构以石油、化工、纺织、机械、食品、冶金工业为主。据 2010 年 11 月 1 日统计数据，大连市总人口为 586.4 万人，年平均增长率为 1.28%。2011 年最新数据显示大连市的国民年生产总值为 6150.1 亿元，2002～2011 年的 GDP 增速均超过 13%，见图 8-5。

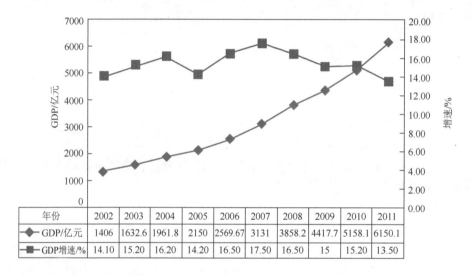

年份	2002	2003	2004	2005	2006	2007	2008	2009	2010	2011
◆ GDP/亿元	1406	1632.6	1961.8	2150	2569.67	3131	3858.2	4417.7	5158.1	6150.1
■ GDP增速/%	14.10	15.20	16.20	14.20	16.50	17.50	16.50	15	15.20	13.50

图 8-5　大连市 2002～2011 年 GDP 变化图

8.1.2　DRASTIC 评价体系及评价指标

目前，地下水脆弱性评价的主要方法有迭置指数法、地质背景值法、过程模拟法、模糊数学方法和统计法等。统计法和过程模拟法常用来评价地下水的特殊脆弱性，但均需要大量的数据。模糊数学方法常用来评价固有脆弱性，通过隶属函数来描述非确定性参数及指标，可在小比例尺下定量评价大范围的地下水脆弱性，其缺点是人为构造隶属函数具有很大的随意性，计算烦琐。迭置指数法指标数据容易获得，方法简单，容易掌握，但评价指标的分级标准和权重多靠经验获得，客观性和科学性较差，在实际使用中可利用数学方法对其改进以规避其缺点。

国内外在地下水脆弱性评价中普遍使用的迭置指数法模型是 DRASTIC 模型。DRASTIC 模型是 1987 年由 USEPA 和 NWWA 集合 40 多位经验丰富的水文地质学家合作开发而成，DRASTIC 具有迭置指数法简单易行的优点，其评价结果直观并可直接服务于决策过程（杨庆等，1999）。本章采用 DRASTIC 评价指标体系对大连市地下水固有脆弱性进行评价。

DRASTIC 模型评价方法有四个主要假定：污染物存于地表、污染物通过降雨入渗、污染物随水迁移、研究区面积大于 4047m^2。DRASTIC 评价体系选取 7 项评价指标，分别是 D（地下水埋深）、R（含水层净补给量）、A（含水层介质类型）、S（土壤介质类型）、T（地形坡度）、I（包气带介质类型）、C（含水层水力传导系数），DRASTIC 即是来自 7 个评价指标的英文首字母缩写（郑西来，2009）。

1. 地下水埋深

地下水埋深是指地表至承压含水层顶部或潜水位的深度。一般来说，地下水埋深越大，污染物迁移至含水层所需的时间就越长，污染物被空气中的氧氧化或自身衰减的可能性也越大，其脆弱性就越低。地下水的赋存形式为承压水、半承压水和非承压水，一般接近地表的非承压水被认为是脆弱性最高的含水层。承压含水层由于深入地下，具有自然防止污染物从地表入渗的条件，其脆弱性较低。对于半承压水含水层，其承压岩层也被称为渗透层，因此性质介于非承压含水层与承压含水层之间。从地下水埋深看，地下水脆弱性从非承压水、半承压水、承压水由高向低排序，同样地，其受污染后恢复的难度也由低向高依次排序。

2. 含水层净补给量

含水层净补给量是指单位面积内渗入地表并到达含水层的总水量。补给水可携带污染物垂直迁移至潜水并在含水层中水平迁移，同时控制着污染物在含水层和包气带中的稀释与弥散。补给入渗的水量越多，污染物由补给水带入潜水含水层的机会就会越多。

3. 含水层介质类型

含水层介质类型控制着污染物的渗流长度、渗流途径、与含水层介质接触的有效面积，同时也控制着污染物的吸附、弥散和各种反应衰减作用的可利用时间。一般来说，含水层介质颗粒越大、溶隙或者裂隙越多，渗透性越好，污染物的衰减能力就越低，其脆弱性就会越高。

4. 土壤介质类型

土壤介质是指包气带上部具有生物活动特征的部分。一般来说，黏土颗粒大、胀缩性大的土壤，其脆弱性就高；反之其脆弱性就低。DRASTICA 中评价的土壤层通常为距地表小于等于 2m 的地表风化层。对于某一区域的土壤由两种类型的土壤组成时，一般选择最不利的具有较高脆弱性的介质进行评分。此外，土壤中有机质的含量也是一个重要的因素，有机质的含量对污染物的迁移有着重要影响，特别是对农药的稀释影响更大，若评价区域多为耕地时可考虑这一因素对 DRASTIC 的评分值进行修正。

5. 地形坡度

地形坡度是指研究区地表的坡度或者坡度变化。地形坡度有助于控制污染物是渗入地下还是产生地表径流，尤其在除草剂或杀虫剂的使用使污染物易于积累的地区，地形坡度因素特别重要。为污染物的入渗提供较大机会的坡度，相应区段的地下水具有较高的脆弱性，反之则为低脆弱性。地形还会影响土壤的形成，因此对污染物的稀释程度也有影响。在 DRASTIC 的评价中假设坡度为 0%～2% 时，污染物和降水都不会流失，污染物的入渗机会也就最大，其脆弱性就高；当坡度＞18%时，地表径流很容易产生，其脆弱性也就低。

6. 包气带介质类型

包气带指的是潜水位以上非饱和水区或非连续饱和区。在 DRASTIC 中通过包气带介质类型这一指标反映其对地下水脆弱性的影响，包气带介质的类型决定着含水层和土壤层之间物质的稀释特性，生物降解作用、中和作用、化学反应等过程均发生在这一区域内。包气带介质还控制着渗流路径的长度和路线。一般来说，包气带介质颗粒越大，黏粒含量越低，其渗透性越好，吸附能力就越弱，污染物向下运移的能力就越强，地下水脆弱性就越高，反之，地下水脆弱性则越低。

7. 含水层水力传导系数

含水层水力传导系数在一定的水力梯度下控制着地下水流动的速率，同时也控制着污染物离开污染源的速率。水力传导系数越高，污染物越快速离开污染源进入含水层，因此脆弱性也就越高。水力传导系数可以用单井涌水量估计，也可以根据含水层的抽水试验计算得出。

本章采用陈守煜等（2002）给出的地下水脆弱性评价的 10 级语言值，越高则脆弱性越强，受污染的可能性就越大（表 8-5）。评价指标标准特征值、含水层介质类型的级别与特征值、土壤介质类型的级别与特征值、包气带介质类型的级别与特征值分别见表 8-6～表 8-9。

表 8-5　地下水脆弱性评价的 10 级语言值

级别	语言值
1	极难污染
2	很难污染
3	较难污染
4	略难污染
5	稍难污染
6	稍易污染
7	略易污染
8	较易污染
9	很易污染
10	极易污染

表 8-6　评价指标标准特征值表

指标	级别									
	1	2	3	4	5	6	7	8	9	10
地下水埋深(D)/m	30.5	26.7	22.9	15.2	12.1	9.1	6.8	4.6	1.5	0
含水层净补给量(R)/mm	0	51	71.4	91.8	117.2	147.6	178	216	235	254
含水层介质类型(A)	1	2	3	4	5	6	7	8	9	10
土壤介质类型(S)	1	2	3	4	5	6	7	8	9	10
地形坡度(T)/(%)	18	17	15	13	11	9	7	4	2	0
包气带介质类型(I)	1	2	3	4	5	6	7	8	9	10
含水层水力传导系数(C)/(m/d)	0	4.1	12.2	20.3	28.5	34.6	40.7	61.1	71.5	81.5

表 8-7　含水层介质类型的级别与特征值

类型	级别	特征值	类型	级别	特征值
块状页岩	1	1	块状砂岩、块状灰岩	6	6
裂隙发育非常轻微的变质岩或火成岩	2	2	层状砂岩、灰岩及页岩序列	7	7
裂隙发育中等的变质岩或火成岩	3	3	砂砾岩	8	8
风化变质岩或火成岩	4	4	玄武岩	9	9
裂隙非常发育的变质岩或火成岩、冰渍岩	5	5	岩溶灰岩	10	10

表 8-8　土壤介质类型的级别与特征值

类型	级别	特征值	类型	级别	特征值
非涨缩和非凝聚性岩土	1	1	砾质亚黏土	6	6
垃圾	2	2	涨缩或凝聚性黏土	7	7
黏土质亚黏土	3	3	泥炭	8	8
粉砾质亚黏土	4	4	砂	9	9
亚黏土	5	5	砾	10	10

表8-9　包气带介质类型的级别与特征值

类型	级别	特征值	类型	级别	特征值
承压岩	1	1	层状灰岩、砂岩、页岩	6	6
页岩	2	2	含较多粉砂和黏土的砂砾	7	7
粉砂或黏土	3	3	砂砾	8	8
变质岩或火成岩	4	4	玄武岩	9	9
灰岩、砂岩	5	5	岩溶灰岩	10	10

8.1.3　熵权法确定评价指标权重

熵原本是一热力学概念，最先由 C. E. Shannon 引入信息论，称之为信息熵。信息熵是一个独立于热力学熵之外的概念，但具有热力学熵的基本性质，如极值性、可加性和单值性，并且具有更为广泛的意义，所以称为广义熵。它是熵的概念和理论在非热力学领域广泛应用的一个基本概念。熵权法是一种客观赋权方法。在具体使用过程中，熵权法根据各指标变异的程度，利用信息熵计算出各指标的熵权值，再通过熵权值对各指标的权重进行修正，从而得出较为客观的指标权重（张保祥等，2009；张少坤等，2008；陈建珍等，2005；邹志红等，2005）。

设 m 个评价样本 n 项指标构成初始矩阵 $(X_{ij})_{m \times n}$（$i=1, 2, \cdots, m; j=1, 2, \cdots, n$），利用式（8-1）和式（8-2）进行标准化处理，得标准化矩阵 $Z = (Z_{ij})_{m \times n}$。

$$z_{ij} = \begin{cases} X_{ij} / (X_{ij})_{\max}, & \text{其中} M_j \text{为正向指标} \\ (X_{ij})_{\min} / X_{ij}, & \text{其中} M_j \text{为负向指标} \end{cases} \qquad (8\text{-}1)$$

$$Z_{ij} = \frac{z_{ij}}{\sum\limits_{i=1}^{m} z_{ij}} \qquad (8\text{-}2)$$

根据式（8-3）和式（8-4）计算可得第 j 项评价指标的信息熵值 q_j 和权重 W_j：

$$q_j = -k \sum_{i=1}^{m} z_{ij} \ln Z_{ij} \qquad (8\text{-}3)$$

$$W_j = \frac{1 - q_j}{\sum\limits_{j=1}^{n} (1 - q_j)} \qquad (8\text{-}4)$$

式中，$k=[\ln m]^{-1}$，m 为系统的样本值。

8.1.4　地下水脆弱性评价结果

利用式（8-1）、式（8-2）对大连市 199 个水井数据的 7 项样本指标进行标准化处理，得标准化矩阵 $Z = (Z_{ij})_{m \times n}$。然后根据式（8-3）和式（8-4）分别计算各项评价指标的信息熵值和权重值，结果见表 8-10。分配权重后对地下水脆弱性 DRASTIC 进行加权评价，结果见表 8-11。

表 8-10　大连市地下水脆弱性评价指标信息熵和权重值

参数	地下水埋深 (D)/m	含水层净 补给量 (R)/mm	含水层介质 类型 (A)	土壤介质 类型 (S)	地形坡度 (T)	包气带介质 类型 (I)	含水层水力 传导系数 (C)/(m/d)
熵	0.9182	0.9793	0.9970	0.9796	0.9118	0.9611	0.7344
权重	0.1578	0.0400	0.0057	0.0394	0.1700	0.0750	0.5122

表 8-11　大连市地下水脆弱性评价结果

序号	所在区域	D	R	A	S	T	I	C	得分	级别
1	土城子	23.24	83.3	9	10	6	10	0.064	3.360	IV
2	苏家村	42	222.12	10	5	5	1	8.8	2.680	III
3	大连湾	25	138.83	10	7	5	10	0.4	3.117	IV
4	大连湾	7	222.12	10	5	5	10	37.18	6.351	VII
5	革镇堡	17.5	333.18	9	5	5	10	0.29	3.391	IV
6	南关岭	58.65	83.3	8	7	10	10	0.001	3.561	IV
7	后关	27.66	388.71	9	5	10	10	17.45	4.950	V
8	大连湾	11	138.83	9	5	5	10	0.8	3.506	IV
9	夏家河子	2	472.01	4	5	5	1	2.64	4.326	V
10	棋盘磨	19.47	333.18	9	10	5	10	0.149	3.587	IV
⋮	⋮	⋮	⋮	⋮	⋮	⋮	⋮	⋮	⋮	⋮
213	中山区	56.2	132.41	8	5	3	1	0.9978	1.697	II
214	中山区	78.95	233.23	6	2	10	1	0.0048	2.877	III
215	中山区	26.5	233.23	6	10	15	1	0.73	4.200	V
216	大连湾	12	138.83	9	5	5	10	0.4	3.506	IV
217	大连湾	7	138.83	9	5	5	10	0.5	3.664	IV
218	大连湾	9	138.83	9	6	3	10	0.3	3.363	IV
219	大连湾	20	138.83	9	10	10	10	0.2	4.238	V
220	中山区	5	233.23	8	6	5	7	0.02	3.750	IV
221	中山区	28	233.23	7	10	20	7	0.03	5.506	VI

8.1.5　基于 GIS 的大连市地下水脆弱性评价结果分析

ArcGIS 作为一个可伸缩的平台，无论是在室内或野外都可以为个人或群体用户提供 GIS 功能（宋小东等，2007）。其强大的空间分析能力使得 ArcGIS 在测绘、地图制图、城乡规划、资源管理、灾害预测等方面得到广泛的应用（李宝兰，2009）。以大连市地下水脆弱性评价结果为基础，利用 ArcGIS 工具对数据进行空间分析，使其转化为图形并输出结果，有助于对大连市地下水脆弱性进行深入研究，为制定水污染防治策略提供更加直观的依据。

1. 地下水埋深图

研究区内有非承压水、承压水、半承压水和微承压水四种类型。根据水文地质勘查资料，直接将半承压水和微承压水简化为承压水和潜水，对承压水其地下水埋深指的是地表到含水层顶板的距离；对于非承压水，即潜水地下水水位为等水位线深度。研究区的地下水埋深评分图，如图 8-6 所示。图 8-6 显示大连市地下水埋深在 7.05～43.57m，其脆弱性评分为 1～7 分，不同的颜色表示了不同等级的脆弱性，在地下水埋深较深的地区，其地下水不易受污染。从地下水埋深数据来看，大连市区的地下水平均埋深为 22.87m，地下水埋深数值最大的水井点位于大连市南部，埋深为 43.57m，出现最小值的水井点位于北部的海茂村。从总体来看，大连市中部丘陵间沟谷地带及市内三区半岛低洼地区地下水埋深较深，脆弱性评分值较低。其他大部分地区地下水埋深都较浅，地下水脆弱性评分值较高，受污染的可能性较大。

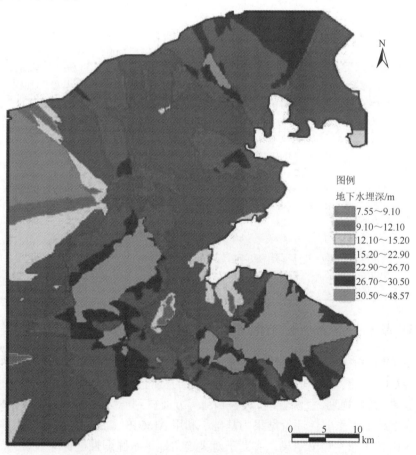

图 8-6　大连市地下水埋深评分图（见书后彩图）

2. 含水层净补给量图

　　研究区内的含水层净补给量由大气降水、农业灌溉水回渗、地表河流和污水排放补给，其中大气降水补给为主要补给方式，大连市三面濒海，受雨季暖湿气流的影响其降水量十分可观。此外城市供水管网的覆盖也提供了一些供水管网渗漏补给。图 8-7 是利用 ArcGIS 绘制的大连市含水层净补给量评分图。大连市含水层净补给量的脆弱性评分在 6～10 分，这表明大连市在含水层净补给量的脆弱性评分中整体分值较高，易受污染物的影响。最小的含水层净补给量出现在北部的土城子镇仅为 83.3mm，评分值的最大含水层净补给量值出现在大连市西北部南关岭至革镇堡灰岩低洼一带。

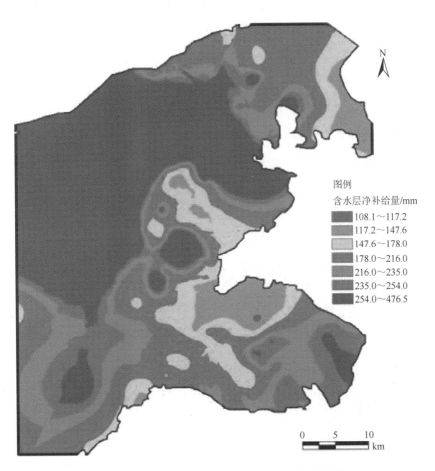

图例

含水层净补给量/mm

- 108.1～117.2
- 117.2～147.6
- 147.6～178.0
- 178.0～216.0
- 216.0～235.0
- 235.0～254.0
- 254.0～476.5

图 8-7　大连市含水层净补给量评分图（见书后彩图）

3. 含水层介质类型图

根据研究区以往的勘查研究报告和钻孔资料，基本查清了研究区域含水层岩性分区和空间变化规律，大连市的地下水赋存介质包括第四纪松散岩类、白云质灰岩、岩溶灰岩、板岩、页岩、白云岩、辉绿岩、千枚岩和泥质灰岩等，同时包括了沉积岩类、变质岩类和岩浆岩类，且都具有一定的风化程度。含水层介质岩性分区如图 8-8 所示，由评分图可以清晰地看出，大连市岩性介质的脆弱性被分为南北两个区域，北部以白云质灰岩、岩溶灰岩、白云岩为主的区域，评分值在 9~10 分，表明这一区域污染物下渗进入含水层的可能性较大。而周水子以南的区域含水层介质则以页岩、石英岩、千枚岩、板岩为主，其评分值在 6~8 分。

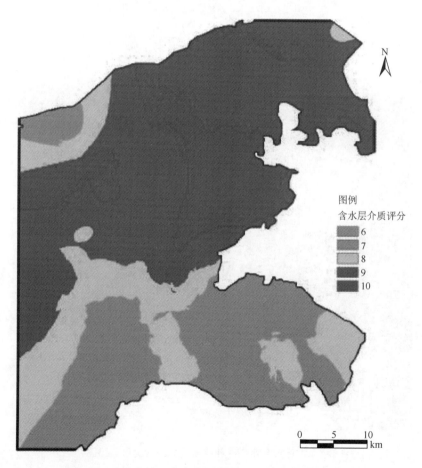

图 8-8　大连市地下水含水层介质评分图（见书后彩图）

4. 土壤介质类型图

土壤介质类型可以通过代表性钻孔资料、第四纪岩类分布情况、地貌图、以及土壤普查资料得到。大连市土壤介质评分如图 8-9 所示，从图中可以看出，大连市大部分地区的土壤介质评分值都在 5～8 分，土壤类型多为亚黏土、砂质亚黏土和粉砂质黏土。而在中山广场、青泥洼桥、西岗区人民广场一带的土壤介质评分值为 4～5 分，这是因为在城市人口密集的住宅区和商业区，大部分区域被道路和建筑所覆盖，降水入渗难度很大，地下水受污染的难度也就越大，因此评分值较低。

图 8-9　大连市土壤介质评分图（见书后彩图）

5. 地形坡度图

大连市地处低山丘陵地带，地形在整个研究区范围内起伏变化较大，地下水脆弱性地形坡度指标评分，如图 8-10 所示，评分值遍布 1～10。坡度大于 18°的区域主要为东南部的台子山、南部的绿山、白云山一带。沙河口区中北部、后盐、辛寨子镇一带区域地形相对平缓。滨海地带的地形坡度在 6°～18°。

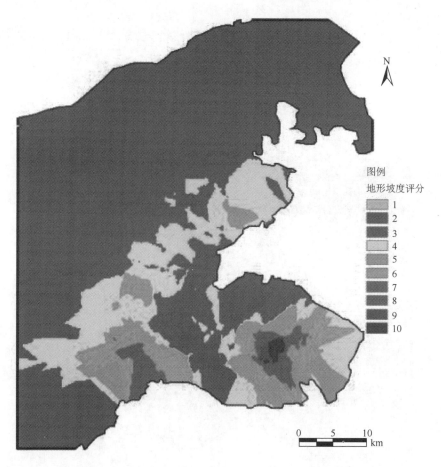

图 8-10　地下水脆弱性地形坡度评分图（见书后彩图）

6. 包气带介质类型图

大连市包气带介质类型评分，如图 8-11 所示，图中显示大连市沙河口中心区与中山广场、大连港一带包气带介质类型评分最低，评分在 3～4。大连市包气带

介质类型的高评分区出现在北部南关岭、泉水、后革一带的岩溶灰岩区，评分为
8~10 分。其他地段的包气带介质包括黏土、粉砂、泥灰岩、千枚岩、页岩、板岩、
辉绿岩等。

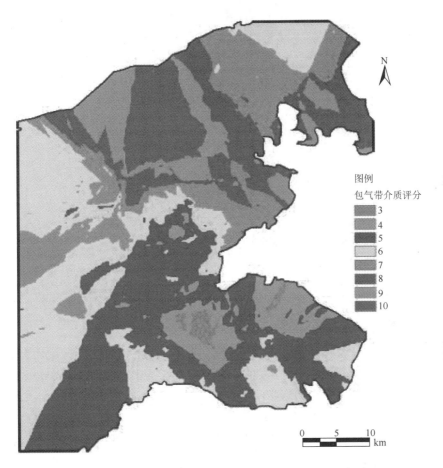

图 8-11　地下水脆弱性包气带介质类型评分图（见书后彩图）

7. 含水层水力传导系数图

通过公式 $C=T/M$ 求出各数据点含水层的水力传导系数 C：T 为水力系数，是
根据水文地质勘查中非稳定流抽水实验计算的，M 是含水层顶板之上的地下水水
位高度。利用 ArcGIS 中的克里金插值法，将点数据转化为面数据，含水层水力
传导系数评分，如图 8-12 所示。

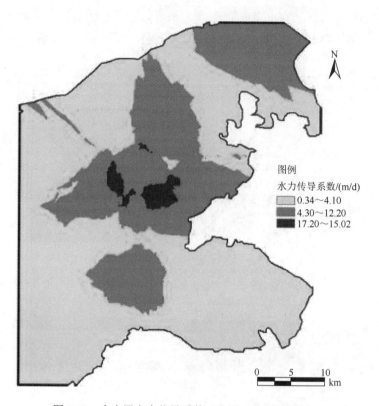

图 8-12　含水层水力传导系数评分图（见书后彩图）

　　从图 8-12 可以看出，大连市地下水水力传导系数评分在南北区域均为最小值分布，北部在洪家窝棚村、松山建材市场一带岩溶发育程度较小的灰岩区；南部分布在凌水、白云山、台山一带，以板岩、页岩等为含水层的区域，水力传导系数评分值为 3，具体值为 0.11m/d。含水层水力传导系数的最大评分值达到 10 分，出现在南关岭火车站以南，具体值为 89.5m/d，含水层为岩溶灰岩区。

　　8. 基于熵权法的 DRASTIC 模型地下水脆弱性评价图

　　将 DRASTIC 的 7 个指标加权后叠加，得到大连市地下水脆弱性的总评价结果，见图 8-13。从图中可以看出，大连市地下水脆弱性总体评分在 1.74～5.12，总体脆弱性较低。相对高脆弱性的区域出现在周水子—南关岭—革镇堡一带。脆弱性相对较低的区域出现在西岗区中部、中山区中北部和凌水街道东南部一带。其他区域的地下水脆弱性相对中等，并且以周水子—泉水一线为界限呈现出南北差异性。

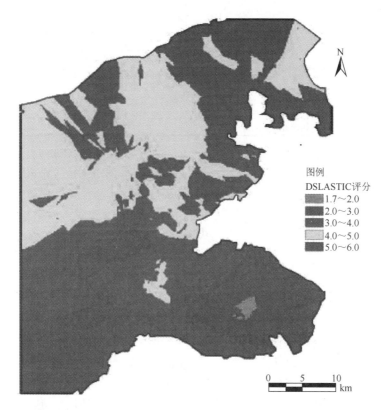

图 8-13　基于熵权法的地下水脆弱性评价分区图（见书后彩图）

8.2　大连市地下水污染源等级划分

随着大连市的经济不断发展，工农业水平不断进步，人口数量也呈现爆炸式增长。在人民生活水平不断提高的同时，能够对地下水产生污染的污染源在数量和种类上也有所增加，地下水受污染的威胁在持续增大。因此，进行污染源调查与分级有利于掌握大连市地下水污染源的基本信息，能够对地下水污染的治理、控制提供有效的依据。

8.2.1　地下水污染源调查与方法

1. 地下水污染源类型

引起地下水污染的各种物质来源称为地下水污染源。污染源的分类方法各异，按污染源的形成原因可分为自然污染源和人为污染源（郑西来，2009），如表 8-12 所示。

表 8-12　污染源分类

分类	主要原因
自然污染源	咸水、海水、含盐量高及水质较差的其他含水层中地下水进入开采层
人为污染源	农业活动污染源：施用农药、施用化肥和农家肥、污水灌溉等 矿业活动污染源：尾矿淋滤液、矿坑排水、矿石洗选等 城市废液废物污染源：地表径流、生活污水、工业废水等 城市固体废弃物污染源：生活垃圾、工业固体废弃物、污水处理厂、排水管道及地表水体的污泥等

按照污染源发生污染作用的时间动态特征可分为连续性污染源、间断性污染源和瞬时性污染源，这种分类方法对评价和预测污染物在地下水中的运移是必要的。按照产生污染物的行业部门或活动可分为工业污染源、农业污染源和生活污染源。按污染源的空间分布特征可分为点状污染源、带状污染源和面状污染源，此分类方法便于评价、预测地下水污染的范围，以便采取相应的防治措施。本章采用的地下水污染源分类是以产生污染物的行业分类和空间分布分类相结合的分类方法，将地下水污染源分为六种类型。

自然污染源：主要包括微生物、微量元素、放射性物质、非有机质和有机质。自然污染源以面状污染源的形式存在。

农林污染源：主要包括化肥和农家肥的施用、农药的施用、污水灌溉、植物残余物、动物废物等。农林污染源多以面状的污染源形式存在。

生活污染源：包括固体废弃物堆放场、生活污水的排放和储存、污水管道、城市地面径流等。其中固体废弃物堆放场、污水相对集中的污水处理厂以点源的形式存在，污水管网以带状污染源的形式存在。

工矿业污染源：主要包括矿坑水、污水、尾矿、固体废弃物、回灌井、储存罐的溢流与泄露等。在大范围比例尺的条件下，工矿业污染源一般以点源的形式存在。

水管理失误：主要包括水利工程设计不当、海水入侵、咸水上移、废井管理不当、土地未加限制地开发利用等。其中海水入侵为面状污染源，在沿海地区的地下水污染源灾害评价中，是一个重要的指标。

其他污染源：主要包括交通事故、自然灾害和大气污染等。

2. 地下水污染源调查方法

查清污染源是地下水污染防治的前提，地下水污染源调查是调查进入地下水中的污染源的位置、规模和数量。因此，进行地下水污染源调查的过程是一个循序渐进的过程，必须经历收集资料、现场勘查、确立初步的污染源分布模型、制定严密的工作预案、进行基础调查和实验几个步骤，正确认识上述问题，对于提高地下水污染源调查的质量有重要意义。USEPA 在 1991 年颁布了污染源调查的流程（周仰效等，2008），如图 8-14 所示。

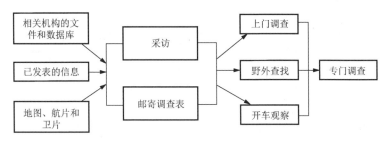

图 8-14　USEPA 污染源调查流程与方法

8.2.2　地下水污染源分级方法

目前对地下水多种污染源综合作用下的地下水污染源灾害分级的方法还比较少，较为普遍的是简单评判法和详细分级法。

1. 简单评判法

简单评判法是一种较为简单的对地下水综合污染源进行分级的方法，它应用当前的污染源类型及污染源所处含水层的位置信息评价其可能对地下水造成的污染威胁。这种方法应用简单方便，且对数据量的要求较低。简单评判法的评价结果可用于提高公众保护地下水的意识，也可作为政府职能部门防治地下水污染的依据。基于简单评判法的污染源灾害分级体系，如表 8-13 所示。此分级体系中，将地下水污染源的灾害等级分成低、中、高三个级别（李玲玲，2010）。

表 8-13　基于简单评判法的污染源灾害分级体系

污染源类型	地下水污染灾害等级		
	低	中	高
自然污染源	在水文地球化学过程中引起的地下水在美学、味觉、嗅觉等方面的问题。利用简单治理方法可以解决的污染源	在水文地球化学过程中引起的地下水在美学、味觉、嗅觉等方面的问题，在技术上与经济水平上较难治理的污染源	在水文地球化学过程中产生有害污染物质的浓度高于健康饮用水标准的污染源
农林污染源	传统的生产耕作方式；存在广泛的畜牧种植区	适度地使用化肥、农药；适量地灌溉	农业生产活动密集，化肥、农药使用量较高，施用时间长且施用广泛
生活污染源	人口密度低，区域土地利用类型为绿地	人口密度高，区域土地利用类型为绿地；人口密度低，区域土地利用类型为耕地	人口密度高，区域土地利用类型为城市商业区或居住区
固体废弃物污染源	惰性工业废弃物	少量生活废弃物	处理大量生活废弃物城市垃圾填埋场；工业危险废物或易发生化学反应的废物、混合废弃物等
污水处理厂	—	其他污水处理设施	氧化塘、污水渗透池、湿地等
工业污染源	化工业、金属的加工、石油和天然气业、精炼业、石油化学制品业；制药厂、涂料业等	农业产品加工业、电子业、金属材料加工、洗涤剂制造业、造纸业等	食品和饮料业，纺织工业（如有洗染流程，则级别为高），木制品业（如有喷漆流程，则级别为高）等

污染源类型	地下水污染灾害等级		
	低	中	高
矿业污染源	矿业污染源灾害分级主要取决于开采矿物的类型，对于放射性物质、硫化矿、煤矿等，级别为高	矿业污染源灾害分级主要取决于开采矿物的类型	矿业污染源灾害分级主要取决于开采矿物的类型
水管理失误	基于具体的水文地质条件进行专家判断。可能的污染源包括不合理的井（场地）的设计、海水入侵、不加节制地土地开发、水坝建设、集中的局部回灌等，灾害级别从高到低不等		

2. 详细分级法

详细分级法在调查污染源的污染物类型、污染物总量、污染物堆放方式、地层对污染物的自净作用和污染物向地下水的迁移途径基础上对污染源的灾害进行分级，其成果有助于对污染源的治理和地下水源的保护。Foster 和 Hirata 在 1988年提出了一个污染源的详细分级方法（Foster et al.，1988）。该分级方法利用污染源的主要特性：①污染物分类（降解和吸附程度）；②污染物堆放形式（在含水层的位置和淋滤水量）；③污染物总量（污染物浓度与补给量的影响）；④污染物存在时期（堆放时期和产生污染物的概率）。

图 8-15 表示利用上述 4 个主要特性对污染物原分级的矩阵评价方法。

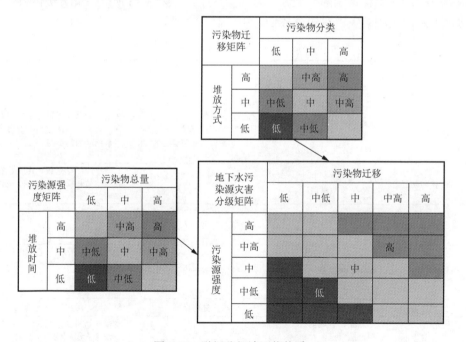

图 8-15　详细分级法评价体系

8.2.3　大连市地下水污染源分级

经调查大连市区范围内地下水污染源可分为农林污染源、生活污染源、工矿业污染源、固体废弃物污染源及水管理失误等，其中水管理失误在研究区主要体现为海水入侵这一类污染源。本书在地下水污染源灾害分级评价中，采用简单评判法与详细分级法相结合的方法，将大连市地下水污染源三个级别评分分别设定为 2、5、8（简单评判法），9 个级别评分分别设定为 1～9 分（详细分级法）。分别对各污染源进行评价，最后叠加合成地下水灾害分级图。

1. 农林污染源

农林污染源有牲畜和禽类的粪便、农药、化肥及农业灌溉引来的污水等。这些都会随着下渗水流污染土壤和地下水。

（1）农药。

农药是用来控制、杀灭或减轻病虫害的物质，其中包括杀虫剂、杀菌剂与除草剂等，与地下水污染有着密切关系的三大重要杀虫剂品种是有机氯（滴滴涕和六六六）、有机磷（1605、1059、苯硫磷和马拉硫磷）和氨基甲酸酯。有机氯的特点是化学性质较为稳定，短时间内不易分解，易溶于脂肪，可在脂肪内积累，有机氯目前是可造成地下水污染的主要农药成分。有机磷较为活跃，易水解，残留性较小，在动植物体内不易蓄积。氨基甲酸酯是一种新的污染物，一般属于低残留农药。从地下水污染的角度来看，大多数除草剂在中低浓度时对植物具有毒性，在高浓度时则对人类和牲畜产生毒性。农药以喷剂、细粒和团粒形式对农田施用，经地表向地下水渗透。

调查表明大连市 2005～2010 年农药使用量呈现逐年增加的趋势。2010 年大连市的农药使用量达到 12121t，2010 年农药使用量比 2005 年增加了 24%。但农药使用效率仅为 20%～30%，大部分农药通过地表径流和土壤渗漏进入地下水与周围环境中，不仅对地下水造成污染，对地表径流也造成极大的危害（张令，2012）。

（2）化肥。

化肥分为有机氮肥、磷肥和钾肥。当化肥随降水经淋滤进入地下水时，就成为严重的污染物，其中氮肥是引起地下水污染的主要物质。大连市 2010 年化肥的施用量是 16.1 万 t，平均施用量为 $355kg/hm^2$，超过发达国家防止化肥污染水体的安全上限（$255kg/hm^2$）39.22%，而化肥的实际利用率很低，如氮肥利用率仅为 30%～35%，磷肥的利用率仅为 10%～25%。大量化肥的使用既加重了地表的富营养化又对浅层地下水造成污染，严重影响了当地居民的用水安全。

（3）动物废物。

动物废物是指与畜牧业有关的各种废物，其中包括动物的粪便、垫草、洗涤剂、倒掉的饲料以及丢弃的动物尸体。动物废物中含有大量的、种类多样的细菌和病毒，同时含有大量的氮元素，这些都将会对地下水造成污染。近年来随着大连市畜牧业快速发展，养殖规模不断扩大，动物废物已经成为大连市农村面源污染的主要来源之一。

（4）植物残余物。

植物残余物包括农田或场地上的农作物残余物、草场中的残余物以及森林的伐木碎片等，这些残余物的需氧特性都有可能会危害地下水水质。

（5）污水灌溉。

目前，中国城市污水回用于农田灌溉的比例很高，其中 50%～60%为工业用水，其余为生活用水。灌溉污水中含有多种有毒有害的物质，如持久性有机污染物、重金属等，它们会不断在土壤中累积，并随雨水入渗向下迁移进入地下含水层，从而对土壤及地下水造成较严重的污染。

综合考虑大连市农林污染源的特点，对其评价为 5 分，属于中等地下水污染灾害。

2. 生活污染源

随着生活水平的不断提高和人口数量的增长，大连市居民排放的生活污水量也在逐渐增多。生活污水中的污染物包括来自人体的排泄物、腐烂的食物、肥皂和各种洗涤剂等。此外，来自科研、文教单位的废水成分十分复杂，常含有多种有毒物质。医疗部门排放的污水中则含有大量的细菌、病毒、病原菌、寄生虫卵等，这是流行病和传染病的重要来源之一。生活污水的具体成分取决于产生污水人群的习惯、当地的气候条件及经济发展水平。通常情况下其污染物排放系数见表 8-14。

表 8-14　生活污水污染物排放系数　　　[单位：kg/(a·人)]

类别	COD_{cr}	BOD_5	NH_3-N
城市居民生活污水	7.3	4.42	0.44
农村居民生活污水	5.84	3.39	0.44

注：化学需氧量（chemical oxygen demand，COD）；生化需氧量（biochemical oxygen demand，BOD）

生活垃圾填埋场对地下水水质污染有着十分重要的影响，是重要的地下水污染源之一。生活垃圾渗透液中除了含有低分子量的挥发性脂肪酸、中等相对分子量的富里酸类物质和高相对分子量的胡敏酸类等主要有机物外，还含有众多微量有机物，如卤代烃、酚类、邻苯二甲酸酯类、烃类化合物、苯胺类化合物等。垃圾填埋场是生活垃圾最集中的地方，如果防渗结构不合理或垃圾渗滤液处理不达标，都会使垃圾中污染物进入地下水造成污染。

大连市土地面积 12573.85km^2，2010 年人口约为 586.4 万人，人口密度为 466 人/km^2，总体处于全国各城市的前列，而市中心区域的人口密度则达到 8822 人/km^2（中山区）、12829 人/km^2（西岗区）和 18524 人/km^2（沙河口区）。城市居住区人口密度极大，污水排放量也随之较大，2010 年大连市城市污水排放量达到 29583 万 t，污水排放处理量为 95%。而农村地区的污水大都没有污水收集系统，大部分生活污水直接排入村中沟渠然后蒸发或下渗，对地下水造成严重污染。大连市人口密度分布见表 8-15。

表 8-15　大连市人口分布表

分区名称	土地面积/km^2	人口数量/人	人口密度/(人/ km^2)
中山区	40.10	353775	8844
西岗区	23.94	307123	12797
沙河口区	34.71	642954	18370
凌水	52	135000	2596
红旗	68	100000	1471
辛寨子	36	22879	636
革镇堡	51	54000	1059
南关岭	31	29297	945
大连湾	70	34763	497

大连的土地利用方式主要为绿地、农用地和城市用地。由于地处丘陵多山地带，大连的城市居住区相对较为集中，绿地、林地范围分布广泛，农用地主要分布在大连市中心以北的地区，呈带状零散分布在远离海岸线的谷地。因此，参照简单评判法采用表 8-16 对生活污染源地下水污染灾害进行分级与评分。

表 8-16　生活污染源地下水污染灾害分级与评分

地下水污染灾害分级		土地利用方式		
		绿地	耕地	城市居民、商业区
人口密度	高	中（6）	高（8）	高（9）
	中	低（3）	中（5）	高（7）
	低	低（1）	低（2）	中（4）

注：括号内为其污染源灾害评分值

3. 工矿业污染源

工矿业污染源是地下水污染的主要来源之一，其中未经处理的污水与固体废弃物的淋滤液，通过降雨入渗的过程直接渗入地下水中，给地下水造成严重的污染。工矿业污染源可细分为三类，即在工业和矿业的设计、勘查、生产、运输过程中产生的废渣、废水和废气。工矿业的行业不同、生产工艺不同，其排出的污染物也不同（表 8-17）。

表 8-17　工矿业污染源地下水灾害分级评分

用水量/(m³/d)	地下水污染潜势指数		
	1	2	3
[1000, +∞)	中（4）	高（7）	高（9）
(100, 1000)	低（2）	中（5）	高（8）
(50, 100]	低（1）	中（3）	中（6）

注：括号内为其污染源灾害评分值

　　工业废水是地下水的主要污染源，它们种类多、排放量大，污染物组成成分复杂，毒性和危害都比较严重且难以处理。工业废气中所含的污染物随着大气降水的过程落在地表，进而渗入地下，污染土壤和地下水。工业废渣中含有多种有毒有害的污染物，无论露天堆放或是填埋，都会因雨水的淋滤而渗入地下水中。

　　除此之外，工矿业污染源中还包括储存装置和运输管道的渗漏和事故类污染源。储存罐或储存池常用来储存石油、化学品或污水，特别是地下油库、油管等的渗漏和流失常常成为地下水污染的重要污染源（表 8-18）。这种渗漏可能是长期的、连续的、难以被人发现的污染源。事故类污染源又称为偶然性污染源，因此缺少防备，往往对地下水造成严重污染。2010 年大连新港附近的一条石油输油管道发生爆炸，大量石油进入周围水体中，造成了严重的环境污染，对大连地区的地下水造成了难以估算的污染。

表 8-18　工矿业污染源分类

工业部门	污染源	主要污染物		
		固体	液体	气体
动力工业	火力电站	粉煤灰	冷却用水废水	粉尘、SO_2、NO_x、CO 等
	核电站	核废料	放射性废水	放射性粉尘
冶金工业	黑色冶金业，包括选矿、炼焦、炼钢、炼铁、轧钢等	矿石渣、冶炼废渣	多环芳烃类化合物、酚、氰、酸性洗涤水、冷却水	粉尘、SO_2、NO_x、CO 以及重金属烟尘等
	有色金属冶金业、包括选矿、冶炼等	冶炼废渣	含重金属的废水、酸性废水等	
化学工业	有机和无机化工品、化学肥料、合成橡胶、化学纤维、油漆、塑料、农药、医药等的生产	—	各种盐类、Hg、As 氰化物、酚、苯类化合物、醛类化合物、多环芳烃类化合物等	SO、CO、H_2S、NO_x、F 等

续表

工业部门	污染源	主要污染物		
		固体	液体	气体
石油化工业	炼油、蒸馏、催化等工艺过程、合成有机化学产品等	—	油类、酚类等各种有机物	石油气、H_2S、烯烃、烷烃、苯类化合物、醛、酮等
纺织印染业	棉纺、针纺、毛纺、针织、印染等	—	染料废水、酸、碱、硫化物及各种纤维状的悬浮物	—
制革工业	皮革、毛发的鞣质	纤维废渣	含有 S、氯化钠、硫酸和有机物	
采矿工业	矿山剥离、采矿、选矿等	碎石、废矿石	矿坑水、矿坑排水，重金属废水	—
造纸业	纸浆、造纸	—	碱类物质、酸类物质、悬浮物等	烟尘、二氧化硫、硫化氢等
食品加工业	肉类、油类、乳制品、水产、酿造等加工生产	—	营养元素有机物、病原菌、病毒、细菌、真菌等	—
机械制造业	交通工具、农机的制造、修理、锻压、铸件，金属制品、工业设备等的制造	金属加工碎屑	酸性废水、电镀废水、油类等	SO_2、烟尘
电子及仪器仪表工业	电子元件、电信器材等的生产	—	酸性废水、重金属废水、电镀废水等	氰化物、铬酸和少量有害气体
建材工业	石棉、玻璃、耐火材料、烧窑业，以及各种建筑材料加工	炉渣	悬浮物	SO_2、CO 以及各种粉尘

对大连市工矿业的地下水污染灾害评价主要考虑工业活动排放的污水量和污水的水质，工矿业活动产生的污水水质评价采用地下水污染潜势指数定性评价污水的水质等级，见表 8-19。

表 8-19　常见工业活动化学特征和污染潜势指数评分

工业类型	盐度负荷	营养负荷	有机负荷	碳氢化合物	大肠杆菌	重金属	合成有机物	污染潜势指数
钢铁	I	I	II	II	I	II	II	2
金属加工	I	I	I	I	I	III	III	3
机械加工	I	I	I	III	I	III	II	3
有色金属	I	I	I	I	I	III	I	2
非金属矿物	III	I	I	I	I	I	I	1
石油提炼厂	I	II	III	III	I	II	III	3
塑料制品	III	I	II	II	I	I	III	3
橡胶制品	II	I	II	I	I	II	II	2
有机化学品	II	I	II	III	II	II	III	3

工业类型	盐度负荷	营养负荷	有机负荷	碳氢化合物	大肠杆菌	重金属	合成有机物	污染潜势指数
无机化学品	II	I	I	I	I	III	I	2
制药	III	II	III	I	II	I	III	3
木工	II	I	II	I	I	I	II	1
纺织厂	II	II	II	I	I	I	II	2
造纸	I	II	II	I	I	I	II	2
制革业	III	II	II	I	I	I	II	3
农药业	II	I	I	I	I	I	I	3
肥皂盒洗涤制品	II	I	I	II	II	I	I	2
食品饮料业	II	III	III	I	III	I	I	1
化肥业	III	III	I	I	I	I	I	2
糖和酿酒业	III	III	III	I	I	I	I	2
电力工业	I	I	I	III	I	III	II	2
电器和电子业	I	I	I	III	I	II	III	3

注：符号 I、II、III 代表其产生污染物的等级为低、中、高

根据工矿业活动类型、工矿业活动用水量和地下水污染潜势指数，对大连市工矿业污染源进行地下水污染灾害分级，评价结果如下。

根据企业的地下水污染潜势指数和企业用水量评价其地下水污染等级评分为 1～9 分不等，根据其用水量利用 ArcGIS 的缓冲区功能对其划定影响范围，即可确定其地下水污染灾害等级和范围。

4. 固体废弃物污染源与污水处理厂

固体废弃物产生的渗滤液是指在废弃物堆放或填埋过程中由于发酵和雨水的淋滤、冲刷，以及地表水或地下水的浸泡而滤出的污水。它是地下水污染的重要来源，直接影响着固体废弃物填埋场附近的地下水质量。固体废弃物的地下水污染灾害评价主要取决于两个因素：一是固体废弃物的渗滤液体积；二是固体废弃物渗滤液的组成部分，这主要决定于固体废弃物的来源、组成，以及固体废弃物发生的物理、化学和生物反应。

大连毛茔子垃圾填埋场位于金州区西南部的金州湾沿线，距今已有 20 多年的历史，是大连市中心城区唯一规范化的垃圾填埋场，距离中心城区 33km。目前，毛茔子垃圾填埋场占地 1.03km^2，规划占地 7.45km^2，每天承担着 2700t 垃圾填埋任务，其中生活垃圾约占 84%、无毒工业废渣约占 16%，平均每天产生的垃圾渗滤液 200～300m^3。截至 2010 年，毛茔子垃圾填埋场应急工程和垃圾渗滤液处理

工程已经实现了生活垃圾的无害化处理，建立了生活垃圾焚烧发电工程，毛茔子垃圾老填埋场已经封场覆盖（黄勇，2010）。大连市年均降水量为 607mm，根据大连市地下水脆弱性评价中的相关数据，毛茔子垃圾填埋场范围年均降水量在 230～250mm。因此对大连毛茔子垃圾填埋场的地下水污染灾害等级评价为中等（5 分）。

城市污水处理厂是城市污水减排的重要设施。目前，大连全市共建成污水处理厂 29 座，其中市区内的污水处理厂为 10 座，城市污水处理率达到 95%以上。但由于污水收集、污水处理厂工艺设备技术及运营管理等原因，2010 年大连市全年达标排放的污水处理厂不足 50%。在对污水处理厂的地下水污染源灾害评价中，根据污水处理的工艺技术和污水处理量两个方面，可分别对大连市区的污水处理厂评价其污染源等级。

5. 水管理失误

本章在大连市地下水污染灾害分级中，主要考虑海水入侵的因素。海水与地下水矿物中的矿物含量差别巨大，海水的矿化度含量高于地下水，如果在近海岸发生海水入侵现象地下水质将发生明显变化。导致海水入侵的因素可分为自然因素和人为因素。自然因素中海水入侵的主要原因是气候变化和滨海区的水文条件；人为因素是指沿海地区对地下水的超量开采，导致地下水水位下降，引起海水倒灌的现象。海水入侵是海岸带严重的地质灾害之一。根据《生活饮用水卫生标准》（GB5749—2006）和《农田灌溉水质标准》（GB5084—2005）规定，地下水氯离子浓度正常情况下不超过 250mg/L，因此沿海地带可用氯离子浓度 250mg/L 作为发生海水入侵的判定标准，即当氯离子含量小于等于 250mg/L 时，认为未发生海水入侵，而当地下水中氯离子含量大于 250mg/L 时，认为为该地区已经发生海水入侵，当氯离子大于 500mg/L 时，认为发生了严重的海水入侵（李宝兰，2009）。

本章选取大连市 2011 年 9 月 156 个地下水水井监测数据，根据《地下水质量标准》（GB/T 14848—2017）采用分项污染指数法对 156 个地下水采集点进行海水入侵的评价，同时对氯离子进行地下水污染灾害的评价。评价标准见表 8-20，评价结果见表 8-21。

表 8-20　海水入侵地下水污染等级及地下水污染灾害等级评价标准

氯离子质量浓度/(mg/L)	$X \leq 50$	$X \leq 150$	$X \leq 250$	$X \leq 350$	$350 < X \leq 500$	$X > 500$
海水入侵等级	I	II	III	IV	V	V
地下水污染灾害等级	低（2）	低（2）	低（2）	中（5）	中（5）	高（8）

注：括号内为其污染灾害评分值

表 8-21　氯离子地下水污染评价等级及海水入侵地下水污染灾害等级评价结果

水井编号	PI 值	污染评级	灾害评级	水井编号	PI 值	污染评级	灾害评级
s-108	0.0398	I	低	x-177	0.1196	I	低
s-191	0.0403	I	低	z-257	0.1199	I	低
g-133	0.0410	I	低	z-295	0.1217	I	低
g-180	0.0422	I	低	s-144	0.1364	I	低
z-159	0.0470	I	低	x-140	0.1371	I	低
z-118	0.0470	I	低	g-222	0.1403	I	低
z-045	0.0471	I	低	g-220	0.1415	I	低
z-166	0.0474	I	低	g-192	0.1428	I	低
z-021	0.0482	I	低	s-239	0.1475	II	低
x-199	0.0556	I	低	s-164	0.1518	II	低
x-197	0.0557	I	低	g-123	0.1519	II	低
g-324	0.0557	I	低	g-056	0.1520	II	低
g-322	0.0557	I	低	g-321	0.1531	II	低
g-009	0.0559	I	低	z-160	0.1587	II	低
x-120	0.0560	I	低	x-202	0.1647	II	低
g-284	0.0603	I	低	s-355	0.1659	II	低
g-295	0.0607	I	低	z-315	0.1660	II	低
s-360	0.0799	I	低	s-332	0.1661	II	低
z-281	0.0813	I	低	z-331	0.1675	II	低
z-320	0.0818	I	低	g-111	0.1805	II	低
z-244	0.0828	I	低	x-067	0.1827	II	低
x-212	0.0856	I	低	g-017	0.1857	II	低
x-144	0.0888	I	低	g-046	0.1861	II	低
s-201	0.0888	I	低	g-014	0.1900	II	低
s-346	0.0891	I	低	g-086	0.1903	II	低
s-324	0.0893	I	低	z-306	0.1906	II	低
s-248	0.0897	I	低	x-090	0.1907	II	低
s-302	0.0901	I	低	z-205	0.1909	II	低
x-073	0.0921	I	低	x-204	0.1932	II	低
s-281	0.0925	I	低	x-054	0.1934	II	低
x-074	0.0938	I	低	x-002	0.1941	II	低
x-173	0.1142	I	低	x-217	0.1944	II	低
z-046	0.1173	I	低	g-300	0.1988	II	低
z-326	0.1184	I	低	x-116	0.1991	II	低
z-312	0.1194	I	低	x-165	0.1999	II	低

续表

水井编号	PI 值	污染评级	灾害评级	水井编号	PI 值	污染评级	灾害评级
x-170	0.2021	II	低	z-265	0.2967	II	低
x-053	0.2079	II	低	s-271	0.3032	II	低
x-209	0.2227	II	低	s-348	0.3042	II	低
z-055	0.2228	II	低	z-109	0.3045	II	低
s-340	0.2230	II	低	z-056	0.3045	II	低
x-193	0.2233	II	低	s-361	0.3101	II	低
s-356	0.2236	II	低	s-362	0.3103	II	低
s-143	0.2252	II	低	s-282	0.3105	II	低
z-042	0.2252	II	低	s-161	0.3243	II	低
z-099	0.2256	II	低	s-359	0.3250	II	低
s-373	0.2259	II	低	g-223	0.3256	II	低
x-001	0.2261	II	低	g-080	0.3257	II	低
x-205	0.2261	II	低	g-003	0.3414	II	低
s-316	0.2282	II	低	g-001	0.3441	II	低
s-221	0.2283	II	低	g-261	0.3459	II	低
g-313	0.2306	II	低	g-090	0.3479	II	低
s-351	0.2307	II	低	s-159	0.3545	II	低
s-183	0.2310	II	低	x-213	0.3548	II	低
z-286	0.2330	II	低	g-095	0.3549	II	低
s-374	0.2354	II	低	x-044	0.3550	II	低
z-086	0.2368	II	低	s-338	0.3588	II	低
x-181	0.2403	II	低	x-097	0.3597	II	低
s-336	0.2507	II	低	s-112	0.3730	II	低
s-315	0.2521	II	低	s-126	0.3854	II	低
x-132	0.2594	II	低	s-154	0.3856	II	低
g-032	0.2657	II	低	s-147	0.3870	II	低
x-210	0.2710	II	低	g-153	0.4029	II	低
z-297	0.2711	II	低	g-141	0.4051	II	低
x-093	0.2785	II	低	z-158	0.4421	II	低
s-268	0.2794	II	低	g-082	0.5239	III	低
s-157	0.2804	II	低	g-091	0.5269	III	低
s-287	0.2825	II	低	g-285	0.5641	III	低
g-010	0.2940	II	低	z-336	0.5896	III	低
s-166	0.2952	II	低	s-345	0.6087	III	低
z-170	0.2956	II	低	z-280	0.6185	III	低

水井编号	PI 值	污染评级	灾害评级	水井编号	PI 值	污染评级	灾害评级
z-230	0.6194	III	低	z-059	1.4806	VI	高
z-314	0.6303	III	低	g-125	1.7203	VI	高
g-054	0.7581	V	中	g-108	1.7216	VI	高
s-173	0.7928	V	中	g-027	1.7272	VI	高
g-159	0.7967	V	中	z-189	4.9620	VI	高
s-280	0.8003	V	中	z-119	4.9695	VI	高
z-077	1.4735	VI	高	s-257	6.1713	VI	高
z-060	1.4740	VI	高	s-358	17.2785	VI	高

分项污染指数是污染物在地下水中的实测浓度与评价标准的允许值之比，其计算可分为以下三种情况。

如果污染物浓度增加对环境的危害程度增加，即有上限环境质量标准值，其分项污染指数的计算公式为

$$P_i = \frac{c_i}{c_{oi}}$$ （8-5）

式中，P_i 为某污染物分项污染指数；c_i 为某污染物的实测浓度；c_{oi} 为某污染物的评价标准。

如果污染物浓度增加对地下水的危害程度减小，即有下限环境质量标准值，其分项污染指数的计算公式为

$$P_i = \frac{c_{i,\max} - c_i}{c_{i,\max} - c_{oi}}$$ （8-6）

式中，$c_{i,\max}$ 为第 i 种污染物在地下水中的最大浓度。

若污染物的浓度只允许在一定范围内，过高或过低对环境都有危害，其分项污染指数的计算公式为

$$P_i = \frac{c_i - \overline{c}_{oi}}{c_{oi,\max} - c_{oi,\min}}$$ （8-7）

式中，$\overline{c}_{oi}$ 为第 i 种污染物在地下水允许值区间的中间值。

8.3 大连市地下水水质评价

对大连市的地下水脆弱性和地下水污染源灾害分级的评价，是为了对大连市地下水受污染的可能性从污染受体和污染释放源两个方面进行分析，为了验

证分析的准确性并对大连市地下水污染的治理提出更加区域化和明细的建议措施，必须要对大连市地下水污染的现状进行评价。因此本章选取大连市区2011 年 9 月 156 个地下水水井监测数据作为评价基础数据，利用加附注评分法对大连市地下水水质进行综合评价，地下水水井数据点分布如图 8-16 所示。然后利用系统聚类分析法对数据进行聚类分析，作为大连市地下水污染现状的验证。

图 8-16　大连市地下水污染评价数据采集点分布

8.3.1　大连市地下水水质评价结果分析

从所有指标中选取总硬度、溶解性总固体、硝酸盐氮、硫酸盐、氯化物、锰、氨氮共 7 项超标较严重的指标作为评价指标。采用加附注的评分法对大连市 2011 年 9 月的地下水水质进行评价。其中评价等级 $K=5$，指标数 $n=7$。评价结果见表 8-22。

表 8-22　大连地下水水质评价结果

水井编号	F	地下水水质等级	描述	水井编号	F	地下水水质等级	描述
g-133	0.7143	I	优良	z-295	2.3079	II	良好
g-180	0.7143	I	优良	z-160	2.2062	II	良好
z-118	0.7143	I	优良	z-331	2.2062	II	良好
z-159	0.7143	I	优良	g-111	2.3496	II	良好
z-045	0.7143	I	优良	g-014	2.3496	II	良好
z-166	0.7143	I	优良	z-306	2.2361	II	良好
x-197	0.7143	I	优良	z-205	2.2361	II	良好
g-324	0.7143	I	优良	g-300	2.2062	II	良好
g-322	0.7143	I	优良	s-143	2.3947	II	良好
g-009	0.7354	I	优良	g-313	2.3079	II	良好
s-108	2.1595	II	良好	s-183	2.3947	II	良好
s-191	2.1595	II	良好	z-286	2.2062	II	良好
z-021	2.1595	II	良好	z-086	2.4432	II	良好
x-199	2.1595	II	良好	x-132	2.3496	II	良好
x-120	2.1595	II	良好	g-032	2.2062	II	良好
g-284	2.1595	II	良好	x-210	2.3947	II	良好
g-295	2.1595	II	良好	z-297	2.3947	II	良好
s-360	2.1595	II	良好	x-093	2.3496	II	良好
z-281	2.1595	II	良好	s-268	2.3496	II	良好
z-320	2.1595	II	良好	s-157	2.3947	II	良好
z-244	2.1595	II	良好	s-287	2.3947	II	良好
x-144	2.1429	II	良好	g-010	2.3947	II	良好
s-346	2.1429	II	良好	z-170	2.2361	II	良好
s-324	2.1429	II	良好	z-265	2.2361	II	良好
s-248	2.1429	II	良好	z-109	2.3496	II	良好
s-302	2.1595	II	良好	z-056	2.3496	II	良好
x-073	2.1595	II	良好	g-261	2.4949	II	良好
x-074	2.1595	II	良好	z-336	2.4949	II	良好
x-173	2.1595	II	良好	z-230	2.4949	II	良好
z-046	2.3079	II	良好	g-017	2.6669	III	较好
z-326	2.2062	II	良好	g-046	2.5495	III	较好
z-312	2.2062	II	良好	z-042	2.6069	III	较好
x-177	2.3079	II	良好	x-181	2.5495	III	较好
z-257	2.2062	II	良好	s-336	2.5495	III	较好

续表

水井编号	F	地下水水质等级	描述	水井编号	F	地下水水质等级	描述
s-315	2.5495	III	较好	s-316	4.5770	V	较差
g-141	2.5495	III	较好	s-221	4.5770	V	较差
s-345	2.6669	III	较好	s-374	4.5770	V	较差
z-280	2.6669	III	较好	s-159	4.7894	V	较差
z-314	2.6669	III	较好	x-213	4.7894	V	较差
g-054	2.5495	III	较好	s-338	4.7894	V	较差
s-166	2.5495	III	较好	s-112	4.6566	V	较差
s-271	2.5495	III	较好	s-126	4.6991	V	较差
s-348	2.5495	III	较好	s-154	4.6991	V	较差
s-161	2.5495	III	较好	s-147	4.6991	V	较差
s-359	2.5495	III	较好	g-082	4.8865	V	较差
g-095	2.6669	III	较好	g-091	4.8865	V	较差
x-044	2.6069	III	较好	s-144	7.2766	VI	极差
x-097	2.6069	III	较好	x-140	7.2766	VI	极差
g-153	2.5495	III	较好	s-239	7.5085	VI	极差
x-212	4.4124	V	较差	s-164	7.5085	VI	极差
s-201	7.1429	V	较差	g-123	7.3269	VI	极差
s-281	4.4412	V	较差	g-056	7.3269	VI	极差
g-222	4.5051	V	较差	x-202	7.3540	VI	极差
g-220	4.5051	V	较差	s-355	7.3540	VI	极差
g-192	4.5051	V	较差	s-332	7.3540	VI	极差
g-321	4.6991	V	较差	x-067	7.6539	VI	极差
z-315	7.1920	V	较差	g-086	7.5085	VI	极差
x-054	4.5051	V	较差	x-090	7.6539	VI	极差
x-002	4.3857	V	较差	x-204	7.5788	VI	极差
x-165	4.3857	V	较差	x-217	7.6539	VI	极差
x-170	4.3390	V	较差	x-116	7.6539	VI	极差
x-053	4.3857	V	较差	s-340	7.3269	VI	极差
x-209	4.4721	V	较差	x-193	7.3269	VI	极差
z-055	4.5770	V	较差	s-351	7.3269	VI	极差
s-356	4.4721	V	较差	s-361	7.3824	VI	极差
z-099	4.5770	V	较差	s-362	7.3824	VI	极差
s-373	4.4721	V	较差	s-282	7.3824	VI	极差
x-001	4.5770	V	较差	g-223	7.3824	VI	极差
x-205	4.4721	V	较差	g-080	7.3824	VI	极差

续表

水井编号	F	地下水水质等级	描述	水井编号	F	地下水水质等级	描述
g-003	7.4430	VI	极差	z-060	8.7488	VI	极差
g-001	7.4430	VI	极差	z-059	8.7488	VI	极差
g-090	7.3540	VI	极差	g-125	7.9057	VI	极差
z-158	7.4121	VI	极差	g-108	7.9057	VI	极差
g-285	7.5085	VI	极差	g-027	7.9057	VI	极差
s-173	7.7334	VI	极差	z-189	8.4612	VI	极差
g-159	7.6931	VI	极差	z-119	8.6313	VI	极差
s-280	7.4430	VI	极差	s-257	9.3131	VI	极差
z-077	8.7488	VI	极差	s-358	8.7488	VI	极差

8.3.2 大连市地下水水质评价样本聚类分析

系统聚类法是利用一定的数学方法将样品或变量归并为若干不同的类别，并以树形图表示，使得每一类别内的所有个体之间具有比较密切的关系，而各类别之间的关系相对比较疏远，客观地描述分类对象个体之间的差异和联系（沙桂芝，1987）。利用 SPSS 对大连市地下水水质数据进行系统聚类分析，可得到其分析树状图。

从聚类分析结果可以看出，在距离约 $d=6$ 的条件下，地下水水质样本可分为6 类，其中 s-257、s-358 两个数据采集点各自单为一类；x-090、z-158、x-165、x-054、x-053、x-022、s-164、s-239 八个数据采集点可分为一类；s-157 单独分为一类；g-125、g-108、g-027 水质采集点分为一类；其他水质采集点可分为同一类。在系统聚类分析结果中，s-257、s-358 数据采集点属于离散值，查询数据源可知其地下水水质数据，如表 8-23 所示。

表 8-23 s-257、s-358 地下水水质数据

水井编号	s-257	s-358	水井编号	s-257	s-358	水井编号	s-257	s-358
总硬度	1482.74	6095.28	锰	0.05	0.67	六价铬	0.042	0.017
浑浊度	14.20	50.0	细菌总数	41000	30	硫酸盐	929.16	247.30
色度	50	50	总大肠菌群	2600	未检出	氟化物	1.67	4.81
嗅和味	臭味（3）	锈味（3）	溶固	7050	10040	氨氮	12.20	0.47
肉眼可见物	悬浮、沉淀	悬浮	挥发酚	0.002	0.002	亚硝酸盐氮	0.738	0.110
pH	8.71	6.47	氯化物	2159.94	6047.47	硝酸盐氮	256.38	20.84

从表 8-23 可以看出，s-257 和 s-358 两组数据超标严重，属于劣 V 类水。s-257 和 s-358 数据采集点分别位于大连棒棰岛食品集团肉类联合加工厂和大连顺迈房

地产开发有限公司，顺迈房地产开发有限公司位于大连市区内河入海口，多个污水处理厂也处在这个位置，大量的生产生活污水在此集中后排入海中，这个结果与之前的地下水污染源灾害评级的结果是一致的。

8.3.3　基于 ArcGIS 的大连市地下水水质区域分析

利用 ArcGIS 对大连市 156 个地下水水质数据点利用克里金插值法将点状数据转化为面状数据，将现阶段的地下水污染状况与趋势状况对比，有利于对大连市地下水水质状况进行评价以及对地下水污染治理提出合理建议。大连市地下水水质污染评级结果如图 8-17 所示。

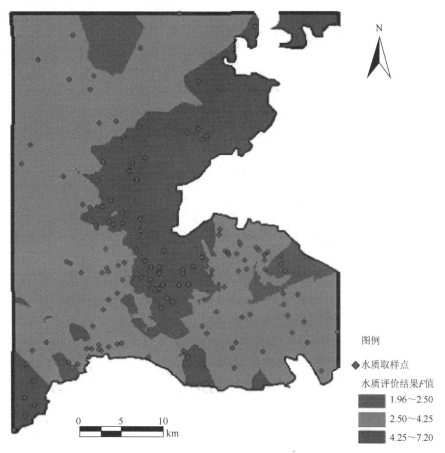

图 8-17　大连市地下水水质污染等级分布图（见书后彩图）

由水质评价图可以看出，经 ArcGIS 克里金插值法分析后，大连市内 2011 年9 月水质区域虽然失去了极低与极高的个别水质级别，但仍可被划分为三个区域，水质评价结果 F 值分别为 1.96～2.5（水质良好）、2.5～4.25（水质较好）和 4.25～

7.2（水质较差）。水质较差的区域主要为甘井子区南关岭街道、沙河口区中北部、凌水街道南部及星海广场与滨海路交界处。

8.4　大连市地下水污染紧迫性分析

8.4.1　地下水污染紧迫性的概念

所谓地下水污染紧迫性，即指地下水防治污染的急切性。地下水污染紧迫性也称作地下水保护紧迫性，通常有地下水脆弱性评价和地下水价值评价耦合分析，但这种方法忽略了污染源在地下水污染中的作用。地下水脆弱性代表了地下水本身抵抗污染物入侵的能力，污染源分级则代表了其释放污染物入侵地下水的能力，本章将地下水脆弱性评价与污染源灾害分级对比分析，研究大连市地下水污染的紧迫性。

从理论上来讲，一个地区地下水脆弱性等级和污染源等级的差异决定了这一地区的地下水受污染的状况。而这一地区地下水污染紧迫性的高低，决定着当地地下水质量的现状与未来发展趋势。其污染状况的理论状态如表 8-24 所示。

表 8-24　地下水水质污染理论分析表

理论水质等级矩阵		污染源等级		
		低	中	高
脆弱性等级	低	水质优良（Ⅰ）	水质良好（Ⅱ）	水质较好（Ⅲ）
	中	水质良好（Ⅱ）	水质较好（Ⅲ）	水质较差（Ⅴ）
	高	水质较好（Ⅲ）	水质较差（Ⅴ）	水质极差（Ⅵ）

从表 8-24 可以看出，地下水污染现状应当随其脆弱性和污染源等级呈现有规律的差异性分布。然而，强脆弱性地区如果没有强烈的污染源，则受污染的可能性很低，比如脆弱性高的区域如果污染源等级极低，其水质仍可表现出水质良好和水质优良的状态；脆弱性较低但污染源高的地区仍存在很大的受污染的可能性，其水质表现可能会比理论值更差；脆弱性高且为高污染源灾害区受污染的可能性最大。同时，政府或相关部门对地下水水质治理工作的效率也在很大程度上影响了地下水水质分布的状态。

8.4.2　大连市地下水污染紧迫性分析

本章从地下水脆弱性评价、地下水污染源分级和地下水质现状评价三个方面讨论了大连市市区地下水污染紧迫性状况。通过分析得出大连市地下水水质等级现状与地下水污染灾害等级和地下水脆弱性等级出现了部分差异性。

　　在地下水水质现状评价中，大连湾、南关岭、泉水一带出现了水质较差的情况，而在地下水污染灾害分级中，这一区域为地下水污染低灾害区，但在脆弱性评级中，这一带属于脆弱性较高的区域。这说明政府或环保部门在这一地区的地下水污染防治工作出现了失误，需要加强对这一地区地下水的规划与管理。

　　在红旗街道、凌水街道西北部、革镇堡镇、中山区以及西岗区一带，地下水水质现状评价结果为中等，水质较好。而这一区域在地下水灾害分级评价和地下水脆弱性评价中都出现中等偏高的水平，说明政府和相关环保部门在这一区域的工作是卓有成效的，应当保持这样的工作效率。

　　地下水水质现状评价显示凌水街道东南部、沙河口区中部以及星海广场、滨海西路一带水质现状水平较差。这个结果与脆弱性图和灾害分级图中所显示的一致，这说明政府和相关环保部门在这一区域未能达到预期的目标，应该对这一区域的地下水治理工作进行调整。

第9章 基于GIS的下辽河平原地下水功能评价

9.1 地下水功能评价理论基础

9.1.1 地下水功能评价

1. 地下水功能定义及其组成

中国地质调查局颁布的《地下水功能评价与区划技术要求》（2006）注明地下水功能是指地下水的质和量及其在空间和时间上的变化对人类社会和环境所产生的作用或效应，主要包括地下水的资源功能、生态功能和地质环境功能。并规定地下水的资源功能是指具备一定的补给、储存和更新条件的地下水资源供给保障作用或效应，具有相对独立、稳定的补给源和地下水资源供给保障能力；地下水的生态功能是指地下水系统对地表植被或湖泊、湿地、土地质量良性维持的作用或效应，如果地下水系统发生变化，则生态环境出现相应的改变；地下水的地质环境功能是指地下水系统对地质环境的作用或效应，如果地下水系统发生变化，则地质环境出现相应改变。

本章在查阅相关文献（许传音，2009；李砚阁等，2008；范伟，2007；王大纯等，2005；杨泽元，2004）的基础上，遵循地下水系统生态健康标准和地下水系统承载力标准，更为细化地定义了地下水功能。地下水功能是指具有完整组织结构的地下水系统，由于物质、能量及信息的输入与输出，在遵循一定客观规律的基础上，其运动或变化情况对周围与之密切联系的环境系统产生的影响或作用。

地下水的资源功能是指地下水资源作为水资源的重要组成部分及与环境和人类活动关系最密切的一种资源，在质与量上满足生产、生活与生态各方面的需求的供给保障作用或效应。

地下水的生态功能是指地下水系统对地表依赖其所形成的具有特定环境且同时受自然因素和人类影响的生态循环系统所具有的作用或效应。

地下水的地质环境功能是指地下水系统对其所赋存的地质环境稳定具有支撑或保护的作用或效应。地下水对地下压力平衡起到了维持作用，地下水超采可导致地下压力的失衡，形成海水入侵、地面塌陷、地下水降落漏斗等。

2. 地下水功能作用

地下水资源能够为人类服务，提供生活饮用水和工业生产用水，同时作为地球上水循环的一个重要部分，地下水还是生态与环境的重要要素，植物的根系截留与吸收、地下岩层空隙的填充与支撑都离不开地下水，因此地下水对社会经济发展、生态环境系统平衡和地质环境的稳定性都起到至关重要的作用。具体来看，主要体现在三大功能方面。

（1）资源供给功能。

地下水的资源功能并不仅仅体现在地下水为人类提供用水这一方面，更全面广泛意义上的解释是指地下水为人类社会经济生活、工业生产和农业生产等的发展提供水资源的功能。人类的生存与发展各方面，如生活、生态环境的运行维持、生产劳动的正常运转都需要地下水系统的供给支持，同时地下水还是农业、林业、养殖业、渔业生产等的重要供给水源。地下水资源的能力，不仅体现在水量上，更体现在水质上。在水量方面，社会经济、生态环境建设的可持续发展需要地下水源的长期稳定充足的供给；水质方面，社会各行业的生产发展所需水源在质量上都有其特定的行业标准要求规范。

（2）生态环境保护功能。

地下水资源的不合理开发或超采情况所引起的地下水补给条件的变化都会引起地表植被生态系统和地表水生态系统的变化，如降低植被对污染源的净化所引发的水源污染，地下水位下降对地下氧化带范围扩大的影响所引发的地下水硬度与矿化度的增高，地下水位下降对与地表水水力差的破坏所导致的水质污染（王西琴等，2006）。同时，土地沙化、盐碱化、生物栖息地的萎缩、生物多样性的损害均与地下水开采造成的地下水下降、水质污染息息相关。中国尤其是北方干旱半干旱地区，这种现象尤为显著。因此，地下水系统的一个重要作用就是维持生态环境系统平衡。

（3）地质安全保障功能。

地下水存在于地面一定深度以下的岩土空隙中，对岩层起支撑作用。地下水的过量开采使地下水收支平衡遭到破坏，地下水位尤其是深层承压水位的持续下降，会改变地下水的天然流场，导致表面覆盖黏土层被压缩，形成地下水降落漏斗或地面沉降等地质灾害；沿海地区地下水的过量开采还可导致咸淡水界面不平衡，海水入侵淡水层，地下水水质下降。诸如此类的地质灾害问题均是由地下水系统问题所引起的，严重危害了人类社会日常生活和经济活动的正常运行。因此，地下水的地质安全环境保障功能也相当重要。

3. 地下水功能的影响因子

地下水功能评价主体是一个完整的流域循环系统，中国科学院地质研究所张寿全和地质矿业部陈梦熊院士等概括地下水系统的概念为受环境因素（天然、人工）所制约，具有不同等级、在空间分布上具有四维性质和各自的物理、化学和水动力特征的，不断运动演化（生长、消亡）的地下水单元的统一体（李砚阁等，2008），水文地质结构系统则是由不同等级、不同形态、不同成因（建造）、经受不同改造作用，具有不同结构和水力学性质的水文地质综合体空间所组成的，具有控水功能并且不断运动演化的有机整体。而当地下水作为一种"资源"被研究时，所谓的地下水系统则是复合水文地质系统或复合地下水系统，即地下水系统并不是一个独立存在的个体，而是一个与社会系统、经济系统、生态环境系统、地质环境系统等相互联系，相互作用的开放性大系统，其主要功能在于接受物质、能量和信息的输入（激发），在遵循一定规律的基础上，在时间历程中相应产生物质、能量与信息的输出（响应），其载体则为水文地质实体。做地下水功能评价时，应首先考虑地下水系统各功能类型的影响因素，分析各因素对地下水系统的影响方向及影响力大小，从而制定出合理的地下水功能评价指标体系，为今后的地下水保护和管理工作指定明确的方向。

根据影响作用力来源的不同，地下水功能的影响因素概括起来主要有以下两个方面。

（1）自然因素。

地下水存在于自然环境中，地下水功能的变化受自然环境的影响。根据自然因素的组成可知对地下水产生影响的主要有水文地质构造、地貌特征、地表覆盖物质、地层特征、气候气象变化等。如水文地质构造，其构造运动产生的断裂、凹陷等影响地下水系统的组成变化和差异的产生；地貌特征，不同的地貌类型造成了地表水汇集、径流条件的不同，影响地下水的补给条件的差异，进而影响地下水的自然属性；地表覆盖物质的不同，其区域需水量及对地下水系统的影响也有所差别，影响了区域地下水位的高低，地下水位的不同影响地表植被的生长，地表植被对地表径流的延缓作用，影响了地下水的补给能力；地层特征，地下含水层的厚度、岩性等均影响着地下水资源的丰富程度，地下水资源的丰富程度决定了其区域开采能力的高低，导致了地下水资源功能的变化；气候变化尤其是降水条件的不同在干旱、半干旱地区对地下水资源的影响尤为明显。

（2）人为因素。

人类的生存与发展都离不开地下水资源的支持，但人类对地下水资源的不合理开发利用影响了地下水的功能。如人类对地下水的过量开采破坏了地下水系统的动态平衡，产生地下水位降低等情况，地下水的过量集中开采甚至使局部地区出现地下水降落漏斗、地面沉降，沿海地区地下水的过量开采使得咸淡水界面失衡，海水入侵城市地下水系统，破坏了地质环境的稳定性；农业地区的不合理灌溉，化肥、农药的滥施滥用，都会对地下水环境产生影响，过量的灌溉使得灌区地下水位升高，土壤盐碱化、土壤肥力下降，化肥农药残留物进入地下水系统，破坏了地下水质；另外，人类的工程建设、环境污染等也都会对地下水的补给、资源丰富度、水质产生影响，进而影响着地下水的功能。

地下水资源的三大功能之间是相互制约、相互促进的互动关系，系统间存在着固有的运转规律，若一方功能被过度利用，超出其本身阈值，则必然会引起系统内其他功能的相应变化。

9.1.2　地下水功能评价的意义、原则及属性内涵

1. 地下水功能评价的意义

地下水功能评价是一种新的地下水资源评价方式，是对全面落实和贯彻"科学发展观"和"可持续发展"理念，为弥补前人评价地下水时多针对其资源方面而忽略其他方面这一问题而产生，比其他评价方法更全面和系统化。其目的是为了实现地下水系统各个功能的协调发展，从而实现研究区地下水资源的长期可持续利用及生态环境及地质环境的有效保护和科学规划。其积极意义体现在以下几方面。

（1）地下水功能评价是地下水资源评价工作的延伸和拓展，是科学规划地下水资源配置模式，合理利用地下水资源、减少水资源浪费与破坏和保护环境不被污染破坏的前提。

（2）地下水功能评价是为充分发挥地下水的资源功能、生态功能和地质环境功能的整体最佳效益，实现地下水可持续利用和有效保护生态及地质环境的重要基础。

（3）地下水功能评价是为完善或调整全国水资源监测网络，对水资源分配利用进行科学管理，形成完整体系结构的科学依据之一。

2. 地下水功能评价的原则

地下水功能影响因素众多，为客观、全面和科学地衡量地下水功能状况，在选取指标和建立指标体系时应当遵循以下原则（王金哲等，2008；张海波，2007；崔保山等，2006）：

（1）全面性和系统科学性。

地下水功能评价的主体是完整流域尺度的地下水循环系统，包括资源、生态和地质环境功能评价三个方面，所构建指标体系必须能够全面客观反映所评价对象，并使评价目标和评价指标有机联系起来，形成一个层次分明的整体。

（2）主导因子和独立性原则。

系统的状态是由多个指标来描述的，地下水系统评价指标体系构建时，指标

体系要主次分明，突出重点评价目标，因此对主导因子的选择至关重要。同时，各个指标之间还存在着信息交叉，在构建指标体系时，应通过科学地选择，确定每个指标要内涵清晰、相对独立，同一层次的各指标应不相互重叠，相互间应不存在共线性的关系。

（3）简明性和可操作性。

为保证评价指标的准确性和完整性，评价指标选取时尽量利用统计部门现有的公开资料，以利于指标体系的运用和掌握。从资料获取和数据处理角度看，评价指标体系应力求简单明了。要选择那些概括性强、信息量大，容易获取的指标。

（4）定性与定量相结合的原则。

在定性分析的基础上，进行量化处理，通过量化能较为准确地揭示事物的本来面目；而对于缺乏统计数据的定性指标，可采用评分法，利用专家意见近似实现其量化。

（5）灵活性原则。

根据指标内涵，灵活选取各种能反映目标功能的指标，在单一因子不能说明或反映指标的变化情况时，可用两种变量的"比率"来反映，反映不同变量之间的关系。

3. 地下水功能的属性内涵

地下水系统在自然界中并不是独立存在的，而是与其他环境系统相互联系、相互作用。不仅可为人类提供日常生活所需的水资源，更是支撑生态环境和地质环境的基础之一，综合来讲，地下水功能的属性内涵主要包括以下几点。

（1）自然属性。

地下水资源存在于自然界中，是地球上总的水资源的一个重要组成部分。由于其与周围环境系统的连通性，地下水在自然界中受众多因素的影响，如地表水资源的多寡、地面生态环境的好坏及区域地质活动的发生与否都可影响该区地下水资源的质和量。同时地下水的埋藏分布和形成均受地层、岩性和地质构造条件所控制，地下水的资源功能的强弱则直接受地下水资源的多寡、埋藏的深浅及分布区域周围环境条件等的影响。

（2）社会属性。

地下水功能几乎与人类生存和社会发展的各个方面都有着密切的联系，人类社会对地下水的开发利用也将影响其功能各层面，如人类对地下水资源的开发引起的地下水位下降、地面沉降、海水入侵及水质恶化等资源、生态及地质环境等众多问题。

（3）整体性。

地下水功能评价的主体是完整流域尺度地下水系统，即由补给区、径流区到排泄区组成的比较完整的水文地质单元，地下水资源的资源功能、生态功能及地质环境功能三方面相互依存、相互制约，构成了完整地下水功能评价系统。

9.2　下辽河平原地下水功能评价过程

9.2.1　研究区地下水功能现状

地下水既是制约社会经济发展的重要因素，又是生态环境正常维持的必要条件，地下水资源对人类生存来说意义重大。随着下辽河平原地下水开发利用程度的加大，区内已出现了地下水资源短缺、水质污染、地面沉降、海水入侵等相关水文地质、环境地质问题，地下水功能在不断变化（孙才志等，2011a；周玉祥等，2009；赵清等，2007；刘权，2007；王卫东等，2004）。

下辽河平原地下水资源在该区整个供水系统中一直占有 65%左右的比例，地下水超采区主要分布在鞍山、营口、铁岭等地，主要原因是工农业用水量较大，地下水资源收支不平衡。工业废水和生活污水的任意排放，化肥农药的不合理使用均造成区域水体的污染，下辽河平原劣质水体分布广泛，劣Ⅴ类水质河流长度占河流总长度的 3/5；下辽河平原地区浅层地下水水质基本为Ⅲ、Ⅳ、Ⅴ类水，Ⅳ类水分布于下辽河平原大部分地区，Ⅴ类水呈小面积区块分散于中部及东部地区，地下水总供水中，Ⅴ类地下水占总量的 81.32%。研究区南部滨海三角洲盘锦营口一带，地下水资源较为贫乏，主要为咸水区，无法大量取用。水质污染导致研究区地下水可利用量逐渐减少，地下水资源功能也在减弱。

生态系统是人类生存系统不可缺少的一环，同时与地下水系统密切相关。研究区地下水系统各要素的变化均可对生态环境各要素产生影响，如由于地下水位降低而形成的土地盐碱化、荒漠化现象的形成。下辽河平原地区荒漠化土地面积 800 多平方千米；植被覆盖面积减少，水体面积萎缩等情况的出现均是受地下水资源量减少，地下水位下降的影响，研究区生态环境质量逐渐下降。

地下水系统对地面起支撑平衡的作用，由于地下水的不合理开采，研究区内已出现了一些地质环境问题，如海水入侵、地面沉降、地下水降落漏斗等。海水入侵主要是因为地下水位低于海平面，形成海水入侵通道，从而导致了海水入侵现象的发生。在下辽河平原锦州沿海地区，由于海水养殖加工及地下水的过量开采等原因造成了锦州地区海水入侵区的存在；地下水的局部大量开采，已使沈阳城区与辽阳首山地区形成地下水降落漏斗，超采区地下水漏斗面积达 210.75km^2，从总体上看，下辽河平原地区地质环境状况还处于相对稳定的状态。

9.2.2　下辽河平原地下水功能评价指标体系

在研究地下水功能过程中，可以从地下水的结构方面出发，地下水系统的结构可分为供给结构与需求结构，供给与需求在系统论中互为辩证关系，若无地下水资源的供给，则无从谈起地下水的需求；若无对地下水的需求，则地下水就不能称之为资源，两者相互依存，缺一不可。

在遵循指标体系构建原则的基础上，为实现"地下水资源的可持续利用，生态地质环境完整性保护"的目标，本书从地下水功能的供给与需求角度出发，通过对下辽河平原地下水环境演变特征与规律的分析研究，在明确导致区域地下水资源变化、生态环境萎缩与地质环境稳定性失调等的影响因子的基础上，参照水资源可持续、地下水资源承载力、地下水生态健康及地下水脆弱性等已有指标体系，构建了适合研究区的指标评价体系（孙才志等，2011b；孙才志等，2009；耿雷华等，2008；夏军等，2005），如图 9-1 所示。

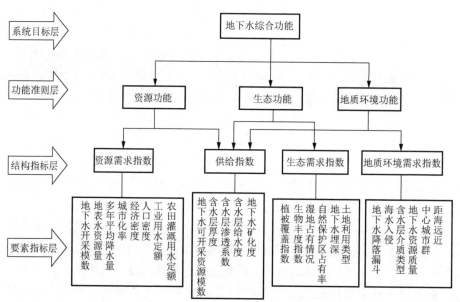

图 9-1　地下水功能评价指标体系

从图 9-1 来看，按照地下水功能评价指标体系的结构组织，地下水功能评价指标体系可分为四个层次，分别为系统目标层、功能准则层、结构指标层、要素指标层。

系统目标层为评价行为拟实现的总目标，只包含地下水综合功能一个要素。功能准则层是描述指标体系总目标的功能准则，包含资源功能、生态功能、地质环境功能三个要素。结构指标层描述系统的功能层的结构指标，是评价各功能状况的基础，每个功能层均包括供给结构与需求结构两种结构指标。要素指标层是描述各结构指标的最基础指标，各指标分别从不同角度反映了地下水系统的结构组成状况，是地下水功能评价的基础和具体评价指标要素，由多个基础要素指标构成，如地下水可开采资源模数、地下水开采模数、地下水埋深、地下水资源质量等。

9.2.3　评价指标的意义及说明

1. 供给指数

供给指标反映地下水自身的水资源特性，主要表示各区域地下水资源质与量的状况，贯穿地下水各功能，本章选取地下水可开采资源模数、含水层厚度、含水层渗透系数、含水层给水度及地下水矿化度 5 个指标来反映地下水的可供给能力。

（1）地下水可开采资源模数。

地下水可开采资源模数是指单位面积上地下水的可采资源量，反映了一个地区地下水资源的可开采能力，是衡量地下水资源多寡的一个指标。地下水可开采资源模数越大，表明区域拥有地下水资源越多，则地下水的可调节能力越强，相应地保证供水的稳定性也越强。

（2）含水层厚度。

含水层厚度在一定意义上可用来确定地下水的多少，含水层的厚度越厚，相对来说地下水的资源量就越大，地下水可供水资源量越多，地下水供给能力越强，可根据已有水文地质观测和物探资料来确定。

（3）含水层渗透系数。

含水层渗透系数是正确确定地下水资源数量评价中所必需的水文地质参数，表示岩土透水性能的数量指标，反映地下水系统与外部的连通性，影响着其输入与排泄状况，从供水的角度看，含水层渗透系数越大，表示地下水的供给能力越强。

（4）含水层给水度。

含水层给水度是反映潜水含水层储水或给水能力的指标，也是利用动态观测资料计算地下水蓄变量的重要参数之一。主要受区域岩性的影响，同时随区域水量、埋深、水位变化幅度及水质的变化而变化。从理论上来讲，对于均质的颗粒较细小的松散岩石，只有当其初始水位埋深足够大，水位下降速率十分缓慢时，释水才比较充分。给水度越大，地下水供给能力越强。

（5）地下水矿化度。

矿化度通常是以单位水量含有的各种盐分的总量来表示，单位为 g/L，地下水矿化度即每升地下水中含有多少克盐分物质。根据矿化度的大小，地下水可分为 5 种类型，小于 1g/L 的为淡水，1~3g/L 的为微咸水，3~10g/L 的为咸水，10~50g/L 的为盐水，大于 50g/L 的为卤水（范围含上不含下）。根据矿化度的级别分别被用于不同的用途。地下水的矿化度的高低直接影响着人类对地下水资源的开采，即影响着地下水的供给能力，根据实际应用情况，本书规定矿化度越小，其供水能力越强。

2. 资源功能需求指数

地下水资源功能需求指数展现社会生活、经济生活等对地下水的需求能力，构成地下水资源功能的另一方面。主要由地下水开采模数、地表水资源量、多年平均降水量、城市化率、经济密度、人口密度、工业用水定额、农田灌溉用水定额组成。

（1）地下水开采模数。

地下水开采模数指单位面积上地下水的开采量的多少，区域地下水的开采量直接反映了该区对地下水的需求。影响地下水开采模数的因素是研究区对地下水的需求量和区域地下水资源拥有量，还有现状条件下地下水的开采技术能力。依据现有技术水平认定，地下水开采模数越大，区域地下水的需求量也越大。

（2）地表水资源量。

地表水资源与地下水资源同为生活生产性两大用水资源类型，地表水的存在不仅可以补给地下水，它的存在还可以影响人们对地下水的开发利用。在研究区域地下水资源时，将地表水资源作为地下水资源的替代性资源，在需求量一定的情况下，替代性资源越多，相应对地下水的需求量就会减少。

（3）多年平均降水量。

研究区地下水的补给源主要是降水，区域降水量的多少从根本上影响着地下水获得补给量的多寡，也决定着区域地下水资源的状况。降水同时还是地下水的替代性资源，年度降水增多，地表水蓄水量的增多，农业、林业等需水量的减少，都会降低区域对地下水的需求。因此将多年平均降水量作为地下水资源的补给与替代性资源，其值越大，地下水资源需求量越小。

（4）城市化率。

城市化不仅是一个经济与人口的度量指标，用于表达社会结构的改变，还从侧面反映由于人口的集中聚集，用水方式及用水量发生的变化。城市化可带来许多地下水问题，如地下水污染、水循环改变、水资源过量开采等，城市化指标主要关注的是城市人口集中聚集增加了城市对水资源的需求，导致区域地下水开采量增多这一问题。本章采用城市化率这一度量指标，从人口结构组成角度来说明区域对地下水需求量的变化情况，受资料所限用非农人口与总人口之比来表示。

（5）经济密度。

经济密度指国内生产总值与区域面积之比，区域经济活动是区域地下水消耗的主要动力，本书选用经济密度这一指标可以反映经济活动对地下水系统的压力。区域经济密度值越大，研究区对地下水资源的需求量越大。

（6）人口密度。

人口密度用单位区域面积上的人口数来表示，用于表征人口的密集程度，单位面积上的人口越密集，所需水资源越多，对地下水的需求量随之增多，人口对地下水系统的压力也越大。

（7）工业用水定额。

工业用水定额表征地区工业用水水平，工业生产活动用水是城市水资源用水大户，工业用水定额作为水资源管理较为重要的宏观指标，可有效管理工业用水效率的高低。本章的工业用水定额以工业活动所用地下水与工业增加值之比来表示。

（8）农田灌溉用水定额。

农田灌溉用水定额表征地区农业用水水平，农业用水也是水资源消耗的重要原因之一，有效地管理好农田灌溉用水是水资源可持续利用的基本要求，可用农田灌溉所用地下水量与灌溉面积的比值来表示，因资料所限本章的灌溉面积仅取有效灌溉面积。

3. 生态功能需求指数

生态功能需求指数指生态环境系统对地下水资源的利用及需求状况，生态功能主要由植被覆盖指数、生物丰度指数、湿地占有情况、自然保护区占有率、地下水埋深、土地利用类型几种指标组成。

（1）植被覆盖指数。

地表植被可以滞缓地表径流的流失、延长地表水入渗时间，从而提升对地下水的补给能力，同时植被覆盖程度也影响着区域地下水的需求，植被覆盖程度越大，表明地表植被系统所需地下水资源越多。该指数用公式表示为：植被覆盖指数 =（0.38×林地面积+0.34×草地面积+0.19×耕地面积+0.07×建设用地面积+0.02×未利用地面积）/区域面积。

（2）生物丰度指数。

生物丰度指数可衡量被评价区余力生物多样性的丰贫程度，一定地区生物的存在受其区域水源的影响，水资源越多，生物丰度指数越大。区域生物的多寡计算公式：生物丰富度指数=Abio×（0.35×林地面积+0.21×草地面积+0.28×水体或湿地面积+0.11×耕地面积+0.04×建设用地面积+0.01×未利用地面积）/区域面积。其中 Abio 是生物丰度指数的归一化系数。

（3）湿地占有情况。

湿地是一种具有独特功能的生态系统，也是重要的生存环境和自然界最富生态多样性的生态景观之一。湿地的发育与存在都需要地下水的补给与维持，是定性指标，本章规定有湿地存在的区域湿地占有情况为1，其余为0。

（4）自然保护区占有率。

自然保护区是国家规划需要保护的生态环境地带，其区域地下水需进行生态保护，不适合作为资源进行开发，是生态环境功能最为脆弱的区域，按其自然保护区占有率的高低将其进行分类，无自然保护区存在的区域皆为0。

（5）地下水埋深。

地表植被可作为示范生态环境好坏的指示物，而植被生长状态直接与土壤水分状况和地下水状态相联系，地下水埋深是影响土壤水分状况和地下水状态的关键性指标，地下水埋深越深，表明地下水的生态环境需求越弱。

（6）土地利用类型。

土地利用类型是反映区域自然条件的重要指标，作为水循环的一个环节，不同的土地利用类型对地下水的需求不同，土地类型的变化可导致地下水系统的强烈响应。通过地表植被的类型可以判断生态环境对地下水的需求度大小，下辽河平原的土地利用类型主要分为水体、林地、草地、耕地、建设用地和未利用地，通过对研究区土地利用类型的遥感解译图可取得相关数据。

4. 地质环境功能需求指数

地质环境功能需求指数是指地质环境在变化过程中或形成最终的地质变化结果时对地下水资源的不同需求状况，属地质环境功能的组成方面，由地下水降落漏斗、海水入侵、含水层介质类型、地下水资源质量、中心城市群、距海远近6项指标组成。

（1）地下水降落漏斗。

地下水降落漏斗是由地下水的过量或集中等不合理开采方式所引起的地下水位下降，形成区域性漏斗状凹面，地下水降落漏斗的形成破坏了地质环境的稳定性，对于已有地下水漏斗形成的区域，可将地质环境功能需求指数定为1，无漏斗区为0。

（2）海水入侵。

沿海城市地下淡水的过量开采或海边水产养殖破坏了地下水系统的水盐平衡及水动力平衡，导致咸水倒灌进入地下水系统，海水入侵使地下水水质变咸，土壤盐渍化，灌溉机井报废等，海水入侵破坏了沿海城市的地质环境稳定性。海水入侵指标为定性指标。

（3）含水层介质类型。

含水层的介质类型不同决定了地质环境的稳定性及衰变程度的不同，是进行地下水开采时需首先考虑的工程地质指标，含水层介质类型的不同，对地下水的地质环境安全所起作用也不同。

（4）地下水资源质量。

地下水资源质量是影响水资源可持续开发利用的一个重要参数，可以反映地下水系统动力场和水化学场变化情势，地下水的质量等级一般分为Ⅰ、Ⅱ、Ⅲ、Ⅳ和Ⅴ级。

（5）中心城市群。

中心城市群指标反映地质环境所受外部环境的压力状况，规定研究区内属环渤海中心城市群的城市均在此列，为定性指标，属中心城市群的定为 1，其余定为 0。

（6）距海远近。

评价区域多为沿海城市，海水入侵是常见的地质灾害现象，距海远近成为影响城市地质环境稳定性的重要因素，本章规定沿海城市即指有海岸线的直辖市和地级市（包括其下属的全部区、县和县级市）为 1，其余皆为 0。

9.2.4　评价指标数据来源及评价标准的建立

1. 评价指标数据来源

本章所涉及的评价指标数据主要来源于相关年份的《辽宁省水资源公报》《辽宁省统计年鉴》《辽宁省城市年鉴》《中国城市统计年鉴》《辽宁省国土资源地图集》《辽宁省水资源》及遥感解译资料等。

2. 评价标准的建立

（1）评价标准。

参照《地下水功能评价与区划技术要求》中地下水功能评价的分级标准，根据评价需要确定了下辽河平原地下水功能评价指标的分级标准，本书将地下水功能强弱依次划分为强、较强、一般、较弱和弱 5 个等级，各指标数据经归一化处理后，按照表 9-1 进行分级划分。

表 9-1　评价指标标准分级

标准分级	分级指数
强（Ⅰ级）	0.8～1.0
较强（Ⅱ级）	0.6～0.8
一般（Ⅲ级）	0.4～0.6
较弱（Ⅳ级）	0.2～0.4
弱（Ⅴ级）	0.0～0.2

注：表中所有涉及范围的类型划分，都是含上不含下

（2）指标标准分级含义。

在指标标准分级中，"强"表示研究区地下水资源量多，可开发性强。生态或地质环境变化与地下水系统存在密切联系，地下水开发利用将会或已经引发了生态或地质环境强烈的破坏。"较强"表示研究区地下水资源量较多，可开发性较强。生态或地质环境变化与地下水系统存在着密切的联系，地下水开发利用将会或已经引发了生态或地质环境较强的破坏。"一般"表明研究区地下水资源量一般，可开发性一般。生态环境或地质环境变化与地下水系统变化之间存在一定关系，地下水开发利用可能会引起较明显的生态或地质问题。"较弱"表示研究区域地下水资源量较少，可开发性较弱。生态或地质环境变化与地下水系统变化联系薄弱，地下水开发利用不会或可能稍微引发生态或地质环境的破坏。"弱"表示研究区域地下水资源量少，无可开发性或可开发性弱。生态或地质环境变化与地下水系统变化不存在联系，地下水开发利用不会引发生态或地质环境的破坏。

（3）评价指标标准化。

地下水功能评价的目的是区分不同区域地下水功能的强弱，便于制定合理的地下水资源开发方案和保护措施，实现地下水资源的长期可持续利用。建立评价标准是为了定量化指标数据，合理规划功能强弱程度。

为了在统一评价体系内对不同指标的数据进行比较和运算，需对选用数据进行标准化处理。在数据处理前，先分析指标的性质将指标分为两类：指标值越大表明地下水功能越强的"效益型"指标和指标值越小对应地下水功能越强的"成本型"指标。效益型指标和成本型指标的标准化计算公式分别为

$$y_{ij} = \frac{x_{ij}}{\max x_{ij}}, \ 1 \leqslant i \leqslant m, 1 \leqslant j \leqslant n \qquad (9\text{-}1)$$

$$y_{ij} = \frac{\max x_{ij}}{x_{ij}}, \ 1 \leqslant i \leqslant m, 1 \leqslant j \leqslant n \qquad (9\text{-}2)$$

式中，x_{ij} 为评价指标原始数据；y_{ij} 为指标归一化后的数值。通过式（9-1）和式（9-2）可计算出下辽河平原各评价指标的标准化值。

9.2.5　评价方法

本章主要采用层次分析法和 GIS 空间叠加技术进行综合评价。首先利用层次分析法来确定各评价指标的权重作为综合分析的基础；然后按照 GIS 空间叠加技术计算要素指标层各指标对应值；最后按照评价要求与模型，进行综合评价与空间分析，利用评价结果图进行评价分析。

1. 层次分析法确定评价指标权重

目前多指标综合评价中各评价指标权重的确定方法主要有两种：一种是主观赋权法，主要由专家根据经验主观判断而得到，如 AHP 法、Delphi 法等；另一种是客观赋权法，不依赖于人的主观判断，客观性较强，如变异系数法直接根据指标实测值经过一定数学处理后获得权重。本章采用 AHP 法来确定各指标权重，主要步骤为明确问题、建立递阶层次结构（目标层、指标层、策略层）、构造判断矩阵、层次排序计算、一致性检验、选择评价标准进行评价，得出可行的综合评价值，具有高度的逻辑性、系统性和实用性（许树柏，1988）。下辽河平原地下水功能评价指标权重结果见表 9-2。

表 9-2　下辽河平原地下水功能评价指标权重

系统目标层	功能准则层	结构指标层	要素指标层	指标层权重	指标类型
地下水综合功能	资源功能 0.5396	供给指数	地下水可开采资源模数	0.2348	效益型
			含水层厚度	0.1270	效益型
			含水层渗透系数	0.0262	效益型
			含水层给水度	0.0382	效益型
			地下水矿化度	0.0739	成本型
		需求指数	地下水开采模数	0.2009	效益型
			地表水资源量	0.0857	成本型
			多年平均降水量	0.0646	成本型
			城市化率	0.0492	效益型
			经济密度	0.0382	效益型
			人口密度	0.0123	效益型
			工业用水定额	0.0208	效益型
			农田灌溉用水定额	0.0284	效益型
	生态功能 0.2970	供给指数	地下水可开采资源模数	0.2348	效益型
			含水层厚度	0.1270	效益型
			含水层渗透系数	0.0262	效益型
			含水层给水度	0.0382	效益型
			地下水矿化度	0.0739	成本型
		需求指数	植被覆盖指数	0.0173	效益型
			生物丰度指数	0.0269	效益型
			湿地占有情况	0.2119	效益型
			自然保护区占有率	0.1270	效益型
			地下水埋深	0.0736	成本型
			土地利用类型	0.0434	效益型

续表

系统目标层	功能准则层	结构指标层	要素指标层	指标层权重	指标类型
地下水综合功能	地质环境功能 0.1634	供给指数	地下水可开采资源模数	0.2348	效益型
			含水层厚度	0.1270	效益型
			含水层渗透系数	0.0262	效益型
			含水层给水度	0.0382	效益型
			地下水矿化度	0.0739	成本型
		需求指数	地下水降落漏斗	0.1720	效益型
			海水入侵	0.1764	效益型
			含水层介质类型	0.0377	效益型
			距海远近	0.0744	效益型
			中心城市群	0.0159	效益型
			地下水资源质量	0.0235	成本型

2. GIS 空间叠加技术

GIS 可对空间相关数据进行采集、显示、分析、管理和模拟，GIS 技术与各种数学模型的结合已广泛应用于各专业领域（许传音，2009；曾庆雨等，2009；杨俊，2008；张礼中等，2008），将其应用于地下水功能评价也是一种新趋势。GIS 空间叠加分析主要是应用 GIS 相关软件，先得到评价指标层各单个评价因子的完整栅格数据图层，然后对指标层各评价因子数据图层进行加权叠加，得到地下水各功能结构层栅格数据图层，对结构层指标图层进行图层乘积运算，得到各功能层数据图层，根据方法模型加权叠加后，最终得到研究区地下水功能综合评价图，实现概念评价模型的可视化。

在本章建立的指标体系中，功能层和指标层均采用多因子加权求和模型加权叠加分析，模型如下：

$$R = \sum_{i=1}^{n} a_i X_i \tag{9-3}$$

式中，R 为综合评价指数；a_i 为评价指标权重；X_i 为评价指标值，为要素指标值归一化处理分级后的结果；n 为评价指标个数。

体系结构层需要进行结构指数的相乘运算，采用模型如下：

$$F = P \times D \tag{9-4}$$

式中，F 为地下水功能指数；P 为地下水功能需求指数；D 为地下水功能供给指数。

最后分析得出地下水的综合功能评价图。根据下辽河平原的实际情况和评分值的具体范围，将地下水功能评价等级分为强（Ⅰ级）、较强（Ⅱ级）、一般（Ⅲ级）、较弱（Ⅳ级）与弱（Ⅴ级）5 个等级。

9.3　下辽河平原地下水功能评价及结果分析

9.3.1　地下水资源功能评价

地下水资源功能评价结果，如图 9-2 所示。地下水资源功能强区（Ⅰ级）和较强区（Ⅱ级）的区域主要分布在苏家屯、大小凌河冲积扇、新民—辽中平原区、辽浑河冲积扇区和辽阳市区，约占研究区总面积的 24.59%。根据对下辽河平原气象、水文、经济等资料的分析可知，这部分地区地下水资源较为丰富，地表可替代性水资源较少，且区域城市化水平高、工业用水量较大。地下水资源功能一般区（Ⅲ级）的区域约占研究区总面积的 25.62%，主要分布在浑太河流域、新民、台安、盘山部分地区及西部平原外围区，这部分地区地下水可开采资源模数虽大，但工业农业用水消耗少，区域地下水开采模数并不高。地下水资源功能较弱区（Ⅳ级）和弱区（Ⅴ级）共占研究区总面积的 49.79%，主要分布于南部滨海区、海城河冲积扇、羊肠河冲积扇、黑鱼沟河冲积扇、辽河冲积扇、铁岭、抚顺、阜新和法库等地。主要是这部分区域地下水资源匮乏、地表可替代性水资源较多，尤其是南部滨海平原区地下水矿化度较高不宜开采，从而导致这部分地区地下水可开采资源模数较小，地下水资源功能较弱。

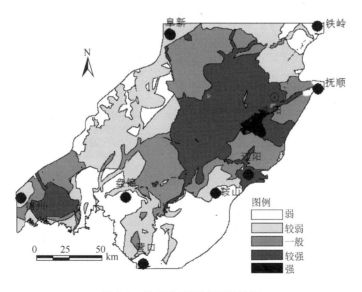

图 9-2　地下水资源功能评价图

9.3.2　地下水生态功能评价

地下水生态功能评价结果，如图 9-3 所示，生态功能强区（Ⅰ级）和较强区（Ⅱ级）主要位于太子河冲积扇、大小凌河冲积扇、南部滨海区及中部河谷平原部分地区，约占研究区总面积的 23.57%。这部分地区地下水资源较为丰富但多分布在有自然保护区、生物丰度、植被覆盖度较高的地区，尤其是南部滨海区分布有大面积湿地保护区，各种因素导致这些地区适宜进行生态保护。生态功能一般区（Ⅲ级）主要位于中部河谷平原、新民市部分地区及西南部沿海地区，约占研究区总面积的 24.73%，这些地区地下水资源较为丰富，但地表植被覆盖、生物丰度一般且含水层厚度较大，地下水埋深适宜，地下水开采并不易引发生态环境问题。生态功能较弱区（Ⅳ级）与弱区（Ⅴ级）主要分布于大小凌河冲积扇、西部山前平原部分地区及南部滨海平原、北部阜新铁岭等地，约占研究区总面积的 51.7%，这些地区地下水矿化度小且地表植被覆盖较少，生态环境较好，开采不会引发生态问题，故这部分地区生态功能较弱。

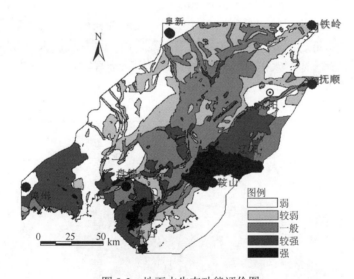

图 9-3　地下水生态功能评价图

9.3.3　地下水地质环境功能评价

地下水地质环境功能评价结果，如图 9-4 所示，地质环境功能强区（Ⅰ级）和较强区（Ⅱ级）主要分布于浑太河流域、大小凌河冲积扇及盘山、营口一线等地，约占研究区总面积的 24.35%，主要是因大多数区域地下水超采导致的地下水降落漏斗及海水入侵的产生，且地下水埋藏较浅，含水层介质多为疏松岩类。地质环境功能一般区（III 级）主要位于中部河谷平原区、东部冲洪积倾斜平原、南部滨海区，约占研究区总面积的 24.15%，这部分地区无明显的地质灾害问题。地下水地质环境功能较弱区（IV 级）和弱区（V 级）主要分布于柳河与饶阳河流域、西部冲洪积平原、基岩裸露的外围低山丘陵区、辽浑冲积扇及南部滨海部分地区，约占研究区总面积的 51.5%，这部分地区地下水可开采资源模数较小、含水层介质多为变质岩与岩浆岩，虽然南部滨海区距海较近但地下水矿化度高，无法进行开采，故这些地区为地质环境功能最弱区。

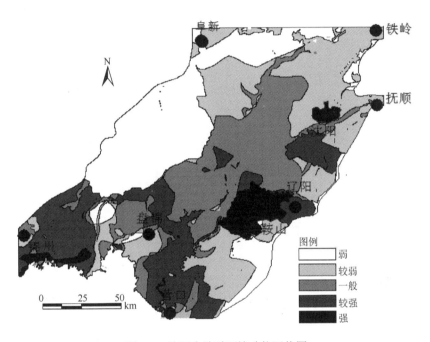

图 9-4　地下水地质环境功能评价图

9.3.4　地下水综合功能评价

地下水综合功能评价结果，如图 9-5 所示，地下水综合功能强区（I 级）主要分布于辽中及太子河冲积扇区，约占研究区总面积的 2.62%。该区地下水资源丰富，水质良好，地下水资源尚有较大的开采潜力，可充分发挥其资源功能。地下水综合功能较强区（II 级）主要分布于新民—辽中冲积平原、浑河冲积扇、太子河冲积扇及大小凌河冲积扇，约占研究区总面积的 21.54%，这些地区地下水资源相对丰富，水质良好，生态和地质环境压力较小，可在开发资源功能时兼顾其他功能。地下水综合功能一般区（III 级）分布于新民、台安、大洼及凌海市部分地区，约占研究区总面积的 22.87%，这些地区赋存一定的地下水资源，但也有潜在的生态及地质环境问题。地下水综合功能较弱区（IV 级）分布于辽河冲积扇、法库、新民部分区域及中部河谷平原西侧区域，约占研究区总面积的 25.49%，这部分区域地下水资源稀少，生态及水文地质条件差，不适宜进行地下水的长期开采，应加强对生态及地质环境的保护。地下水综合功能弱区（V 级）大部分位于西部山前倾斜平原、平原外围低山丘陵区及海城河冲积扇、北部的阜新、铁岭等地，约占研究区总面积的 27.48%，这部分区域地下水资源缺乏或超采严重，地下水资源矿化度高，存在严重的环境水文地质问题，应全面保护地下水生态与地质环境功能，积极开展生态与地质环境的恢复工作。

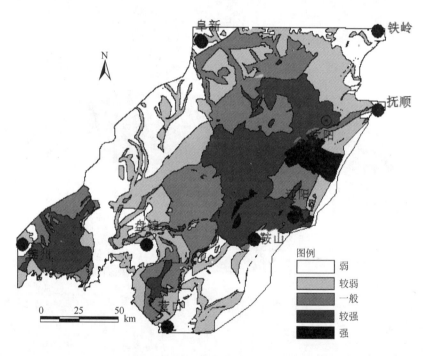

图 9-5　地下水综合功能评价图

下辽河平原地下水各功能评价分级所占面积比例，如表 9-3 所示。为验证地下水功能评价精度，将下辽河平原地下水功能评价结果与辽宁省国土资源厅完成的《辽宁省地下水资源评价》（2002）中关于地下水资源评价、环境水文地质问题、地下水脆弱性、地下水开发利用情况等方面内容进行对比，评价结果基本符合实际情况。

表9-3　地下水各功能分级面积比例　　　　（单位：%）

功能组成	功能分级				
	强	较强	一般	较弱	弱
资源功能	0.95	23.64	25.62	27.38	22.41
生态功能	5.62	17.95	24.73	23.52	28.18
地质环境功能	4.93	19.42	24.15	27.02	24.48
综合功能	2.62	21.54	22.87	25.49	27.48

第10章 下辽河平原地下水资源价值评价

水资源价值系统是一个受社会、经济、自然条件、生态环境制约的复杂系统。水资源价值研究是水资源经济管理的重要内容，可以缓解水危机，对水资源的永续利用和社会、经济、生态和谐共处都具有重要意义。基于地下水资源的有限性和对地下水资源供需矛盾的分析，地下水资源同其他自然资源一样具有经济价值。

10.1 地下水资源价值评价指标体系

10.1.1 指标体系的建立原则

地下水资源价值评价指标体系作为一种政策性的导向，应以人与自然和谐发展为准则，考虑人口、经济、社会、资源和生态环境的协调发展。建立地下水资源价值指标体系时，要使所建立的指标体系能够全面准确地反映地下水资源价值的现状和变化情况，选取的指标是所有指标中最具代表性、最便于度量和独立的主导性指标。确定完整的地下水资源价值评价指标体系应遵循以下原则。

（1）可持续性原则。

地下水资源价值评价既是理论问题，也是实践问题，其指标体系的建立必须遵循水资源的可持续利用与管理的基本理论，遵循科学发展规律。采用科学的方法，遵循可持续性原则，结合研究区社会经济发展的现状，真实有效地做出评价，实现地下水资源的科学永续利用。

（2）系统性原则。

地下水系统是一个由众多因子构成的复杂大系统，又是人与自然大系统中的一个子系统。系统中各子系统、各要素之间相互影响、相互制约。地下水资源价值评价指标体系必须基于多因素来进行综合评价，以系统思想为指导。

（3）指标定量化和可操作性原则。

指标体系的建立是为决策的制定和科学管理服务的，评价指标不能脱离相关资料信息的实际情况，因此可操作性在指标的选取中意义重大。可操作性是指评价指标的参数应易于获取、相关信息易于量化，便于计算与分析，具有可评价性和可比性。

（4）动态性和敏感性原则。

地下水系统是一个受自身因素和人为作用影响而不断发生变化的动态系统。

在建立指标体系时，要充分考虑区域社会经济的发展特点，同自然生态环境的区域性结合起来，建立相应的指标体系。当社会经济发生变化时，这些指标也要有明显的变动，地下水资源价值评价指标体系的选取应具有对地下水系统变化的敏感性。

（5）时空差异性。

评价因子的指标值随时间和空间的不同而变化，指标体系的建立要同区域性结合起来。因此所选的指标及其标准值必须根据区域和时间的不同有相应的变化，力求空间和时间的统一。

10.1.2　地下水资源价值评价指标体系的建立

选取合理的评价指标体系，准确提取各指标的性状参数并赋予其科学的评价标准，才能使评价结果真实、客观（李绍飞，2003）。地下水资源能满足人类的生命需求，能促进经济发展，能维持生态环境平衡，具有使用价值、经济价值和生态环境价值。因此地下水资源价值受社会、经济、生态环境等多方面的制约。本章通过理论分析、文献调研和经验借鉴相结合的方法，根据评价指标选取时应遵循的代表性、可定量性、独立性和简易性原则（姜文来，1998），以分析地下水资源价值的影响因素为基础，建立地下水资源价值评价指标体系。地下水资源价值评价指标体系由目标层、准则层和指标层 3 个层次构成。地下水资源价值评价的目的是综合评价地下水系统的价值水平，因此目标层即为地下水资源价值评价；用地下水资源价值的影响因素（自然、社会、经济和生态环境）作为准则层。建立的评价指标体系如图 10-1 所示，各评价指标所表征的意义见表 10-1。

（1）自然属性。

地下水是自然界的产物，自然因素是决定地下水资源价值的重要因素之一。自然属性决定了地下水资源的分布、数量、开发利用条件与特性，是衡量一个地区地下水丰富程度和可再生能力的重要指标。

（2）生态环境属性。

地下水系统是生态环境的重要组成部分，地下水资源生态环境属性主要体现在维持地表生态格局向良性方向发展和维持地质环境稳定等方面。

（3）社会属性。

社会属性在地下水资源价值评价中也不可忽视，公平性是地下水资源社会属性的首要特征，主要包括人口、文化素质、政策、技术等。

（4）经济属性。

经济属性与水资源密不可分，对地下水资源价值具有重要影响，高效性是地下水资源经济属性的集中表达，主要包括产业结构、产业规模、水资源的开发利用效率、支撑经济可持续发展等方面。

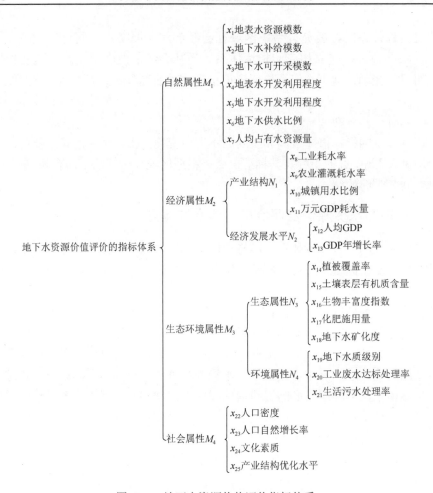

图 10-1　地下水资源价值评价指标体系

表 10-1　地下水资源价值评价的指标含义

评价指标	单位	含义	指标说明
x_1 地表水资源模数	$10^4 \text{m}^3/(\text{km}^2 \cdot \text{a})$	表征地下水系统状态变化对地表径流的响应程度	正向指标
x_2 地下水补给模数	$10^4 \text{m}^3/(\text{km}^2 \cdot \text{a})$	表征地下水的可再生性能	正向指标
x_3 地下水可开采模数	$10^4 \text{m}^3/(\text{km}^2 \cdot \text{a})$	表征地下水抵抗外界胁迫的能力	正向指标
x_4 地表水开发利用程度	%	表征人类活动对地表水系统的胁迫程度	负向指标
x_5 地下水开发利用程度	%	表征人类活动对地下水系统的胁迫程度	负向指标
x_6 地下水供水比例	%	表征地下水系统的供水能力	负向指标
x_7 人均占有水资源量	m^3	表征水资源供给能力	正向指标
x_8 工业耗水率	%	表征人类生产活动对地下水环境的胁迫能力	负向指标
x_9 农业灌溉耗水率	%	表征人类生产活动对地下水环境的胁迫能力	负向指标
x_{10} 城镇用水比例	%	表征人类生产活动对地下水环境的胁迫能力	负向指标
x_{11} 万元 GDP 耗水量	$\text{m}^3/\text{万元}$	表征人类活动对地下水系统的胁迫强度	负向指标

续表

评价指标	单位	含义	指标说明
x_{12} 人均 GDP	元/人	表征地下水环境胁迫因素的变化强度	正向指标
x_{13} GDP 年增长率	%	表征人类生产活动对地下水环境的胁迫能力	负向指标
x_{14} 植被覆盖率	%	表征地下水系统的稳定性对地表生态环境的胁迫	正向指标
x_{15} 土壤表层有机质含量	%	表征地下水位、水质的稳定性	负向指标
x_{16} 生物丰富度指数	%	表征地下水系统的稳定性对地表生态环境的胁迫	正向指标
x_{17} 化肥施用量	%	表征地下水位、水质的稳定性	负向指标
x_{18} 地下水矿化度	g/L	表征地下水的资源供给功能、水的用途	负向指标
x_{19} 地下水质级别	无量纲	表征地下水的资源供给功能、水的用途	负向指标
x_{20} 工业废水达标处理率	%	表征人类活动对水环境的胁迫	正向指标
x_{21} 生活污水处理率	%	表征人类活动对水环境的胁迫	正向指标
x_{22} 人口密度	人/km²	表征地下水环境胁迫因素的变化强度	负向指标
x_{23} 人口自然增长率	%	表征地下水环境胁迫因素的变化强度	负向指标
x_{24} 文化素质	%	表征地下水环境胁迫因素的变化强度	正向指标
x_{25} 产业结构优化水平	%	表征人类活动对地下水系统的胁迫强度	正向指标

10.1.3　研究区地下水资源价值评价指标选取

根据地下水资源价值评价指标体系，结合研究区的实际情况，选取的评价指标见图 10-2。根据选取的地下水资源价值评价指标，参照《辽宁省统计年鉴》（辽宁省人民政府，2006），《辽宁省水资源公报》（辽宁省水利厅，2006）确定下辽河平原地区各个行政区地下水资源价值的各项指标值，见表 10-2。

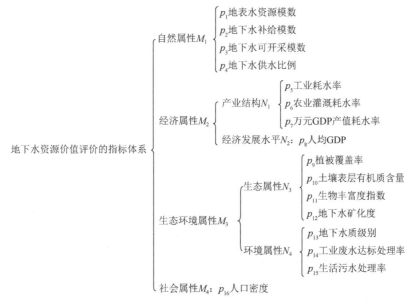

图 10-2　研究区地下水资源价值评价指标体系

为了便于研究计算，本书将提取出的变量单独编号

表 10-2　下辽河平原各地区地下水资源价值评价指标值

指标及单位	区域							
	沈阳	鞍山	抚顺	锦州	营口	辽阳	铁岭	盘锦
p_1 地表水资源模数/($10^4\mathrm{m}^3$/(km²·a))	7.63	22.45	21.21	6.10	11.30	14.86	5.64	13.93
p_2 地下水补给模数/($10^4\mathrm{m}^3$/(km²·a))	17.71	9.82	4.75	8.73	5.15	18.66	5.76	9.46
p_3 地下水可开采模数/($10^4\mathrm{m}^3$/(km²·a))	17	12	1	8	3	13	6	4
p_4 地下水供水比例/%	72.93	69.17	7.28	94.62	22.86	44.31	9.41	50.90
p_5 工业耗水率/%	16.27	46.90	67.42	52.91	20.92	68.42	18.78	45.63
p_6 农业灌溉耗水率/%	1289.60	1080.46	978.03	548.44	1529.10	2811.01	711.17	250.89
p_7 万元 GDP 产值耗水率/%	77	72	13	14	14	24	30	108
p_8 人均 GDP/(元/人)	5.42	4.58	2.96	2.23	3.02	3.09	5.12	1.75
p_9 植被覆盖率/%	51.54	61.29	19.99	54.08	48.15	49.96	41.61	62.14
p_{10} 土壤表层有机质含量/%	1.75	2.25	1.75	1.25	2.25	1.75	1.75	1.5
p_{11} 生物丰富度指数/%	36.26	45.54	15.5	48.89	45.4	34.38	38.99	54.31
p_{12} 地下水矿化度/(g/L)	1.16	0.03	0.35	1.05	0.79	1.06	2.0	0.88
p_{13} 地下水质级别（无量纲）	5	4	4	2	5	5	4	3
p_{14} 工业废水达标处理率/%	91.46	95.51	95.04	96.30	99.69	91.38	85.28	78.73
p_{15} 生活污水处理率/%	76.6	29.25	56.88	51.5	51	79.64	53.58	83.51
p_{16} 人口密度/(人/km²)	547	379	198	318	175	385	319	236

10.2　基于突变理论的下辽河平原地下水资源价值评价

地下水系统价值的高低变化是一个"非连续现象"，突变理论可以直接处理不连续性的事件，因此本章选用突变理论对下辽河平原地区地下水资源价值进行评价。

10.2.1　突变理论概述

突变理论研究的就是从一种稳定组态跃变到另一种稳定组态的现象和规律，能较好地解说和预测自然界和社会上不连续的突然现象。因此，突变理论来源于拓扑学和分析学中关于结构稳定性的研究。

突变理论是以数学为工具，以结构稳定性理论为基础，描述系统状态的变化。任何一种运动状态，都包括稳定态和非稳定态，在微小的偶然扰动因素作用下，如果质变中的中间过渡是稳定的，那么它就是一个渐变的稳定过程，反之就是结构不稳定的突变、飞跃过程。托姆的突变理论，给出系统处于稳定状态的参数区域，参数变化时，系统状态也随之变化，当参数通过某些特定位置时，状态就会发生突变。所以，突变理论就是用形象而精确的数学模型来描述质量互变的过程。

突变理论既能处理连续和光滑的现象，又能处理不连续和突然的变化，既有定性的研究，又有定量的应用。

突变理论的核心在于即使对形态的基质所具特征或作用力本质一无所知，仍有可能在某种程度上理解形态发生的过程。揭示形态学中任一形态的实质，需要用到与环境因素有关的不连续性。当传统的分析数学在解释不连续和突变现象面前束手无策时，突变理论给出一种新颖的思考方法。突变理论现已广泛应用于自然科学和社会科学中，特别是最近十几年来，突变理论及其应用研究得到了蓬勃发展，并迅速成为研究领域的热点（戚杰，2005）。

10.2.2　初等突变模型

初等突变用来表示各个局部区域间发生冲突的情况，也是势函数在四维时空上以稳定的方式取得极小值点。突变理论的主要特点是根据系统的势函数将系统的临界点进行分类，进而研究临界点附近的非连续性变化特征（阿诺尔德，1992）。通常所讲的突变理论是指托姆归纳出的 7 个初等突变模型（Postont et al.，1978），势函数中有两种变量：分别是控制变量和状态变量。控制变量是成为突变原因的连续变化的因素；状态变量是行为状态的描述（冯雪艳等，2007）。突变理论模型表明：只要控制变量不多于 4 个，就有 7 种基本突变，分别是折叠型、尖顶型、燕尾型、蝴蝶型、双曲脐点型、椭圆脐点型、抛物脐点型。初等突变类型，如表 10-3 所示。

表 10-3　初等突变类型表

初等突变类型	势函数	状态变量	控制参量
折叠突变	$V(x)=x^3+ax$	1	1
尖顶突变	$V(x)=x^4+ax^2+bx$	1	2
燕尾突变	$V(x)=x^5+ax^3+bx^2+cx$	1	3
蝴蝶突变	$V(x)=x^6+ax^4+bx^3+cx^2+dx$	1	4
双曲脐点突变	$V(x,y)=x^3+y^3+axy-bx-cy$	2	3
椭圆脐点突变	$V(x,y)=1/3x^3-xy^2-a(x^2+y^2)-bx+cy$	2	3
抛物脐点突变	$V(x,y)=y^4+x^2y+ax^2+by^2-cx-dy$	2	4

表 10-3 中 $V(x)$、$V(x,y)$ 表示系统状态变量 x 和 x、y 的势函数，x、y 为状态变量，系数 a，b，c，d 表示控制变量。在 7 种基本模型中，尖顶突变的相空间是三维的，具有临界曲面容易构造、直观性强、双态性和突然变化等特点，所以最常用的形式是尖顶突变。折叠突变是二维相空间，分歧点集把空间分成了两个区域，当两个平衡点合并为一个拐点时，系统就不能持续稳定。燕尾突变的相空间是四维的，因其分歧点集的曲面形似燕尾而得名。蝴蝶突变的相空间是五维的，控制空间为四维，因其分歧点集的曲面形似蝴蝶而得名。

10.2.3　初等突变模型归一化

基于突变理论的多准则评价方法，通过对分歧集的归一化处理，得到指标的突变模糊隶属度，这种方法不需要确定各个指标因素的权重，但要区分各个指标因素的主次关系。势函数的分歧方程可通过求一阶导数和二阶导数得到。突变模型中，势函数 $V(x)$ 的所有临界点集合成一个平衡面，通过对 V 求一阶导数，并令 $V'(x)=0$，即可得到该平衡曲面方程。平衡曲面的奇点集可通过二阶导数求得。令 $V'(x)=0$ 和 $V''(x)=0$ 可得到反映状态变量与各控制变量间关系的分解形式的分歧方程。归一化公式可由势函数和分歧方程导出。几种常用突变模型分解形式的分歧方程如下（左丽琼，2008；周绍江，2003）：

折叠突变：$a=-6x^2$。

尖顶突变：$a=-6x^2$，$b=8x^3$。

燕尾突变：$a=-6x^2$，$b=8x^3$，$c=-3x^4$。

蝴蝶突变：$a=-10x^2$，$b=20x^3$，$c=-15x^4$，$d=4x^5$。

经归一化处理后的分歧方程，即是突变模型的模糊隶属度函数。以蝴蝶型突变为例，突变势函数为：$V(x)=x^5+ax^4+bx^3+cx^2+dx$，其分解形式的分歧方程可改写为

$$x_a=\sqrt{-\frac{a}{10}},\ x_b=\sqrt[3]{\frac{b}{20}},\ x_c=\sqrt[4]{-\frac{c}{15}},\ x_d=\sqrt[5]{\frac{x}{4}} \tag{10-1}$$

式中，x_a、x_b、x_c、x_d 是对应于 a、b、c、d 的 x 值。

如果令 $|x|=1$，则有 $a=-10$，$b=20$，$c=-15$，$d=4$，这样就确定了在评价决策时状态变量 x 和控制变量 a、b、c、d 的取值范围。其绝对值分别是：$|x|$ 为 0~1，$|a|$ 为 0~10，$|b|$ 为 0~20，$|c|$ 为 0~15，$|d|$ 为 0~4。但是这样 x、a、b、c、d 的取值不统一。为了实际运算简单方便，并且便于使用其他评价方法的已有数据，常用方法是将状态变量和控制变量的取值范围限制在 0~1。所以，只要将 a 的值缩小 10 倍，b 的值缩小 20 倍，c 的值缩小 15 倍，d 的值缩小 4 倍即可。缩小相对范围的方法，不影响突变模型的性质。由此得到蝴蝶突变模型的归一方程为

$$x_a=\sqrt{a},\ x_b=\sqrt[3]{b},\ x_c=\sqrt[4]{c},\ x_d=\sqrt[5]{d} \tag{10-2}$$

经同样处理，可得其他突变模型的归一方程。

折叠突变模型的归一化方程是

$$x_a=\sqrt{a} \tag{10-3}$$

尖顶突变模型的归一化方程是

$$x_a=\sqrt{a},\ x_b=\sqrt[3]{b} \tag{10-4}$$

燕尾突变模型的归一化方程是

$$x_a = \sqrt{a}, \ x_b = \sqrt[3]{b}, \ x_c = \sqrt[4]{c} \qquad (10\text{-}5)$$

蝴蝶突变模型的归一化方程是

$$x_a = \sqrt{a}, \ x_b = \sqrt[3]{b}, \ x_c = \sqrt[4]{c}, \ x_d = \sqrt[5]{d} \qquad (10\text{-}6)$$

归一化公式将系统内部各控制变量的不同质态归一化为可比较的同一种质态，即用状态变量表示的质态。运用归一化公式，可求出表征系统状态特征的系统总突变隶属度函数值，作为综合评价的凭据。经过归一化处理后的状态变量和控制变量的取值均在 0~1，称其为突变模糊隶属度函数，这是突变多准则评价方法的核心部分。其中，进行综合评价时比较常用的归一化公式是尖顶型突变、燕尾型突变和蝴蝶型突变模型。突变多准则方法存在许多的评价因素，这些评价因素可能是单层也可能是多层，可能相互有关系也可能毫无联系。通过对这些因素进行分析、组合成层次结构，上层为"源头"，下层为"支流"。计算时只需要最下层"支流"的原始数据即可，通过归一化处理即可得到相应的突变隶属度函数，最终计算出总目标。

突变模糊隶属度函数与一般的模糊隶属度函数相似，但也有很大的不同，主要表现在实际应用上。突变模型中的各控制变量对状态变量的影响是模型本身所决定的，而模糊隶属度函数是由使用者主观因素给出权重。另外，在突变模型系统中状态变量和控制变量是矛盾对立的两个方面，控制变量在系统中的重要程度是不同的，对状态变量的作用有主次之分。

10.2.4　突变评价原则

利用突变理论模型进行评价决策时，根据实际情况可采用三种不同准则。第一种是非互补准则，即一个系统的控制变量（如 a、b、c、d）之间不可相互弥补其不足，则遵循"非互补原则"：在利用归一化公式计算 x_a、x_b 时，每个状态变量值应该从该变量所对应的各个控制变量（如 x_a、x_b、x_c、x_d）相应的突变级数值中选取，计算出的 x 值采用"大中取小"的原则。假若系统的诸控制变量之间不可相互弥补不足，则从诸控制变量对应的 x 值中，即 x_a、x_b、x_c、x_d 中选取最小的一个作为整个系统 x 值，即为"大中取小"。只有这样才能满足分叉集方程，才能质变。第二种是互补准则，即如果一个系统中的各个控制变量之间可以相互补充其不足时，则遵循"互补原则"，选取控制变量 a、b、c、d 相对应的 x_a、x_b、x_c、x_d 的平均值作为系统状态变量值，以使 x 达到较高的平均值。第三种是过阈互补准则，即系统中的诸多控制变量必须达到某一阈值后才能互补。为了使评价结果更合理、更趋于科学性，尽量选取科学合理的主要控制变量，删除影响较小的次要因素，并严格限制次要控制变量，主要凸显起主导作用的控制变量。

10.2.5　突变级数转换

地下水资源价值评价指标有正向指标和负向指标之分。正向指标是指标值越大越好，即指标值越大地下水资源价值越高；负向指标是指标值越小越好，即指标值越小地下水资源价值越高。为了使正向指标和负向指标具有可比性，需要对指标进行标准化处理，采用突变模糊隶属度函数对原始数据进行处理，将所有数据转换为 0～1 的突变级数（葛输龙等，1996）。对越大越优型指标、越小越优型指标和适中型指标分别采用式（10-7）～式（10-9）进行数据转换。

$$Y = \begin{cases} 1, X \geqslant a_2 \\ (X - a_1)/(a_2 - a_1), a_1 < X < a_2 \\ 0, 0 \leqslant X \leqslant a_1 \end{cases} \quad (10\text{-}7)$$

$$Y = \begin{cases} 1, 0 \leqslant X \leqslant a_1 \\ (a_2 - X)/(a_2 - a_1), a_1 < X < a_2 \\ 0, X \geqslant a_2 \end{cases} \quad (10\text{-}8)$$

$$Y = \begin{cases} 2(X - a_1)/(a_2 - a_1), a_1 \leqslant X < a_1 + (a_2 - a_1)/2 \\ 2(a_2 - X)/(a_2 - a_1), a_1 + (a_2 - a_1)/2 \leqslant X \leqslant a_2 \\ 0, X > a_2 或 X < a_1 \end{cases} \quad (10\text{-}9)$$

式中，a_1 和 a_2 表示函数的上界、下界。选取不同的上界、下界值，对评价结果有一定的影响。在实际评价过程中，定量指标值往往是近似估算的，因此可以对各个定量指标的上下界取一适当范围，即在各定量指标最大、最小值基础上增减其本身的10%作为该定量指标的上下界。

根据式（10-7）～式（10-9）对下辽河平原各地区地下水资源价值评价的指标值进行突变级数转化，其结果见表 10-4。

表 10-4　下辽河平原地区地下水资源价值评价指标转化值

指标	城市							
	沈阳	鞍山	抚顺	锦州	营口	辽阳	铁岭	盘锦
p_1 地表水资源模数	0.1302	0.8856	0.8224	0.0522	0.3172	0.4987	0.0287	0.4513
p_2 地下水补给模数	0.8267	0.3412	0.0292	0.2741	0.0538	0.8852	0.0914	0.3191
p_3 地下水可开采模数	0.9045	0.6236	0.0056	0.3989	0.1180	0.6798	0.2865	0.1742
p_4 地下水供水比例	0.3194	0.3580	0.9925	0.0970	0.8328	0.6129	0.9707	0.5453
p_5 工业耗水率	0.9732	0.4679	0.1294	0.3687	0.8965	0.1129	0.9318	0.4888
p_6 农业灌溉耗水率	0.6289	0.7018	0.7376	0.8874	0.5453	0.0981	0.8307	0.9912
p_7 万元 GDP 产值耗水率	0.3903	0.4370	0.9879	0.9785	0.9785	0.8852	0.8291	0.1008

指标	城市							
	沈阳	鞍山	抚顺	锦州	营口	辽阳	铁岭	盘锦
p_8 人均 GDP	0.8765	0.6850	0.3157	0.1493	0.3294	0.3453	0.8081	0.0399
p_9 植被覆盖率	0.6661	0.8597	0.0397	0.7166	0.5988	0.6348	0.4690	0.8766
p_{10} 土壤表层有机质含量	0.5370	0.1667	0.5370	0.9074	0.1667	0.5370	0.5370	0.7222
p_{11} 生物丰富度指数	0.4872	0.6899	0.0338	0.7630	0.6868	0.4462	0.5468	0.8814
p_{12} 地下水矿化度	0.4786	0.9986	0.8514	0.5292	0.6489	0.5246	0.0920	0.6075
p_{13} 地下水质级别	0.1351	0.4054	0.4054	0.9459	0.1351	0.1351	0.4054	0.6757
p_{14} 工业废水达标处理率	0.5310	0.6354	0.6232	0.6557	0.7431	0.5289	0.3717	0.2029
p_{15} 生活污水处理率	0.7671	0.0446	0.4662	0.3841	0.3765	0.8135	0.4159	0.8726
p_{16} 人口密度	0.1231	0.5014	0.9088	0.6387	0.9606	0.4878	0.6364	0.8233

10.2.6　计算过程与评价结果

根据突变模型的归一化公式逐步向上综合，直到最顶层评价体系，以沈阳市为例，具体计算过程如下。

指标层 p 中，指标 p_1、p_2、p_3、p_4 构成蝴蝶型突变，利用式（10-6）有

$$x_{p_1} = \sqrt{0.1302} = 0.3608, \quad x_{p_2} = \sqrt[3]{0.8267} = 0.9385$$

$$x_{p_3} = \sqrt[4]{0.9045} = 0.9752, \quad x_{p_4} = \sqrt[5]{0.3194} = 0.7959$$

因为指标 p_1、p_2、p_3、p_4 符合非互补的"大中取小"原则，取 $x_{M_1} = 0.3608$。

指标 p_5、p_6、p_7 构成燕尾型突变，利用式（10-5）有

$$x_{p_5} = \sqrt{0.9732} = 0.9865, \quad x_{p_6} = \sqrt[3]{0.6289} = 0.8567, \quad x_{p_7} = \sqrt[4]{0.3903} = 0.7904$$

因为指标 p_5、p_6、p_7 符合互补原则，按平均值的原则，取 $x_{N_1} = 0.8779$。

指标 p_8 构成折叠型突变，利用式（10-3）有

$$x_{p_8} = \sqrt{0.8765} = 0.9362$$

则 $x_{N_2} = 0.9362$。

指标 p_9、p_{10}、p_{11}、p_{12} 构成蝴蝶型突变，利用式（10-6）有

$$x_{p_9} = \sqrt{0.6661} = 0.8162, \quad x_{p_{10}} = \sqrt[3]{0.5370} = 0.8128$$

$$x_{p_{11}} = \sqrt[4]{0.4872} = 0.8355, \quad x_{p_{12}} = \sqrt[5]{0.4786} = 0.8630$$

因为指标 p_9、p_{10}、p_{11}、p_{12} 符合非互补的"大中取小"原则，取 $x_{N_3} = 0.8128$

指标 p_{13}、p_{14}、p_{15} 构成燕尾型突变，利用式（10-5）有

$$x_{p_{13}} = \sqrt{0.1351} = 0.3676, \quad x_{p_{14}} = \sqrt[3]{0.5310} = 0.8098, \quad x_{p_{15}} = \sqrt[4]{0.7671} = 0.9359$$

因为指标 p_{13}、p_{14}、p_{15} 符合互补的均值原则，取 $x_{N_4} = 0.7044$。

指标 p_{16} 构成折叠型突变，利用式（10-3）有

$$x_{p_{16}} = \sqrt{0.1231} = 0.3509$$

则取 $x_{M_4} = 0.3509$。

准则层 N 中的 N_1、N_2 构成尖点型突变，利用式（10-4）有

$$x_{N_1} = \sqrt{0.8779} = 0.9370, \quad x_{N_2} = \sqrt[3]{0.9632} = 0.9783$$

因为指标 N_1、N_2 符合非互补的"大中取小"原则，取 $x_{M_2} = 0.9370$。

准则层 N 中的 N_3、N_4 构成尖点型突变，利用式（10-4）有

$$x_{N_3} = \sqrt{0.8128} = 0.9016, \quad x_{N_4} = \sqrt[3]{0.7044} = 0.8898$$

因为指标 N_3、N_4 符合互补原则，按平均值的原则，取 $x_{M_3} = 0.8957$。

总目标层是由 M_1、M_2、M_3、M_4 构成的蝴蝶型突变，利用式（10-6）有

$$x_{M_1} = \sqrt{0.3608} = 0.6007, \quad x_{M_2} = \sqrt[3]{0.9730} = 0.9909$$

$$x_{M_3} = \sqrt[4]{0.8957} = 0.9728, \quad x_{M_4} = \sqrt[5]{0.3509} = 0.8110$$

由于 M_1、M_2、M_3、M_4 符合非互补的"大中取小"原则，取 $x_M = 0.6007$。即沈阳市地下水资源价值突变隶属度为 0.6007。依此类推，可计算其他城市地下水资源价值评价的突变隶属度值，称其为地下水资源价值指数（表 10-5），地下水资源价值综合评价结果见表 10-6。

表 10-5 下辽河平原地区各市地下水资源价值评价指标的突变隶属度

指标	区域							
	沈阳	鞍山	抚顺	锦州	营口	辽阳	铁岭	盘锦
p_1 地表水资源模数	0.3608	0.9410	0.9068	0.2285	0.5632	0.7062	0.1696	0.6718
p_2 地下水补给模数	0.9385	0.6988	0.3080	0.6496	0.3776	0.9602	0.4504	0.6833
p_3 地下水可开采模数	0.9752	0.8886	0.2738	0.7947	0.5861	0.9080	0.7316	0.6460
p_4 地下水供水比例	0.7959	0.8143	0.9985	0.6271	0.9641	0.9067	0.9941	0.8858
p_5 工业耗水率	0.9865	0.6840	0.3597	0.6072	0.9468	0.3360	0.9653	0.6992
p_6 农业灌溉耗水率	0.8567	0.8887	0.9035	0.9610	0.8170	0.4612	0.9400	0.9971
p_7 万元 GDP 产值耗水率	0.7904	0.8130	0.9970	0.9946	0.9946	0.9700	0.9542	0.5635

续表

指标	区域							
	沈阳	鞍山	抚顺	锦州	营口	辽阳	铁岭	盘锦
p_8 人均 GDP	0.9362	0.8276	0.5619	0.3864	0.5739	0.5877	0.8989	0.1997
p_9 植被覆盖率	0.8162	0.9272	0.1992	0.8465	0.7738	0.7967	0.6848	0.9363
p_{10} 土壤表层有机质含量	0.8128	0.5503	0.8128	0.9681	0.5503	0.8128	0.8128	0.8972
p_{11} 生物丰富度指数	0.8355	0.9114	0.4289	0.9346	0.9104	0.8173	0.8599	0.9689
p_{12} 地下水矿化度	0.8630	0.9997	0.9683	0.8805	0.9171	0.8790	0.6206	0.9051
p_{13} 地下水质级别	0.3676	0.6367	0.6367	0.9726	0.3676	0.3676	0.6367	0.8220
p_{14} 工业废水达标处理率	0.8098	0.8597	0.8542	0.8688	0.9058	0.8087	0.7190	0.5876
p_{15} 生活污水处理率	0.9359	0.4596	0.8263	0.7873	0.7833	0.9497	0.8030	0.9665
p_{16} 人口密度	0.3509	0.7081	0.9533	0.7992	0.9801	0.6985	0.7978	0.9073
N_1 产业结构	0.9370	0.8918	0.8680	0.9243	0.9589	0.7675	0.9763	0.8679
N_2 经济发展水平	0.9783	0.9389	0.8252	0.7284	0.8310	0.8376	0.9651	0.5845
N_3 生态属性	0.9016	0.7418	0.4463	0.9201	0.7418	0.8926	0.8275	0.9472
N_4 环境属性	0.8898	0.8671	0.9175	0.9569	0.8818	0.8916	0.8961	0.9252
M_1 自然属性	0.3608	0.6988	0.2738	0.2285	0.3776	0.7062	0.1696	0.6460
M_2 经济属性	0.9370	0.8918	0.8252	0.7284	0.8310	0.7675	0.9651	0.5845
M_3 生态环境属性	0.8957	0.8045	0.6819	0.9385	0.8118	0.8921	0.8618	0.9362
M_4 社会属性	0.3509	0.7081	0.9533	0.7992	0.9801	0.6985	0.7978	0.9073

表 10-6 下辽河平原区地下水资源价值评价结果

评价区域	沈阳	鞍山	抚顺	锦州	营口	辽阳	铁岭	盘锦
地下水资源价值指数	0.6007	0.7758	0.6835	0.6736	0.7501	0.7661	0.6986	0.7685
价值等级	3	4	3	3	4	4	3	4
价值水平	中等	较高	中等	中等	较高	较高	中等	较高

结合研究区下辽河平原的实际情况，参考同类地下水资源价值研究和风险研究的评价标准，确定了适合本章的评价分级标准，其地下水资源价值评价等级划分标准见表 10-7。

表 10-7 地下水资源价值评价等级划分标准

价值等级	1	2	3	4	5
地下水资源价值指数标准值	0~0.3	0.3~0.5	0.5~0.7	0.7~0.9	0.9~1.0
价值水平	低	较低	中等	较高	高

根据下辽河平原地区各城市地下水资源价值指数，参照地下水资源价值评价分级标准，得出下辽河平原区地下水系统各分区的价值等级与价值水平，见表 10-6。

10.2.7　评价结果分析

结合研究区的实际情况，分析下辽河平原区各城市地下水资源价值评价等级可知：下辽河平原区地下水资源价值为中等等级和较高等级。价值等级中等的地区有沈阳、抚顺、锦州、铁岭；价值等级较高的地区有鞍山、营口、辽阳和盘锦。中等与较高的地区分布面积大体相当。通过分析可知，下辽河平原地区地下水资源并不丰富，开发利用程度较高，人均地区生产总值中等偏高，地下水作为生产要素参与工业和农业等生产活动创造的价值较高；人口密度很高，加大了供需矛盾，以上是研究区地下水资源价值中等偏高的主要原因。

第 11 章　下辽河平原地下水系统恢复能力评价

11.1　地下水系统恢复能力定义和内涵

11.1.1　地下水系统恢复能力的定义

21 世纪初水资源系统引入恢复能力的概念，认为水资源系统的恢复能力是水资源系统在受外界胁迫作用下，系统的结构和功能发生显著改变。在受外力胁迫时，水资源系统在自身和外界作用力共同作用下，系统能够恢复到原有结构、功能状态或恢复到与原有的结构功能相似状态的能力（杨晓华等，2004）。并提出影响水资源系统恢复能力大小的因素包括其本身固有的自然属性和人类活动，这是影响水资源系统恢复能力大小的两个重要因素（于翠松，2007；Brian et al.，2006；Gunderson et al.，2002；张人权，1987；Holling，1973）。

目前对地下水系统恢复能力尚无统一的定义，本章在查阅大量资料的基础上，遵循地下水系统生态健康标准和维持地下水系统功能的基础上，给出地下水系统恢复能力的定义。地下水系统恢复能力指在地下水资源承载力范围内，地下水系统在受外界激励（自然条件的变化和人类活动的影响）时，地下水系统吸收激励使其结构、功能及特性发生变化，但当外界激励减弱或消失后地下水系统能够继续维持系统结构稳定、功能完整及正常的物质循环和能量流动，重新发挥资源供给、维持生态环境平衡、维护地质环境稳定的能力。

11.1.2　地下水系统恢复能力的基本属性

（1）自然属性。

地下水系统本身具有对外界干扰的抵抗能力，与区域的自然条件和资源丰贫状况等密切相关。任何地下水系统对外界干扰和破坏都具有一定的抵抗能力，在自身结构和功能调节的基础上是可以自行恢复的，即本质恢复力。本质恢复力的大小与区域的自然环境、水文地质条件以及区域气候条件密切相关，如区域降水量、地表水资源量、地形坡度、植被覆盖率、水土流失率和水网密度等。

（2）社会属性。

地下水系统恢复能力受人类活动、社会经济和技术水平等因素的影响。当干扰和破坏持续进行，超出了系统本身所承受的范围，就会造成地下水系统退化，这时人类活动和社会经济的干预有助于系统抑制退化和重新恢复健康，即特殊恢复力，特殊恢复力的大小与区域社会经济条件和对水资源的调控能力密切相关，如地表水控制率、人均 GDP、水利环保投资、污水处理率和产业结构优化水平等。

（3）整体性。

地下水系统恢复能力是水量再生和水质恢复的统一，可以从水量和水质两个方面，将水量的再生能力与水质的恢复能力结合起来考虑。水量恢复一方面是天然的恢复再生能力（沈珍瑶等，2005；曾维华等，2001），另一方面是通过先进的科学技术提高污水回用率和海水、雨水等的综合利用，提高水资源的利用率和重复利用次数，同时实行节水措施，如工业节水、农业节水等，在一定意义上使得新鲜淡水的取用量得以减少。水质恢复一方面要抑制污染，从源头上控制污染源的排放；另一方面通过提高污水处理率和增加社会经济投入，改善和恢复水质，使得能被人类利用的可利用水量增加。

（4）有限性。

在一定时间、空间和经济技术条件下，地下水资源水量再生和水质恢复能力的大小都是有限的。地下水系统通过水文循环可实现地下水资源的再生，但是再生的量不是无限的。赋存于浅部第四纪含水层的潜水，与大气圈、水圈有着密切联系，积极参与水文循环，在地下水含水系统中的平均储留时间短，资源具有良好的可恢复性。承压水埋藏深，且有隔水或相对隔水层阻碍其与外界发生水力联系，地下水循环交替缓慢。埋藏愈深的承压含水层，地下水循环途径愈长，流经的相对隔水层愈多，与外界的联系愈微弱，更新再生愈慢。如果一个地下含水系统长期持续地被开发利用和消耗，原有的天然循环被破坏，可再生能力随之减弱，与地表水相比，地下水资源的循环更新周期长，再生和自净能力较弱，在对地下水资源进行开发利用时，更要注意对地下水资源的保护。

11.2 地下水系统恢复能力评价指标体系的构建

11.2.1 评价指标选取原则

地下水系统恢复能力指标体系的确定是进行评价研究的关键，目前关于生态系统恢复的标准及指标体系有很多（任海等，2002），但还没有统一的地下水系统恢复能力评价指标体系。鉴于地下水系统本身的特性和功能，地下水系统恢复能力指标选取必须遵循以下原则。

（1）科学性原则。

选取的评价指标要有科学依据，根据研究内容、目标以及研究区的具体情况制定评价指标体系，力求准确、全面、客观地揭示评价区域地下水系统恢复能力的大小。

（2）空间尺度原则。

评价指标应适用于合适的空间尺度，涉及特定情况下地区或系统的空间大小，尤其是指标可以发展到地方、区域、国家或全球尺度。

（3）系统性原则。

任何系统之间都不是孤立存在的，系统内部和系统之间相互联系、相互影响，必须遵循系统相关性、系统层次性、系统动态性和系统综合性等原则。

（4）主导因素和独立性原则。

地下水系统恢复能力的影响因素众多，既受自然条件的制约，又受社会环境特别是人类活动的影响，要选取对地下水系统恢复能力影响较大的指标，各指标内涵清晰、相互独立，尽可能不存在共线性关系。

（5）可操作性原则。

选取的指标要概念清楚，数据简单易得，便于统计和计算，可操作性强。

11.2.2　地下水系统恢复能力评价指标体系

遵循地下水系统恢复能力评价指标选取的原则，以地下水系统恢复能力的内涵为基础，以维持地下水系统健康发展为目标，综合考虑含水层特征、补给条件、区域特点、技术水平和社会经济水平 5 个方面，选取 26 项指标构建地下水系统恢复能力评价指标体系（表 11-1），据此对地下水系统恢复能力进行准确评价。

表 11-1　地下水系统恢复能力评价的指标体系

目标层	准则层	指标类型	单位
地下水系统恢复能力	含水层特征	x_1 土壤类型	—
		x_2 包气带厚度	m
		x_3 含水层水力传导系数	m/d
		x_4 给水度	%
		x_5 含水层厚度	m
	补给条件	x_6 降水量	mm
		x_7 地表水资源量	$10^4 \text{m}^3/(\text{km}^2 \cdot \text{a})$
		x_8 地下水资源量	$10^4 \text{m}^3/(\text{km}^2 \cdot \text{a})$
		x_9 土地利用类型	—
		x_{10} 地形坡度	‰
	区域特点	x_{11} 地下水开采程度	%
		x_{12} 植被覆盖指数	—
		x_{13} 水网密度指数	—
		x_{14} 地表水水质	—
		x_{15} 地下水矿化度	g/L

续表

目标层	准则层	指标类型	单位
地下水系统恢复能力	技术水平	x_{16} 农业节水率	%
		x_{17} 中水回用率	%
		x_{18} 地表水控制率	%
		x_{19} 工业废水达标处理率	%
		x_{20} 生活污水处理率	%
		x_{21} 化肥施用量	kg/hm^2
	社会经济水平	x_{22} 人均 GDP	10^4 元
		x_{23} 工业耗水率	m^3/万元
		x_{24} 农业耗水率	m^3/万元
		x_{25} 地下水供水比	%
		x_{26} 水利环保投资比例	%

1）含水层特征

地下水系统恢复能力与地下水补给量和含水层接受补给的能力密切相关。含水层的性质和结构对增加地表水入渗补给、提高恢复能力具有重要作用。因此选取土壤类型、包气带厚度、含水层水力传导系数、给水度和含水层厚度 5 项指标来反映含水层特征对地下水系统恢复能力的影响。

（1）土壤类型。

土壤层通常指距地表平均厚度 2m 或小于 2m 的地表风化层，是非饱和带最上部具有显著生物活性的部分。土壤中有机物含量对污染物运移有重要影响，特别是对农药稀释的影响更大，主要影响污染物的生化反应、吸附和渗透效果。土壤介质对地下水入渗补给量有显著影响，一般情况下，土壤介质类型以及土壤颗粒大小对地下水恢复能力有很大影响，如淤泥和黏土可大大降低土壤渗透性，降低入渗补给速度，对地下水恢复不利。

（2）包气带厚度。

包气带是饱水带与大气圈、地表水圈联系的必经通道。饱水带通过包气带获得大气降水和地表水入渗补给，又通过包气带蒸发与蒸腾排泄到大气圈。包气带渗透性越好，越有利于降水入渗补给，含水层接受补给的能力越强。若包气带厚度过大（潜水埋深过大），则滞留于包气带的水分过多，不利于地下水的补给；若包气带厚度过小，毛细作用带达到地面，蒸发强烈，也不利于地下水的补给。一般情况下，包气带厚度在 3～6m 是地下水接受补给的适宜深度（赵静，2010）。

（3）含水层水力传导系数。

水力传导系数（渗透系数）控制着地下水在一定水力坡度下的流动速率，反映含水层介质水力传输性能的高低（李燕，2007）。水力传导系数是由含水层内孔隙空间的大小和连接程度所决定的，渗透系数越大说明岩石的渗透能力越强，地下水接受补给的能力越强。

（4）给水度。

给水度是表征潜水含水层给水能力或储水能力的一个指标，与包气带的岩性有关，给水度随排水时间、潜水埋深、水位变化幅度而变化。给水度的大小取决于含水层的厚度及有效孔隙度，从理论上来讲，对于均质的颗粒较细小的松散岩石，只有当其初始水位埋深足够大，水位下降速率十分缓慢时，重力排水比较充分，才能使地下水补给量达到最大值。

（5）含水层厚度。

污染物在含水层中的运移路线及扩散长度受含水层水流速度、裂隙和溶洞数量影响（王言鑫，2009），吸附程度的大小、吸附速度的快慢和分散程度决定着污染物运移路径的长度，这直接与含水层的厚度相关，含水层越厚，储存的水量越多，稀释和分散污染物的能力越强，则地下水恢复能力越强。

应该指出的是，表征地下水系统含水层特征的 5 项指标是以地下水系统接受补给的能力大小来衡量地下水系统的恢复能力的高低，降水量大，补给充沛的地区，要考虑各指标对污染的运移和稀释能力，在应用各指标进行地下水恢复能力评价时，要认真协调各项评价指标对地下水系统的具体影响，综合考虑评价指标的适用性和可行性。

2）补给条件

区域水资源条件包括地表水资源、地下水资源和大气降水等一切与地下水发生密切联系的水资源。区域水资源和质量影响地下水恢复能力，区域水资源越丰富，接受补给的环境越好，地下水资源的恢复能力越强。反映该功能的指标主要有降水量、地表水资源量、地下水资源量、土地利用类型和地形坡度。

（1）降水量。

降水是地下水的主要补给来源。一个地区的降水量从根本上决定着地下水可能获得的补给量，宏观上决定着一个地区地下水资源状况，是影响地下水恢复能力的重要指标。

（2）地表水资源量。

地表水资源包括河流、湖泊和水库等水资源，地表水资源越丰富的地区对地下水的补给作用越强，工业用水和农田灌溉用水更多取用地表水，可以相应减少地下水资源的开采压力，为地下水资源恢复创造条件。可以用单位面积的地表水资源量来表征这项指标。

（3）地下水资源量。

地下水资源量是指地下饱和含水层逐年更新的动态水量，地下水资源量直接决定着地下水的更新循环能力,地下水资源量越丰富,地下水循环速度越快,更新周期越短,地下水资源的恢复能力越强。

（4）土地利用类型。

下辽河平原土地利用类型主要为水体、林地、草地、耕地、建设用地和未利用地。不同的土地利用情况接受补给的能力不同,对地下水系统恢复能力的影响不同,因此通过对下辽河平原地表土地情况进行解译,获得研究区的准确地物信息,区分不同土地利用条件对地下水系统恢复能力的影响。

（5）地形坡度。

通常情况下平缓低洼的地面有利于地下水的补给,地形坡度过大会使地表径流流速过快,入渗补给地下水的量相应减小,对地下水系统恢复不利。地形坡度在一定程度上决定了污染物是保留在地表还是渗入到地下,地形坡度有利于污染物下渗,地下水受污染的可能性就大。研究表明当地形坡度小于2‰时,污染物渗入地下的机会最大;当地形坡度大于18‰时,污染物渗入地下的可能性很小,基本以地表径流的形式流走。

3）区域特点

地下水资源开采是地下水位下降的最直接原因,人类对地下水资源的开采程度决定着区域地下水的开采潜力,影响着地下水系统恢复能力的大小。地下水维持着生态环境的平衡,包括水土平衡、水盐平衡、水热平衡、水与生物之间的平衡,保证生态环境的安全,还维系着地表水体、湿地等生态系统的良性发展,生态环境与地下水系统之间存在着密切联系,生态环境越好,对地下水系统恢复越有利。水质状况主要取决于地表水水质和地下水水质现状。故本章选取地下水开采程度、植被覆盖指数、水网密度指数、地表水水质和地下水矿化度来表征。

（1）地下水开采程度。

地下水开采程度是地下水实际开采量与可开采量的比值,反映人类开发利用地下水的程度,在没有超采的情况下,地下水开采程度越大,说明地下水的恢复能力越强,保证社会经济发展的作用越大。

（2）植被覆盖指数。

地表植被可以截留降水、延长雨水或地表水滞留时间,从而调节地表径流,增加降水入渗补给,植物根系通过改善土壤结构,提高土壤的抗径流侵蚀能力和消减击溅侵蚀,防治水土流失,植被覆盖指数越高,对地下水资源恢复越有利。植被覆盖指数计算公式为

植被覆盖指数$=A_{veg}\times$(0.38×林地面积+0.34×草地面积+0.19×耕地面积

　　　　　　+0.07×建设用地面积+0.02×未利用地面积)/区域面积

式中,A_{veg}为植被覆盖指数的归一化系数（李岩等,2010）。

（3）水网密度指数。

水网密度指数指区域内河流总长度、水体面积和水资源量占区域面积的比例，用于反映被评价区域水的丰富程度。水网密度指数计算公式为

$$水网密度指数 = A_{riv} \times 河流长度/区域面积 + A_{lak} \times 湖库(近岸海域)面积/区域面积 + A_{res} \times 水资源量/区域面积。$$

式中，A_{riv} 为河流长度的归一化系数；A_{lak} 为湖泊面积的归一化系数；A_{res} 水资源量的归一化系数（李岩等，2010）。

（4）地表水水质。

地表水是地下水的重要补给来源，地表水水质是影响地下水水质恢复能力的重要指标，根据地表水环境质量标准将地表水水质划分为 5 个等级，依次是 Ⅰ、Ⅱ、Ⅲ、Ⅳ和Ⅴ。

（5）地下水矿化度。

地下水矿化度是地下水水质评价的一个重要指标。地下水中所含无机矿物成分的总量受降水量、蒸发量等多种因素影响，不同土地利用方式引起地下水位在时间和空间变化的同时，地下水中溶质亦发生改变，地下水逐渐淡化或浓缩，进而影响地下水水质。

4）技术水平

技术水平是指通过各种节水措施和科技手段，增加水资源利用效率和复用次数，在一定程度上减小地下水资源压力。这部分指标可选用农业节水率、中水回用率、地表水控制率、工业废水达标处理率、生活污水处理率和化肥施用量表示。

（1）农业节水率。

中国农业灌溉用水占很大比例，实现高效灌溉和节约用水，减轻地下水资源压力，为地下水恢复创造条件。农业节水率是衡量灌溉节水的指标，用节水灌溉面积与耕地面积的比值来计算，其值越小越好。

（2）中水回用率。

中水是指污水经处理后达到一定的水质标准，可用于农业灌溉、工业用水和城市绿化用水等，有助于改善生态环境，实现水生态的良性循环。中水回用率用中水回用量占水资源总量的比例表示。

（3）地表水控制率。

地表水控制率指当地蓄水工程入库的地表水量占当地地表水资源总量的比值，地表水控制率越大，人类就可能越多地利用地表水，减少地下水资源的开采，同时水库也可能改变局部气候。

（4）污水处理率。

污水处理率指标用污水处理量除以污水排放总量计算，反映了人类对污水的处理程度，工业废水达标处理率和生活污水处理率是两个代表性指标，指标值越大，对水资源的利用率越高。

（5）化肥施用量。

在大气降水和灌溉水入渗补给作用下，水可将土壤中的可溶盐、化肥、农药等物质，带入地下含水层污染地下水，尤其是中国种植面积广泛，施用农药化肥量多，对地下水的污染不可忽视。化肥施用量用每公顷施用的化肥量来衡量，单位为 kg/hm^2。

5）社会经济水平

社会经济发展水平直接影响地下水生态系统保护的投入，社会经济发展水平越高，对地下水生态系统的关注和保护越多，地下水资源受到破坏后的恢复能力越强。反映社会经济水平的指标主要有人均 GDP、工业耗水率、农业耗水率、地下水供水比和水利环保投资比例。

（1）人均 GDP。

人均 GDP 是经济学中衡量经济发展状况的指标，通常用一个地区的国内生产总值除以地区的常住人口得到，人均 GDP 越高，社会发展保障经济发展安全的能力越强，对地下水保护越有利。

（2）耗水率指标。

地下水的开采压力来源于工业、农业生产对水资源的大量需求，尤其是近年来，随着城市化和工业化进程的加快，对水资源的需求量持续增加，地下水位不断下降，地下水面临严重短缺风险，影响地下水系统恢复能力。耗水率指标可用工业耗水率和农业耗水率来表示。工业耗水率用工业用水量在工业总产值中的比例来计算，农业耗水率用农业用水量在农业总产值中的比例计算，单位均为 $m^3/$万元。

（3）地下水供水比。

在区域供水系统中地下水资源均占有一定的比例，尤其在北方地区，地下水对保障经济社会发展作用显著。地下水供水比是地下水可供水量与可供水总量的比值，其值越大，地下水系统保障生产生活的能力越强，地下水系统越健康，恢复能力越强。

（4）水利环保投资比例。

水利环保投资比例用当年地区水利环保投资占地区国内生产总值的比例表示。为保证水利工程的安全运行，加大水利投资在 GDP 中的比例，增强治理水利工程问题的力度至关重要。

11.3　地下水系统恢复能力评价标准的确定

由于对地下水系统恢复能力的研究较少，不同地区地下水系统恢复问题不尽相同，不同时段地下水系统恢复能力也不是一个定值，所以在确定评价指标标准时应结合研究区的具体情况划分合理的评价等级。目前，地下水系统恢复能力评价尚没有统一的标准，为了定量表达地下水系统恢复能力的状态，参考国家相关规范和其他省市的相关指标标准（王嵩等，2005；万本太，2004；马克明等，2001），本章将地下水系统恢复能力大小依次划分为强、较强、中等、较弱和弱 5 个等级，具体划分标准见表 11-2。

表 11-2　地下水系统恢复能力评价指标标准分级

序号	评价指标	强（Ⅰ级）	较强（Ⅱ级）	中等（Ⅲ级）	较弱（Ⅳ级）	弱（Ⅴ级）
1	土壤类型	黄土状亚砂土	亚黏土含砾	黏土亚黏土	亚砂土	砾石基岩
2	包气带厚度/m	4~5	5~6 或 3~4	6~8 或 2~3	8~10 或 1~2	>10 或<1
3	含水层水力传导系数/(m/d)	>40	30~40	20~30	10~20	<10
4	给水度/%	>35	25~35	15~25	5~15	<5
5	含水层厚度/m	>90	70~90	50~70	30~50	<30
6	降水量/mm	>1000	800~1000	600~800	400~600	<400
7	地表水资源量/($10^4 m^3$/(km²·a))	>85	45~85	15~45	5~15	<5
8	地下水资源量/($10^4 m^3$/(km²·a))	>20	13~20	8~13	4~8	<4
9	土地利用类型	水体	林地	草地	耕地	建设用地、未利用地
10	地形坡度/‰	<0.5	0.5~1	1.0~1.5	1.5~2	>2
11	地下水开采程度/%	>100	80~100	60~80	30~60	<30
12	植被覆盖指数	>75	55~75	35~55	20~35	<20
13	水网密度指数	>55	45~55	35~45	20~35	<20
14	地表水水质	Ⅰ	Ⅱ	Ⅲ	Ⅳ	Ⅴ
15	地下水矿化度/(g/L)	<2	2~3.5	3.5~5.5	5.5~10	>10
16	农业节水率/%	>80	60~80	40~60	30~40	<30
17	中水回用率/%	>50	30~50	20~30	10~20	<10
18	地表水控制率/%	>50	25~50	15~25	5~15	<5
19	工业废水达标处理率/%	>97.5	92.5~97.5	85~92.5	80~85	<80
20	生活污水处理率/%	>90	75~90	55~75	35~55	<35
21	化肥施用量/(kg/hm²)	<200	200~250	250~300	300~350	>350

续表

序号	评价指标	强（Ⅰ级）	较强（Ⅱ级）	中等（Ⅲ级）	较弱（Ⅳ级）	弱（Ⅴ级）
22	人均GDP/(万元/人)	>1.6	1.3～1.6	0.8～1.3	0.5～0.8	<0.5
23	工业耗水率/(m³/万元)	<200	200～400	400～600	600～1000	>1000
24	农业耗水率/(m³/万元)	<500	500～1000	1000～1500	1500～2000	>2000
25	地下水供水比/%	>60	40～60	20～40	10～20	<10
26	水利环保投资比例/%	>3.5	2.74～3.5	1.47～2.74	0.7～1.47	<0.7

注：表中所有涉及范围的类型划分，都是含上不含下

11.4　地下水系统恢复能力评价方法

关于生态系统恢复力的评价可以借鉴和参考生态系统健康诊断及生态安全评价的理论和方法（王应刚，2006）。地下水系统具有生态系统的共性，也有其自身的特殊性，要综合考虑多方面的因素。目前地下水系统恢复能力评价方法主要有均方差决策综合法、层次分析法、主成分分析法、模糊数学综合评判法和其他评价方法。

（1）均方差决策综合法。

均方差决策综合法首先计算各项指标的均方差和权重，然后加权计算区域的地下水系统恢复度，从而得到各个地区的地下水系统恢复度的大小。

$$Z_{ij} = \frac{y_{ij} - y_{j\min}}{y_{j\max} - y_{j\min}} \tag{11-1}$$

$$E(u_j) = \frac{1}{n}\sum_{i=1}^{n} Z_i \tag{11-2}$$

$$\partial(u_j) = \sqrt{\sum_{i=1}^{n}\left[Z_{ij} - E(u_j)\right]^2} \tag{11-3}$$

$$W_j = \frac{\partial(u_j)}{\sum_{j=1}^{m}\partial(u_j)} \tag{11-4}$$

（2）层次分析法。

层次分析法是一种定性分析和定量分析相结合的系统分析方法，是将与决策有关的元素分解成目标、准则、方案等层次，在此基础上进行定性和定量分析的决策方法。这种方法大致可以归纳为建立层次结构模型、构造判断矩阵、进行层次单排序、进行层次总排序、一致性检验。层次分析法具有高度的逻辑性、系统性和实用性，适用于存在不确定性的情况。

（3）主成分分析法。

主成分分析法运用统计分析原理与方法把多指标转化为少数几个综合指标，即用较少的变量去解释原来资料中的大部分变量，而保持原有指标所提供信息的一种统计方法。主成分分析法具有利用较少的变量得到较多信息的优点。这种方法得出的主成分因子信息损失小、可信度高，同时避免了专家打分确定权重的主观影响，更能反映实际情况（李淑芹等，2008）。

主成分分析法的基本原理是使第一变量具有最大的方差，称为第一主成分；第二变量的方差次大，并且和第一变量不相关，称为第二主成分；依次类推，i 个变量就有 i 个主成分，就是通常所说的主成分。为了进行系统综合评价，将综合指数定义为 N 个主成分的加权和。总评价函数可表示为

$$E = a_1Y_1 + a_2Y_2 + \cdots + a_nY_n \tag{11-5}$$

式中，E 为系统综合评价结果；Y_i 为第 i 个主成分；a_i 为第 i 个主成分对应的贡献率。

（4）模糊数学综合评判法。

地下水系统具有层次性、随机性和动态变化等特点，系统中存在很多模糊现象，可应用模糊综合评价法对地下水系统恢复能力进行评价。模糊数学综合评判法是将评价恢复能力的各项指标数据按照不同要求和等级标准分类，通过建立隶属函数在闭区间[0,1]内的连续取值进行评价的方法。

（5）其他评价方法。

人工神经网络评价法具有智能化自学习、高速寻找优化解的特点，是对一种逻辑策略的表达，可以较好地模拟评价专家进行综合评价，可应用于小尺度的地下水系统恢复能力的计算。集对分析理论也称联系数学，是在系统中广泛存在确定性和不确定性及其转化规律的一种系统分析思想，随机、中介、模糊等不确定性思想在该理论中均有体现，在自然科学和社会经济等领域应用广泛。物元分析理论是解决不相容问题的有力工具，而地下水系统结构复杂，影响因素多样，有时单项指标间的评价结果往往是不相容的，因此利用物元分析方法评价地下水系统的恢复能力是可行的，在研究地下水系统恢复能力问题时可根据实际情况采用不同方法。选用不同的方法实际上是从不同的角度进行评判，每种方法都有各自的优缺点，在应用中也可以根据实际情况选择多种评价方法，将其进行科学组合达到取长补短的效果。

随着 3S 技术的快速发展，对大尺度生态系统的分析和评价能力显著提高，数据获取精度逐渐提高，动态监测效果明显，可以应用到地下水系统恢复能力评价中，而地下水系统恢复能力评价的发展趋势也是利用 3S 技术。本章采用层次分析法和 GIS 空间叠加技术对地下水系统恢复能力进行评价。

11.5　下辽河平原地下水系统恢复能力
评价结果与分析

11.5.1　数据来源

下辽河平原地下水系统恢复能力评价的遥感数据选用 2008 年 Landsat ETM 数据，利用 MapInfo7.0、ArcView3.3、Erdas9.2、数据处理系统（data processing system，DPS）等软件来获取和处理。为了准确描述下辽河平原的自然地理、生态环境状况，首先对遥感图像进行预处理，包括波段的选择、图像的几何校正和图像增强处理，然后对其进行分类，建立遥感解译标志、提取地理信息等步骤，实现对研究区地表覆被情况的数据获取。非遥感数据来自《辽宁省地下水资源评价报告》《辽宁省国土资源地图集》及相关年份的《辽宁省水资源公报》《辽宁省统计年鉴》《中国环境统计年鉴》和《中国城市统计年鉴》等。

11.5.2　评价方法的选择

（1）评价指标权重的确定。

本章采用层次分析法确定评价指标的权重。通过明确问题、建立层次分析结构模型、构造判断矩阵、层次单排序和层次总排序 5 个步骤计算各层次构成要素相对于总目标的组合权重，从而得出可行的综合评价值。具体赋权结果见表 11-3。

表 11-3　下辽河平原地下水系统恢复能力评价指标权重

准则层	权重	指标层	权重	准则层	权重	指标层	权重
含水层特征	0.2727	x_1	0.2393	区域特点	0.1818	x_{14}	0.1095
		x_2	0.1689			x_{15}	0.2041
		x_3	0.1133	技术水平	0.3333	x_{16}	0.0680
		x_4	0.4785			x_{17}	0.4082
		x_5	0.2190			x_{18}	0.1020
补给条件	0.5455	x_6	0.1460			x_{19}	0.0816
		x_7	0.4380			x_{20}	0.1361
		x_8	0.1095			x_{21}	0.0875
		x_9	0.0875	社会经济水平	0.6667	x_{22}	0.2190
		x_{10}	0.4380			x_{23}	0.4380
区域特点	0.1818	x_{11}	0.1460			x_{24}	0.1460
		x_{12}	0.2190			x_{25}	0.1095
		x_{13}	0.0875				

（2）GIS 空间叠加技术。

GIS 以地理空间为基础，提供多种空间和动态的地理信息，采用模型分析方法，具有多学科、多种技术交叉融合的特点，其产生和发展与计算机技术、卫星观测技术、卫星定位技术等相关学科和技术发展紧密联系（曾庆雨等，2009；杨俊，2008；李淑芹等，2008；王应刚，2006；吴良林，1999）。

GIS 技术作为处理各种信息数据的有力工具，可以对地理空间数据和信息实现录入记忆管理、查找和总结分析等功能，已经应用于各个领域，尤其在土地资源和生态环境方面得到广泛应用。近年来，随着 GIS 技术日趋成熟，地下水系统研究陆续引入了 GIS 技术。GIS 具有综合分析和空间建模的能力，并可随时修改与更新数据库，从而使评价过程变得简便容易，为地下水系统研究提供有力的支持，已开始应用于地下水系统的评价与制图中。

基于 GIS 具有的支持空间数据获取、管理、分析、建模和显示功能，将 GIS 技术与各种数学模型相结合，在计算机软硬件环境支持下，适时提供多种空间和动态的地理信息，利用 GIS 软件 MapInfo 的外挂模块 Vertical Mapper，选择 Vertical Mapper-Create Grid-Region to Grid，在 Source table 里选择要网格化的图标，Column 里选择 Score 字段，Cellsize 里为 0.001 个地图单位，本章将整个研究区划分为 2772×1659 个单元，再选择 Grid Manager-Analysis-calculator，应用叠加功能按各项因子的权重值进行图层间叠加，生成各系统地下水恢复力图、本质恢复力图、特殊恢复力图和综合恢复力图。各指标根据具体数值大小分别赋予 1、3、5、7、9 的贡献值，贡献值越小，恢复能力越强，通过贡献值与指标权重的乘积得到地下水系统恢复力指数 H。

$$H = X_1 W_1 + X_2 W_2 + \cdots + X_n W_n \qquad (11\text{-}6)$$

式中，H 为地下水系统恢复力指数；X 为各指标贡献值；W 为各指标权重。恢复力指数越大的区域，地下水系统恢复能力越弱，即地下水系统恢复能力较差，地下水资源量少或容易受到污染。需要指出的是，通过模型计算的恢复力指数只是一个相对概念，根据下辽河平原的具体情况和指数范围，将地下水系统恢复能力均分为五个级别。

11.5.3　评价结果及分析

（1）下辽河平原地下水系统本质恢复力评价。

下辽河平原地下水系统本质恢复力图的生成包括含水层特征、补给条件和区域特点三个系统图层的叠加。

图 11-1 是基于 GIS 生成的下辽河平原含水层特征等级划分图。从图 11-1 可以看出，最有利于地下水补给的地区分布在台安—辽中平原和南部滨海平原的部分地区，这些地区含水层较厚，包气带厚度适中，渗透系数和给水度相对较大，含水层补给条件十分有利；含水层补给条件较差的地区主要分布在浑河冲积扇、海城河冲积扇和大小凌河冲积扇，土壤介质类型主要是亚黏土，含水层厚度较薄，接受补给的能力较差。

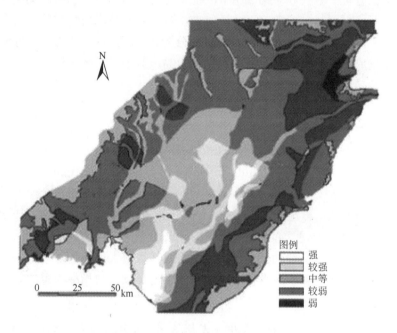

图 11-1　下辽河平原含水层特征等级划分图

图 11-2 是基于 GIS 生成的下辽河平原地下水补给条件等级划分图。由图可知，地下水补给条件最好的地区主要分布在河流沿岸，地表水对地下水补给作用显著，中部冲积平原地形平坦，降水丰富，地表水入渗补给充分，对地下水恢复力极为有利；地下水补给条件最差的地区分布在彰武、抚顺等地，降水量稀少，补给较差，地下水资源匮乏。

图 11-3 是下辽河平原区域特点等级划分图。从区域特点看，对地下水系统恢复最有利的是鞍山、抚顺和北部的彰武和法库，水网密度指数高，地表水水质较好，区域水文地质条件良好；对地下水恢复不利的区域主要分布在北镇市和沈阳市区（和平区、铁西区、皇姑区、沈河区、大东区），这些地区地下水开采程度较大，水网密度指数较小，地表水水质较差，区域水文地质条件不利。

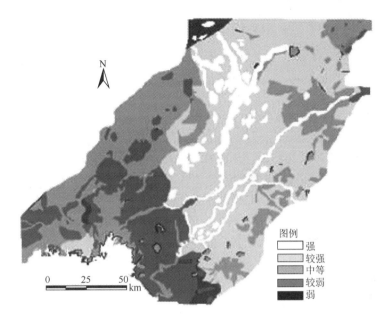

图 11-2　下辽河平原地下水补给条件等级划分图

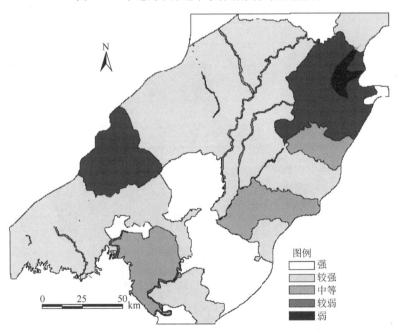

图 11-3　下辽河平原区域特点等级划分图

将下辽河平原含水层特征、地下水补给条件和区域特点三个系统图层进行叠加，三个系统用层次分析法确定的权重分别为 0.2727、0.5455 和 0.1818，从而得到下辽河平原地下水系统本质恢复力评价等级划分图（图11-4）。本质恢复力强和较强（恢复力指数在3.5890~5.26456）的区域主要分布于新民—辽中平原和辽中—台安平原，占研究区总面积的28.06%，恢复力最强的区域占1.94%，主要是因为这些地区含水层厚度较大，地下水资源丰富，具有先天的资源优势，地形平坦，植被覆盖指数较高，含水层水力传导系数较大，包气带厚度适中，有利于降水的充分吸收下渗，地下水开采潜力较大，总体来看地下水系统恢复力较高；中等恢复力（恢复力指数在5.26456~6.10234）主要分布在辽河冲积扇、浑河冲积扇、北部河谷平原和东西部扇前平原的部分地区，占研究区总面积的53.19%，这些地区地下水资源并不丰富，但水网密度指数较大，土壤介质类型主要是亚黏土含砾，给水度较大，易于吸收下渗，使该区地下水恢复力处于中等水平；恢复力较弱和弱（恢复力指数在6.10234~7.7779）的地区主要分布于大小凌河冲积扇、羊肠河冲积扇和黑鱼沟河冲积扇的部分地区及南部的滨海平原，北部的阜新、铁岭等地，占研究区总面积的18.75%，恢复力最弱的区域占1.74%，这些地区含水层较薄，平均在40m左右，阜新、营口和抚顺地区单位面积地下水资源量分别为 $4.49 \times 10^4 \mathrm{m}^3$、$5.15 \times 10^4 \mathrm{m}^3$ 和 $4.74 \times 10^4 \mathrm{m}^3$，地下水资源匮乏，地形坡度较大，含水层水力传导系数较小，地下水补给量少，综合导致这些地区地下水系统本质恢复力较差。

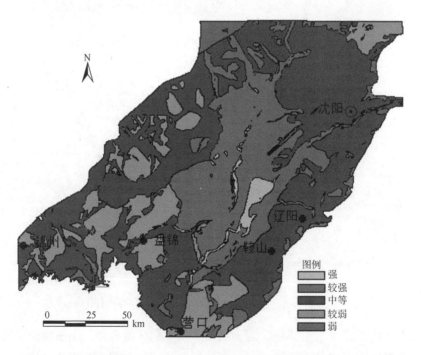

图11-4　下辽河平原地下水系统本质恢复力评价等级划分图（见书后彩图）

（2）下辽河平原地下水系统特殊恢复力评价。

下辽河平原地下水系统特殊恢复力图的生成包括技术水平和社会经济两个系统图层的叠加。限于资料的可获得性，本章以市为单位搜集数据，用层次分析法确定的技术水平和社会经济两系统的权重分别为 0.3333 和 0.6667，叠加生成的下辽河平原地下水系统特殊恢复力评价等级划分图见图 11-5。

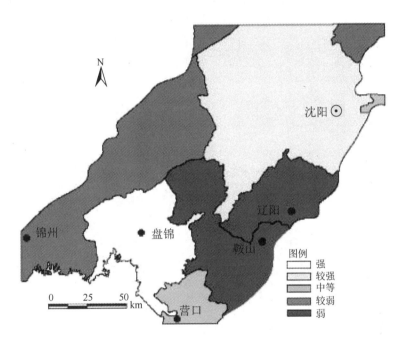

图 11-5　下辽河平原地下水系统特殊恢复力评价等级划分图

下辽河平原地下水系统特殊恢复力较高的地区是盘锦，其中地表水控制率仅次于辽阳为 72.49%，地表水是主要供水水源，农业节水率高达 84.5%，为沈阳的 2.47 倍，工业耗水率却较低，中水回用率达 2.55%，为 9 座城市（沈阳、辽阳、盘锦、鞍山、抚顺、营口、锦州、铁岭、阜新）的最高值，从而使盘锦的特殊恢复力远远高于其他地区。其次是沈阳，沈阳市人均 GDP 为 5.42 万元，工业耗水率仅 16.27m³/万元，水资源利用率较高。抚顺和营口处于中间水平，抚顺市的化肥施用量为 253.97kg/hm²，为 9 座城市的最低值，浑河抚顺段地表水水质为Ⅳ类及Ⅳ类以上，地下水水质较好，营口的水利环保投资比例为 6.2%，处于 9 座城市的最高水平。锦州、铁岭和阜新处于较低水平，人均 GDP 分别为 2.23 万元、1.75 万元和 1.21 万元，社会经济发展水平较低，水利环保投资比例较小，对地下水系统的保护和关注没有引起足够重视。鞍山和辽阳特殊恢复力处于最低水平，鞍山市地表水控制率仅为 0.61%，水利环保投资比例仅为 0.5%，生活污水处理率较低，辽阳农业耗水率为 $2801.11m^3$/万元，水资源利用效率低，综合导致地下水特殊恢复力处于最低水平。

（3）下辽河平原地下水系统综合恢复力评价。

下辽河平原地下水系统综合恢复力考虑本质恢复力和特殊恢复力两个方面。地下水系统是自然系统，水量增加和水质改善根本上要有丰富的降水，充足的补给来源，有利的吸收下渗条件，社会经济方面主要是节约用水、污水回用等措施提高水资源利用效率。利用层次分析法确定的本质恢复力和特殊恢复力的权重分别为 0.7、0.3，其中本质恢复力在地下水恢复中起主要作用。下辽河平原地下水系统综合恢复力评价等级划分图，如图 11-6 所示。

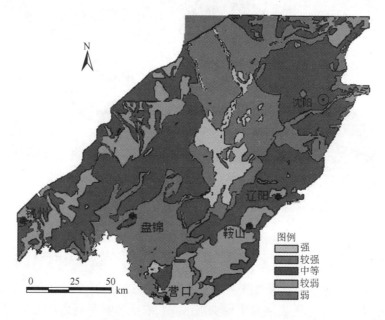

图 11-6　下辽河平原地下水系统综合恢复力评价等级划分图（见书后彩图）

如图 11-6 所示，下辽河平原地下水系统综合恢复力强和较强（恢复力指数在 3.9652～4.848）的地区主要分布在新民—辽中平原、柳河平原和南部滨海平原，占研究区总面积的 37.31%，其中恢复力最强的区域占 5.42%，含水层厚度较大，多数地区达 100m 以上。恢复力较强的柳河平原和南部滨海平原年平均降水量为 674mm，大部分地区含水层水力传导系数较大，地形平缓，包气带厚度适中，有利于地下水的充分下渗，地表水资源对地下水补给作用显著，其中南部滨海平原的盘锦地区，在地下水系统特殊恢复力方面占有绝对优势；中等恢复力（恢复力指数在 4.848～5.2894）主要分布于辽河冲积扇、浑河冲积扇、太子河冲积扇及西部扇前平原的部分地区，占研究区总面积的 44.06%，这些地区降水量并不丰富，但植被覆盖指数高，土壤介质类型主要为亚黏土含砾，含水层渗透性较好，有利于地下水资源补给，对地下水资源恢复比较有利，使这些地区地下水恢复力处于中等水平；恢复力较弱和弱的地区（恢复力指数在 5.2894～6.1722）主要分布在大小凌河冲积扇、羊肠河冲积扇、黑鱼沟河冲积扇、海城河冲积扇和北部的阜新、铁岭等地，占研究区总面积的 18.63%，恢复力最弱的地区占 1.58%，主要是这里含水层较薄，地下水资源匮乏，地形坡度大，含水层水力传导系数较小，给水度也较小，地下水补给较少，阜新的工业废水处理率和生活污水处理率均较低，水利环保投资比例也不高，综合导致这些地区地下水系统综合恢复力很差。

　　由表 11-4 可以看出，下辽河平原地下水系统恢复力较强、中等和较弱区域所占面积较大，地下水恢复力有待进一步提高。

表 11-4　下辽河平原地下水系统不同等级恢复力所占面积比例　　（单位：%）

恢复力分类	强（Ⅰ级）	较强（Ⅱ级）	中等（Ⅲ级）	较弱（Ⅳ级）	弱（Ⅴ级）
本质恢复力	1.94	26.12	53.19	17.01	1.74
特殊恢复力	4.18	16.17	20.66	41.51	17.48
综合恢复力	5.42	31.89	44.06	17.05	1.58

11.6　提高下辽河平原地下水系统恢复能力的对策与建议

　　下辽河平原地区是辽宁省重要的工业、农业生产基地，生活用水和生产用水量很大，地下水开发利用程度很高，但仍不能满足社会经济发展对水资源的需求，供需矛盾尖锐。同时地下水资源的过度开发利用，导致了一系列水文地质、环境地质问题，包括地下水位持续下降、降落漏斗面积不断扩大和水质日益恶化等问题，对当地居民生活和社会生产造成了严重干扰。为维护下辽河平原地区水资源的战略安全，确保生产和生活的可持续发展，地下水资源的合理开发利用已成为重中之重。根据下辽河平原地下水系统恢复能力评价结果和分析，结合下辽河平原的实际情况，提出几点提高地下水系统恢复能力的可行对策与建议。

　　（1）积极调整产业结构。

　　下辽河平原地区是重要的农业种植基地，农田灌溉用水约占辽宁省总用水量的 60%，水资源的保障作用对农业发展至关重要。因此积极调整改变传统的种植结构，在科学技术支撑下，大力发展节水农业是高效合理利用水资源的有效途径。工业用水主要集中在沈阳、鞍山和抚顺等地区，提高地表水资源控制率，加强水利工程建设；从工业化和信息化并重向信息化为主过渡，率先实现信息化带动工业化进程中的节水型产业结构调整的区域创新；进一步加大产业结构调整力度，是实现水资源可持续利用的重要途径。

（2）加强非常规水资源的利用。

在提高传统水资源利用效率的同时，应加大非常规水资源（雨水、海水和中水）的利用。铁岭市和抚顺市降水量较多，可以将雨水收集处理后用于灌溉、绿化、泼洒抑尘等对水质要求相对较低的方面，这样不仅实现了雨水资源化而且减少了对清洁淡水的取用。

对沿海城市水资源利用实行海水淡化等开源增量技术，对缓解沿海地区及内陆缺水具有重要作用。位于南部滨海平原的锦州市、营口市和盘锦市应加大科技投入，挖掘海水利用潜力，促进海水利用向产业化、规模化和多样化方向发展。

对下辽河平原经济技术条件优越的地区如沈阳市、鞍山市等应提高污水资源化利用。城市废水污水经处理设施深度净化处理后的水统称"中水"。中水是一种水量稳定、供给可靠的潜在水资源，可用于喷灌农田、道路泼洒、工业用水等方面。中水回用可以有效缓解水资源短缺状况，减少新鲜淡水取用量，增加水资源的利用效率。

地下水人工补给（地下水人工回灌）是将地表水注入地下含水层，增加地下水含水量，具有防治地面沉降、改善地下水水质的作用，是增加地下淡水补给的措施之一，对保证水资源充分合理利用有重要意义。回灌水一般包括雨水、地表水、城镇自来水和中水，其中雨水回灌是地下水人工补给的重要途径。下辽河平原北部的河谷平原区地下水恢复能力处于中等水平，地下水资源并不丰富，采取季节性人工回灌是改善地下水系统可行的技术手段。

（3）增强节约用水意识。

节水措施包括工程措施和非工程措施两个方面，工程措施包括推广节水器具使用、提高工业用水重复利用率等。非工程措施包括提高节水意识、避免水资源浪费、增强水资源保护意识等。中国农业用水量较大，优化作物种植结构、推广农业节水灌溉技术是必不可少的节水措施之一。因此要加大科技投入，重点实施农业节水，实现水资源的高效利用。

（4）加强水利工程建设，提高地表水利用率。

下辽河平原东西部山前冲洪积平原和北部的阜新、抚顺需增加植树造林面积，改良土壤，增加降水在地表停留的时间使地表水充分下渗，补充地下水资源。同时还要加强水利工程建设，提高地表水控制率。

（5）修建地下水库。

地下水库是指在人工干预作用下形成的，以地下岩石中的空隙为存储水资源的空间，具有较强调蓄能力的水利工程。地下水库的根本作用是在水资源丰富时，将地表多余的水储存起来，枯水期再将这部分水开采利用，实现地下水人工调蓄。修建地下水库可以有计划地对含水层进行补给与开采，以丰补欠，实现水资源持续高效利用（郑德凤等，2004）。

下辽河平原中部地区是地表水和地下水的汇集场所，从水文地质构造单元来看，是典型的地下水库，开发潜力很大。可将地表水用于农田灌溉和工业生产，地下水用于生活用水和生态用水，实行分质供水，优质优用。盘锦、锦州和营口是近海地区，建造地下拦水坝，在汛期拦蓄更多的雨洪资源补给地下水，抬高地下水位，不仅可以消减地下水超采形成的降落漏斗，缓解地面沉降等环境问题，还可以丰蓄枯采，实现水资源的合理调配，对地下水资源的可持续利用具有重要作用。

第 12 章　下辽河平原地下水污染风险评价

12.1　地下水污染风险评价理论

12.1.1　地下水污染风险的内涵

风险表示在特定环境下一定时间内某种损失或破坏发生的可能性，由风险因素、风险受体、风险事故、风险损失组成（曹黎明，2009）。当前较为通用的风险定义为：风险 R 是事故发生概率 P 与事故造成的环境（或健康）后果 C 的乘积，即 $R=P\times C$。地下水污染风险虽然没有一个公认的概念体系，但经过国内外学者的不断探索，其概念逐渐变得全面、科学与系统。20 世纪 60 年代法国学者 Margat 提出地下水脆弱性一词，随后众多学者进行了改进（孙才志等，1999）。胡二邦（2000）将地下水污染风险定义为由自发的自然原因或人类活动引起，通过地下水环境介质传播，能对人类社会及环境产生破坏、损害等不良影响事件的发生概率及其后果。Morris 等（2006）指出地下水污染风险是指含水层中地下水因人类活动而遭受污染达到不可接受水平的可能性，是含水层污染脆弱性与人类活动造成的污染负荷之间相互作用的结果。周仰效等（2008）用地下水污染的概率与污染后果的乘积来表示污染风险。本书在参考胡二邦（2000）、Morris 等（2006）和周仰效等（2008）的文献基础上，将地下水污染风险理解为在地下水的开发利用过程中，因自然环境变化和人类活动的干预，超出了地下水的调节范围，可能导致地下水功能削弱或者丧失，是地下水污染概率与污染后果的综合。用地下水的本质脆弱性与地下水的外界胁迫性来表示地下水发生污染事件的概率，用地下水价值功能性来表示地下水发生污染的预期损害。地下水污染风险性高是指高价值功能性的地下水受高等级污染源的侵害可能性大、灾害性高（郑德凤等，2017；于勇等，2013）。

本质脆弱性一定程度上反映了污染物到达含水层的速度以及地下水系统消纳污染物能力的速度，也称作地下水易污性，是由地下水埋深、包气带介质类型、含水层水力传导系数等多方面决定（梁婕等，2009）。地下水外界胁迫性表征人类活动产生的污染源以及开发过程中对地下水天然流场的影响，具有动态性与可控性，是地下水受外界干扰时敏感性的体现（张丽君，2006）。外界胁迫性的大小是由污染源类型、规模大小及运移转化规律决定的。地下水价值功能性是对污染事件后果的衡量，包括地下水的原生价值、经济价值以及维持生态与环境的价值。

12.1.2　地下水污染风险的属性

（1）自然属性。

地下水系统自身对外界污染胁迫具有一定的抵御与恢复能力，当污染物浓度未超出地下水系统可接纳范围时，可通过自身调节恢复到平衡状态，其恢复与调节能力的大小取决于含水层自然条件。自然环境具有敏感性，对外界的危害信息能够及时地做出反馈，污染事故发生时最关键的就是自然环境（张虹等，2017）。

（2）社会属性。

地下水污染风险的产生受人类活动的广泛影响。人类不合理的生产与生活方式，产生了大量污染物，也破坏了地下水环境，改变入渗、补给、径流等地下水循环过程。污染事故发生时首先破坏的是自然环境，但是污染事故作用的终点却是人类社会，甚至不仅影响当代人的生命财产安全，往往还超出了人类代际间的范畴。

（3）不确定性。

地下水污染风险涉及多个因素与多个变量，它的不确定性是地下水系统客观随机特性的表现形式，包括系统变量的不均一性以及风险发生时间与空间上的不确定性。此外，人类认知的局限性也加大了地下水污染风险的不确定性。

（4）动态性。

地下水系统是一个巨大的动态开放系统，补给、径流与排泄过程保证了水量的正常循环与运移，地下水系统环境处于不断更新中，这使得污染风险具有动态性。地质循环、水文循环以及外界因素（气候条件、土地覆被类型、水利工程建设）的变化也加强了地下水的污染风险的动态性特征。

12.1.3　地下水污染风险与污染事故关系

污染风险并不等于污染事故，因为污染风险发生的可能性往往受到限制，当限制因素消除后，风险才有可能转变为污染事故。污染风险是污染事故的可能性，是一种潜在的危险状态；污染风险累积到临界值时则会演化成污染事故（蒙美芳等，2006）。地下水污染事故会带来人体健康、社会经济、生态环境等多方面的损害（陈靖，2012）。污染风险研究是污染事故预测的基础，是污染事故研究的重要组成部分。污染风险研究并不能完全取代污染事故研究，污染事故研究还包括污染治理、救助与恢复等多方面内容（张学刚等，2009）。

地下水污染风险是否会演变为污染事故取决于污染风险的控制过程、传递过程及污染受体的承载能力。并不是所有的污染风险都会转化为污染事故，除了风险的限制因素以外，地下水污染风险的大小也是污染风险是否转化为污染事故的决定因素（表 12-1）。当污染的可能性大、危害性后果大时，污染风险才能转化为污染事故（曾维华等，2013）。

表 12-1　地下水污染风险转化为污染事故的情形

污染可能性	危害性后果	污染事故的爆发
小	小	不爆发
小	大	可能爆发
大	小	未必爆发
大	大	很可能爆发

12.2　下辽河平原浅层地下水污染风险评价

12.2.1　地下水污染风险评价方法与模型构建

（1）建立评价模型。

基于灾害理论，参考地下水污染风险概念，提出地下水污染风险计算模型，表达式为

$$R = (V + T) \times C \tag{12-1}$$

式中，R 表示地下水污染风险值；V 表示地下水的本质脆弱性指数；T 表示地下水外界胁迫性指数；C 表示地下水价值功能性指数。地下水本质脆弱性、外界胁迫性、价值功能性均采用加权综合指数法进行计算：

$$P = \sum_{i=1}^{n} w_i z_i \tag{12-2}$$

式中，P 表示各指数综合得分；w_i 表示评价指标 i 的权重；z_i 表示评价指标 i 的评分。

（2）选取评价指标。

当前国内对地下水污染风险的研究采用的指标较多，已取得部分研究成果。依据研究区特点、对地下水污染风险概念等认识的不同，评价指标体系也呈现出差异性。以往的评价指标多利用单一的土地利用评分或针对污染场地来表征地下水污染胁迫性，具有高度模糊性与概括性，未能充分反映人类活动对地下水环境施加的具体污染类型；在地下水价值评价上偏重于水质与水量指标的选取，弱化了地下水资源的经济与生态价值。

指标的性质对反映评价结果的准确性具有重要意义，选取时应遵循全面性、动态性、差异性、可操作性的原则。在综合考虑含水层水文地质状况、地下水系

统功能、区域人类活动影响的基础上，本章从本质脆弱性、外界胁迫性、价值功能性 3 个方面选取 20 项指标建立了下辽河平原浅层地下水污染风险的指标体系（表 12-2）。

表 12-2　下辽河平原浅层地下水污染风险评价指标体系

目标层	准则层	准则层	指标类型	单位
浅层地下水污染风险	本质脆弱性	区域自然条件	地形坡度	%
			含水层净补给量	mm
			地下水埋深	m
			土壤介质类型	无量纲
		含水层自然条件	含水层水力传导系数	m/d
			包气带介质类型	无量纲
			保护层厚度	m
	外界胁迫性	污染负荷	废水污水排放量	t/km^2
			工业固体危险废弃物产生量	t/km^2
			工业二氧化硫排放量	t/km^2
			化肥使用折纯量	t/km^2
			畜禽粪便排泄量	t/km^2
		污染可能	土地利用类型评分	无量纲
			地下水水质超标率	%
	价值功能性	原生价值	地下水可开采模数	10^8m^3/km^2
			地下水矿化度	g/L
		经济价值	地下水供水比	%
			人均地下水资源量	m^3/人
		生态价值	植被覆盖指数	%
			生物丰富度指数	%

（3）确定指标权重。

评价指标的权重表征了各个指标对于评价结果的相对贡献度，是决定评价结果可靠性的重要方面。在综合层次分析法与熵值法的基础上采用博弈论集结模型形成本研究的组合权重。博弈论集结模型能够在主客观权重中寻找一种协调一致或妥协的关系，即极小化可能的权重与各个基本权重之间的各自偏差（路遥等，2014）。设有 L 种方法对指标层赋权，从而得到 L 个指标权重向量。

$$w_{(k)} = \left(w_{(k1)}, w_{(k2)}, w_{(k3)}, \cdots, w_{(kn)} \right), \quad k = 1, 2, 3, \cdots, L \qquad （12\text{-}3）$$

从而构造出一个基本的权重向量集合 $\{w_1, w_2, w_3, \cdots, w_L\}$。记 L 个权重向量的线性组合为

$$w = \sum_{k=1}^{L} a_k w_k^{\mathrm{T}} \qquad\qquad (12\text{-}4)$$

式中，a_k 为线性组合系数，w 的全体 $\left\{ w \middle| w = \sum_{k=1}^{L} a_k w_k^{\mathrm{T}}, a_k > 0 \right\}$ 表示可能的权重向量

集合。根据博弈论集结模型的思想，寻找最满意的权重向量就归结为对式（12-4）中的 L 个线性组合系数 a_k 进行优化，从而使得 w 与各个 w_k 的离差极小化（刘敦文等，2014）。推导出的对策模型为

$$\min \left\| \sum_{j=1}^{L} a_j w_j^{\mathrm{T}} - w_i^{\mathrm{T}} \right\|, \quad i = 1, 2, 3, \cdots, L \qquad\qquad (12\text{-}5)$$

根据矩阵微分性质可以推出式（12-5）的最优化一阶导数为

$$\sum_{j=1}^{L} a_j w_i w_j^{\mathrm{T}} = w_i w_i^{\mathrm{T}}, \quad i = 1, 2, 3, \cdots, L \qquad\qquad (12\text{-}6)$$

由式（12-6）计算求得 $(a_1, a_2, a_3, \cdots, a_L)$，然后对其进行归一化处理，$a_k^* = a_k \middle/ \sum_{k=1}^{L} a_k$，

进而求得组合权重为

$$w^* = \sum_{k=1}^{L} a_k^* w_k^{\mathrm{T}} \qquad\qquad (12\text{-}7)$$

将层次分析法与熵值法求得的主观权重、客观权重值代入式（12-7）求出组合权重。

12.2.2　数据处理与遥感影像解译

（1）数据来源与数据处理。

本章选取下辽河平原相关市、县（区）的水文地质数据与社会发展数据进行处理。水文地质数据来源于《辽宁省水资源》《辽宁省水资源公报》（2013）、《辽宁省国土资源图集》以及监测点多年实测数据。社会发展数据取自《辽宁省环境状况公报》（2013）、《辽宁省统计年鉴》（2013）、《中国水资源公报》（2013）以及研究区内各市、县（区）的统计资料。土地利用类型、植被覆盖指数、生物丰富度指数等以遥感影像解译为基础，参考《生态环境状态评价技术规范》获得。

首先将各项指标图层栅格化，运用 ArcGIS 空间分析模块的地图代数（map algebra）功能对各个栅格图层的像元值进行计算，得到各个像元的地下水污染风险值，用自然断点法（nature break）将风险值分为五类，并进行数据的可视化表达。其次将研究区划分为单元网格，识别研究区内具有统计显著性的热点与冷点的空间分布状况。在热点研究的基础上，利用重心与标准差椭圆探究污染风险热

点的主导分布、空间形态及总体分布范围，进而为分析污染风险的演变趋势奠定基础。

（2）遥感影像解译。

土地利用类型与地表覆被状况对自然环境有着直接的影响。在水文过程方面，土地利用与覆被的变更对流域水循环以及水质状况有着重要的影响。在湿润气候区，过度农垦与砍伐森林会导致土地退化、水质破坏以及打破局地微气候平衡等问题。土地利用与覆被状况和众多人文因子的影响给区域地下水环境的水质、水量均带来了较大的压力（刘权，2007）。因此，本章将下辽河平原土地利用与覆被状况作为下辽河平原地下水污染风险研究的一个重要方面，通过解译研究区的遥感影像来判读区域的具体土地利用与覆被状况。综合区域土地利用、覆被状况以及人类活动产生的污染源来确定下辽河平原地下水污染风险的外界污染胁迫性指数。

遥感与地理信息系统等多种现代技术的发展为土地利用与覆被的研究提供了新的突破点。遥感技术应用到土地利用与覆被的研究中，一方面能够发挥其客观、及时动态的特点，另一方面能够突破土地利用变化研究中时空尺度的限制。本章遥感数据来源于美国陆地卫星 Landsate-8（条代号与行编号组合为：119/31、119/32、120/31、120/32）。Landsate-8（OLI 传感器）所对应的波长范围及空间分辨率，如表 12-3 所示。

表 12-3　Landsate-8（OLI 传感器）所对应的波长范围及空间分辨率

波段编号	波段类型	波长范围/μm	空间分辨率
OLI-Band-1	蓝光波段	0.433～0.453	30m×30m
OLI-Band-2	蓝绿波段	0.450～0.515	30m×30m
OLI-Band-3	绿波段	0.525～0.600	30m×30m
OLI-Band-4	红波段	0.630～0.680	30m×30m
OLI-Band-5	近红外波段	0.845～0.885	30m×30m
OLI-Band-6	中红外波段	1.560～1.660	30m×30m
OLI-Band-7	中红外波段	2.100～2.300	30m×30m
OLI-Band-8	微米全色波段	0.500～0.680	15m×15m
OLI-Band-9	短波红外波段	1.360～1.390	30m×30m

依托 ENVI5.0、ArcGIS10.2 等遥感与地理信息系统软件，首先将 Landsate-8 标准假彩色影像通过添加控制点的方法进行几何校正与图像增强处理。在参考一级国家土地利用分类标准的前提下，结合 1∶100000 辽宁省土地利用现状图（2010）、1∶50000 辽宁省地形图进行精细的影像目视解译与监督分类；将下辽河平原土地利用类型划分为水田、旱地、建设用地、水体、林地、草地与未利用地 7 类；对解

译结果的分类精度进行检验合格后得到下辽河平原土地利用类型图（图 12-1），并在此基础上生成各类型的矢量数据图层。

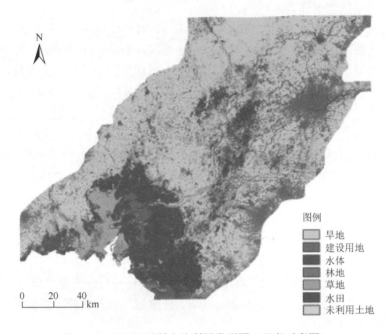

图 12-1　下辽河平原土地利用类型图（见书后彩图）

12.2.3　地下水污染风险评价结果与分析

依据建立的地下水污染风险评价模型与体系，首先计算了下辽河平原浅层地下水污染风险的子系统值，即本质脆弱性值、外界胁迫性值以及价值功能值。在经过细致计算与反复检查的基础上，利用地图代数功能得到下辽河平原浅层地下水污染风险评价结果（表 12-4），并绘制本质脆弱性、外界胁迫性和价值功能性地下水污染风险图（图 12-2～图 12-5）。

表 12-4　下辽河平原浅层地下水污染风险面积比　　　（单位：%）

准则层	低度	较低	中度	较高	高度
本质脆弱性	7.35	14.22	26.60	28.31	23.52
外界胁迫性	6.19	18.63	11.10	53.46	10.62
价值功能性	16.44	1.61	12.39	30.61	38.95
污染风险	14.43	3.17	12.07	32.47	37.86

（1）本质脆弱性。

由图 12-2 与表 12-4 可以看出，地下水本质脆弱性高和较高的区域主要分布在南部滨海平原区、中部新民—辽中平原、台安平原中西部以及西部扇前平原区，占研究区面积的 51.83%。南部滨海区地形坡度小，包气带介质类型以砂砾为主，保护层厚度小，地下水的自净能力差，含水层对污染的敏感性高。中部新民—辽中平原、台安平原区土壤介质类型以亚砂土和砂砾为主、地下水埋深普遍较浅，其中辽中平原地下水埋深平均为 6.79m，外界污染物很容易进入含水层。中度脆弱区占研究区面积的 26.60%，主要分布于东部扇前平原、浑河冲积平原、太子河冲积平原。这些区域多为河流冲积平原，虽然含水层水力传导系数较大，但地下水埋藏较深，地形坡度大，以亚黏土为主的土壤介质类型强化了地下水的自净能力。地下水本质脆弱性低与较低的区域主要集中于东沙河冲积扇、海城河冲积扇、凌海市东部以及部分外围山前冲积平原，占研究区面积的 21.57%。此区域含水层厚度与地下水埋深大、含水层水力传导系数小，外界污染物向下运移时间长，迁移过程中易被地下水稀释，进一步降低了污染物的迁移量和浓度。

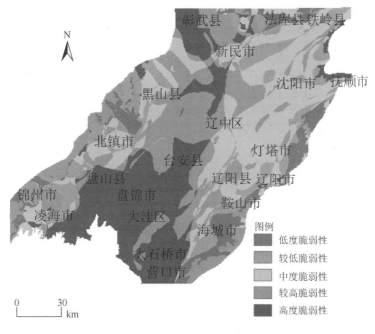

图 12-2　下辽河平原浅层地下水本质脆弱性图（见书后彩图）

（2）外界胁迫性。

地下水污染风险不仅取决于地下水的本质脆弱性，也与外界污染物侵入地下水环境有关。即使一个地区本质脆弱性较大，如果没有明显的外界胁迫存在，含水层受污染的可能性也会很小，相反如果有显著的外界胁迫存在，本质脆弱性也很高，则含水层发生污染的可能就较大。

　　根据图 12-3 和表 12-4 可知，研究区内外界胁迫性总体处于中度以上状态。其中高度胁迫性地区占研究区面积的 10.62%，集中分布在沈阳市、盘锦市、大洼区、辽阳市、铁岭县。这些区域外界胁迫性较高主要是人类活动产生的大量污染负荷所致。沈阳市、盘锦市是下辽河平原的经济中心，是人类活动影响最强烈的区域，工业类型以石油、化工、机械为主导。2012 年沈阳、盘锦两城市废水污水排放量分别为 $19.16 \times 10^4 t/km^2$、$15.55 \times 10^4 t/km^2$；工业固体危险废弃物排放量分别为 $31.43 t/km^2$、$171.02 t/km^2$。沈阳市地下水资源超采严重，破坏了地下水动态平衡，沈阳市城区地下水降落漏斗面积 $5.06 km^2$。铁岭市种植业与畜禽养殖业规模大，污染胁迫主要来源于化肥的使用与畜禽的粪便排泄，2012 年铁岭市化肥施用折纯量为 $39.11 t/km^2$，畜禽粪便排泄量为 $3552.44 t/km^2$。较高外界胁迫性区域占研究区面积的 53.46%，主要分布于新民市、黑山县、北镇市、凌海市、大石桥市等地区的广大耕作区。这些地区化肥施用量与畜禽排泄量较多是产生外界胁迫性较高的主因。外界胁迫性低和较低的区域占研究区面积的 24.82%，外界胁迫性低的地区主要位于盘锦市西部以及研究区东西两侧低山丘陵的植被丰富区。这些地区土地利用类型以林地、草地为主，生态环境较好，其中盘锦市西部湿地面积达 $3150 km^2$，在控制污染、调节河川径流和维持区域水的动态平衡等方面发挥着重要作用。

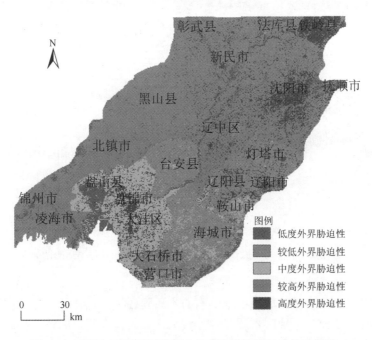

图 12-3　下辽河平原浅层地下水外界胁迫性图（见书后彩图）

（3）价值功能性。

根据图 12-4 与表 12-4 可知，地下水价值功能性高与较高的区域约占研究区面积的 69.56%，分布于沈阳市、新民市、辽中区、鞍山市、海城市、北镇市、锦州市、法库县、铁岭县、黑山县、台安县、灯塔市。这些区域地下水开采模数高，开采条件相对较好；地下水矿化度普遍低于 1g/L；在城乡供水中对地下水的依赖程度高，其中锦州市 2012 年地下水供水量约 $7.3×10^8 m^3$，占供水总量的 83.64%。地下水价值功能性处于中度状态的是辽阳市、凌海市、彰武县，占区域面积的 12.39%。这些区域地下水的价值功能性并不突出，地下水开采模数、植被覆盖指数、人均地下水资源量等指标都处于中等状态。地下水价值功能性低或较低的区域主要分布于下辽河平原南部的盘锦市、营口市、大洼区、盘山县、大石桥市以及抚顺市，占区域面积的 18.05%。这些区域大都位于南部滨海平原，地下水资源赋存状况较差，其中盘锦市人均地下水资源量仅为 $129.66m^3$。城乡居民供水组成中地下水所占比例小，盘锦、营口两城市地下水供水比都在 21% 以下。除此之外，局部近海地区地下水矿化度均达到 5g/L 以上，也大大削弱了地下水的价值功能性。

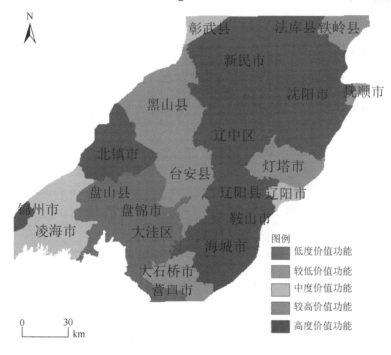

图 12-4　下辽河平原浅层地下水价值功能性图（见书后彩图）

（4）综合风险评价结果。

根据图 12-5 和表 12-4 可知，下辽河平原浅层地下水污染风险总体呈高度和较高状态，占研究区面积的 70.33%，集中分布在沈阳市、新民市、辽中区、辽阳县、北镇市、凌海市大部、海城市西部、彰武县、法库县、黑山县、铁岭县以及其他人口聚集区。这些区域地下水的外界胁迫性与价值功能性都较高,沈阳市等人口密集区工农业与经济发展程度高,外界污染物来源广,使得地下水遭受污染的可能性大,同时也成为污染事件发生后损失最为强烈的区域。近年来对地下水资源的不合理开发,超过了地下水的环境负荷,造成了水质恶化、地下水过量超采,出现地下水降落漏斗、沿海区海水入侵等一系列环境地质问题。

地下水污染中度风险区占研究区面积的 12.07%,主要分布于灯塔市、抚顺市、凌海市西部、海城市东南部以及辽阳市与鞍山市的局部地区。这些区域地下水的价值功能性呈现较高或高度状态。但是反映地下水污染可能性的本质脆弱性处于中度及以下状态;外界胁迫性处于较低度状态,所以产生污染风险性的可能性不大。

地下水污染风险低和较低的区域占研究区面积的 17.6%,集中分布于研究区南部的盘锦市、大洼区、盘山县、营口市、大石桥市,以及外围的局部地区。其中大部分地区地下水的外界胁迫性与价值功能性都处于中度以下状态;南部盘锦市、大洼区、大石桥市地下水的本质脆弱性虽高,但是外部环境施加的污染胁迫与污染损害较低,所以降低了地下水的污染风险度。

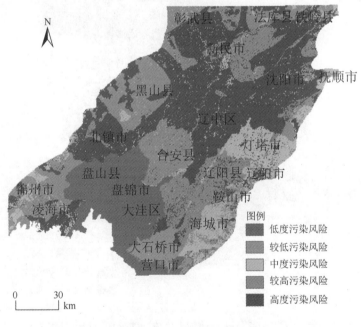

图 12-5　下辽河平原浅层地下水污染风险图(见书后彩图)

12.2.4　下辽河平原地下水污染风险评价结果合理性检验

氮元素是地下水污染物中较为活跃的因素,一般被污染的地下水中氮元素浓度相对较高。氨氮、硝酸盐氮、亚硝酸盐氮和有机氮是地下水中氮的主要存在形式。因此根据这一特点，可以通过对比实测井的真实氮元素浓度值来衡量地下水污染风险评价结果的可靠性。

　　将研究区内实测井的地点在地下水污染风险评估图中进行精确的标注（图 12-6），在 ArcGIS 中识别实测井站点所对应位置的污染风险评估结果的大小值。把 29 个实测井的多年平均氮元素浓度统计值与识别的评估结果大小值进行线性对比与检验，结果见图 12-7。

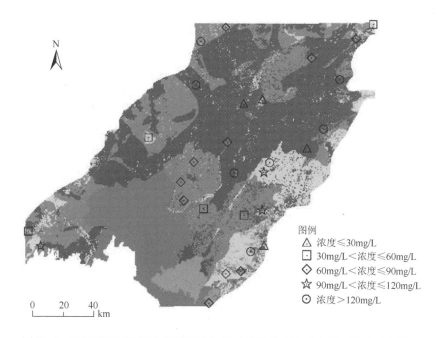

图例
△ 浓度≤30mg/L
□ 30mg/L＜浓度≤60mg/L
◇ 60mg/L＜浓度≤90mg/L
☆ 90mg/L＜浓度≤120mg/L
⊙ 浓度＞120mg/L

图 12-6　下辽河平原地下水污染风险与氮元素浓度水平对应图（见书后彩图）

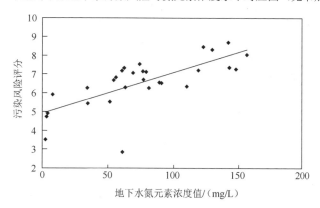

图 12-7　监测点氮元素浓度与地下水污染风险相关关系图

从图 12-6 的对比结果可以看出，各个实测井的氮元素浓度实际检测值与本次地下水污染风险评价结果表现出一致性特征。两者间存在高—高、低—低的线性关系，即氮元素浓度实测值较高的点布局在地下水污染风险较高的区域；氮元素浓度实测值较低的点布局在地下水污染风险较低的区域。将实测浓度值与地下水污染风险评价值两组数据作进一步的回归分析。图 12-7 中拟合趋势线的 R^2=0.519，在 0.01 水平上显著相关。说明两组数据间具有较好的线性相关性，拟合效果较好。所以本次下辽河平原地下水污染风险的评价过程与结果是合理、可靠的。

12.3　下辽河平原浅层地下水污染风险空间热点识别与分析

12.3.1　下辽河平原地下水污染风险空间热点分布识别

将研究区划分为 500m×500m 的单元网格 95811 个，运用 ArcGIS 的空间统计分析功能得到下辽河平原浅层地下水污染风险的 G 指数，检查其冷热点区在空间上的分布状况。用自然段点法（nature break）对 $Z[G_i(d)]$ 的数据进行可视化处理，由高到低划分为 5 类：热点区、次热点区、温点区、次冷点区、冷点区（图 12-8）。

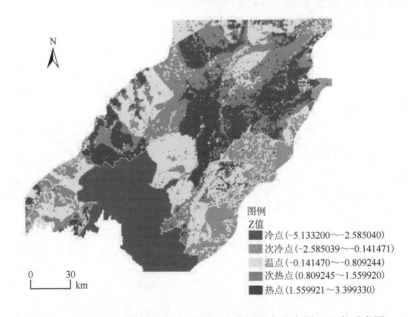

图 12-8　下辽河平原浅层地下水污染风险空间热点分布图（见书后彩图）

地下水污染风险的形成过程是人类活动对地下水系统施加压力的集中体现。

受自然条件的限制人类活动在空间上存在一定的集聚现象，从而导致地下水环境风险在空间上存在集聚现象。

下辽河平原地下水污染风险热点与次热点区分布于沈阳市、新民市、辽阳市、辽中区和北镇市。该类区域人口密度大，导致土地开发利用程度高，地下水资源开采量大。不合理的生产与生活方式产生了大量的污染物，对地下水水质构成严重威胁，使得地下水污染风险的高值突出。2012 年沈阳市第二产业产值 3383.16×10^8 元，占地区生产总值的 51.24%，工业与生活污水排放量达 4.21×10^8t。此类区域处于辽中南经济区的中心部位，经济实力强。随着东北老工业基地的振兴，这些地区已成为最具增长潜力的区域。沈阳作为区域中心，与周边县区的协调合作日益密切，其中辽中区作为沈阳西部工业走廊的重要载体承接了沈阳市的产业释放和战略性转移。

地下水污染风险冷点区分布于研究区南部的盘锦市、营口市、大石桥市、盘山区与大洼区境内。次冷点区分布较为离散。冷点区是地下水污染风险的低值聚集区，虽然地下水污染的本质脆弱性高，但是此区域地下水资源缺乏，地下水水质差，地下水实际开采量小，2012 年盘锦市地下水供水量 1.2×10^8m³，仅占总供水量的 9.3%。当地政府部门较重视地下水资源的保护，2012 年盘锦、营口两城市水利、环境和公共设施管理业投资达 138.31×10^8 元；水土保持治理面积达 7.07×10^4hm²，有效地保护和涵养地下水资源，水生态环境也逐步得到改善。

图 12-8 的温点区 $Z[G_i(d)]$ 得分接近于零，说明此类区域地下水污染风险不存在明显的空间聚类。

12.3.2　下辽河平原地下水污染风险空间热点度量分析

利用 ArcGIS10.2 的度量分布功能对下辽河平原浅层地下水污染风险的热点进行研究。重心工具用于分析污染风险热点的平均分布中心，探究污染风险热点的均衡性。标准差椭圆工具用于衡量污染风险热点的主导方向、空间形态及总体分布范围，进而分析污染风险的演变趋势。受研究时间限制，本章对热点的变动分析暂时只做一个时间断面的研究，对污染风险演变趋势进行初步探究。下辽河平原地下水污染风险热点的重心及标准差椭圆分布，如图 12-9 所示，详细信息见表 12-5。

由图 12-9 与表 12-5 可知，下辽河平原地下水污染风险热点的重心分布于辽中区境内（122.45°E，41.42°N），距离西南方向要素中心（122.34°E，41.29°N）约 26.32km。标准差椭圆以重心为中心，整体沿东北—西南方向展布，转角为北偏东 67.02°，长半轴长 70.33km，短半轴长 32.95km，面积约 7280.03km²。这也间接表明下辽河平原地下水污染风险的高值区域多分布于研究区的中部与北部，污染风险热点面积较大，分布范围广，这与不合理的人类活动对地下水环境施加的压力有关。较高的地下水污染风险预示着发生污染事件的可能性较高,污染事件的危害性与治理的复杂性对当地地下水的开发利用提出了新的要求,这些区域需要进一步加强地下水污染的防控。热点分布与热点度量分析的研究结果进一步探究了下辽河平原浅层地下水污染风险的空间分布与演变趋势,可为下辽河平原地区地下水资源的有效管理、科学配置和可持续利用提供依据。

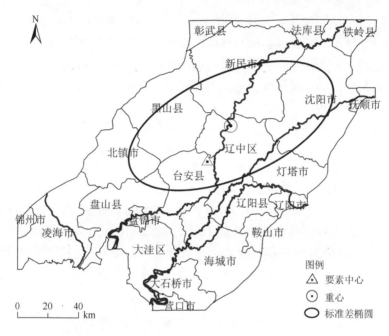

图 12-9　下辽河平原地下水污染风险热点的重心及标准差椭圆分布

表 12-5　地下水污染风险热点重心及标准差椭圆详细信息

经度	纬度	短半轴/km	长半轴/km	转角/(°)
122.45°E	41.42°N	32.95	70.33	67.02

12.4　地下水污染风险管理建议

地下水污染风险管理的目标是减少地下水可能遭受污染的概率,风险评价是风险管理的基础,为管理部门制定相关政策提供科学合理的决策依据,维护风险受害体的利益。加强地下水污染风险的评价,对于地下水资源的有效保护和永续利用,以及保护生态环境平衡和避免经济损失等具有现实意义。根据本章的评价结果,结合下辽河平原区的具体情况,提出以下几点建议供决策者参考。

（1）实行区域规划。

实现风险管理，首先要对研究区进行必要的区域规划。结合研究区下辽河平原的社会效益、经济效益、环境效益，通过区域管理研究，优化区域产业结构和布局，明确引资方向和项目，引入低污染、低消耗、高产出的高科技企业，以减少对下辽河平原区的污染负荷。下辽河平原是辽宁省重要的农业种植基地，每年农业用水量占总用水量的 60%左右，积极调整改变传统的种植结构，大力发展节水农业。南部滨海平原如锦州市、营口市、盘锦市等近海地区，海水利用潜力巨大，今后应加大科技投入，增加海水资源利用量。铁岭市和抚顺市降水量较多，可以将雨水处理后用于绿化、泼洒抑尘等对水质要求相对较低的方面。同时兼顾地下水资源保护，实现社会、经济、环境协调发展并同步进行，使有限的地下水资源达到最合理的利用状态，发挥出更大的效益。

（2）加强污染源的动态监测与治理。

防治地下水污染问题，首先要控制污染源的污水排放量和达标率，加强对地下水污染源（特别是对排污大户）的动态监测，可以减少地下水的潜在污染源以减轻地下水的污染负荷。沈阳、鞍山、抚顺等城市是下辽河平原工业用水的主要集中地，也是排污的主要集中地，加强对这些城市排污量较大的工矿业和农药化肥的在线实时监测，可以确保工矿业污染源达标排放，促进发展推广生态农业、绿色农业。

（3）优化地下水质监测系统。

地下水质好坏是地下水是否污染的直接表达，进行地下水质监测可以及时了解区域地下水质的动态信息，是进行水资源管理工作的基本组成部分。发达国家已经实现了自动监测，而中国的地下水资源监测工作还很薄弱，目前面临的首要问题是监测问题。因此，应加大资金的投入来完善监测系统，加强地下水质监测工作，避免地下水资源管理的盲目性和粗放性。

（4）提高地下水资源利用率。

下辽河平原地区地下水采补失衡引起该区域严重的生态环境地质问题和社会经济问题。提高地下水资源的利用率与效益，可以缓解严峻的地下水资源短缺的压力。在沈阳市、鞍山市等经济技术条件优越的地方应提高污水资源的利用率，经处理后的水资源可用于喷灌农田、道路泼洒和工业用水等方面。合理配置地下水资源，充分考虑将社会效益、经济效益、环境效益与企业和公众有机结合，使其分配到具有更大的经济效益和社会效益的用水行业和用水户中，以达到最合理的利用状态。限制地下水的过量开采，合理调整并适当淘汰高耗水工业，逐步引进低耗水高效益工业，大力开发各类用水产业资源节约型工艺和技术，通过节水的方式来提高地下水资源的利用率，保证地下水资源供给与经济和谐发展。农业发展则要同时考虑水资源、土地资源的匹配，保证粮食的产量、种类及安全。

（5）确立合理水价和水价管理机制。

地下水资源的有限性决定了它具有经济属性、商品属性，因而具有价值与价格。确定合理的价格水平，建立灵活的水价机制（包括水资源费、供水水价和排污费），是地下水资源利用的核心问题，对确保水资源的有效永续利用和社会经济发展等也具有重要的实际意义。

（6）健全法制法规建设，加强水资源行政管理体系。

科学完整的法律法规体系、秉公高效的行政执法部门和公民严格的遵从执行三者紧密结合，是确保水资源公平合理运行的必要手段。地下水资源的利用涉及环保、林业、农业、经济计划管理、法律等多个部门，缺一不可。部门之间的交流、合作、协调一致，是实现水资源的永续利用、人水和谐共处的必要条件。同时，在水资源管理中，要加强宣传力度，树立人与自然和谐共处的新理念，加强公众的节水意识。

参 考 文 献

阿诺尔德, 1992. 突变理论[M]. 北京: 商务印书馆.

卞建民, 李立军, 杨坡, 2008. 吉林省通榆县地下水脆弱性研究[J]. 水资源保护, 24(3): 4-7.

曹黎明, 2009. 公共风险的经济分析: 起因、分类及对策[D]. 南昌: 江西财经大学.

陈超, 2012. 基于 GIS 的第四系地下水资源价值研究——以北京市为例[D]. 北京: 中国地质大学.

陈建珍, 赖志娟, 2005. 熵理论及应用[J]. 江西教育学院学报, 26(6): 9-12.

陈靖, 2012. 论我国当代环境刑法理念[J]. 云南大学学报(法学版), 25(5): 26-29.

陈南祥, 董贵明, 贺新春, 2005. 基于 AHP 的地下水环境脆弱性模糊综合评价[J]. 华北水利水电学院学报, 26(3): 63-66.

陈水利, 李敬功, 王向公, 2005. 模糊集理论及其应用[M]. 北京: 科学出版社.

陈守煜, 伏广涛, 周惠成, 等, 2002. 含水层脆弱性模糊分析评价模型与方法[J]. 水利学报(7): 23-30.

陈志恺, 2005. 中国水资源的可持续利用问题[J]. 中国科技奖励(1): 42-44.

陈彦, 吴吉春, 2005. 含水层渗透系数空间变异性对地下水数值模拟的影响[J]. 水科学进展, 16(4): 482-487.

崔保山, 杨志峰, 2002. 湿地生态系统健康评价指标体系 I. 理论[J]. 生态学报, 22(7): 1005-1011.

崔保山, 杨志峰, 2006. 湿地学[M]. 北京: 北京师范大学出版社.

崔帅, 2009. 大连市区地下水环境质量综合评价及污染防治策略研究[D]. 大连: 辽宁师范大学.

崔亚莉, 邵景力, 韩双平, 2001. 西北地区地下水的地质生态环境调节作用研究[J]. 地学前缘, 8(1): 191-196.

丁清峰, 孙丰月, 2005. 专家证据权重法及其在东昆仑地区的应用[J]. 地质与勘探, 41(1): 88-95.

丁清峰, 孙丰月, 2006. 基于专家证据权重法的成矿远景区划与评价——以东昆仑地区金矿为例[J]. 地质科技情报, 25(1): 41-46.

丁庆华, 2008. 突变理论及其应用[J]. 黑龙江科技信息(35): 11-23.

邓聚龙, 1985. 灰色控制系统[M]. 武汉: 华中理工大学出版社.

杜朝阳, 钟华平, 2011. 地下水系统风险系统风险分析研究进展[J]. 水科学进展, 22(3): 437-444.

杜锁军, 2006. 国内外环境风险评价研究进展[J]. 环境科学与管理, 31(5): 193-194.

董殿伟, 江剑, 周磊, 等, 2010. DRASTIC 方法在北京市平原区地下水易污性评价中的应用[J]. 北京水务(6): 22-25.

董华, 张发旺, 程彦培, 等, 2008. 论地下水环境系统内涵及其编图[J]. 南水北调与水利科技, 6(6): 44-46.

董雯, 杨宇, 张小雷, 2012. 干旱区绿洲城镇化进程与水资源效益的时空分异研究[J]. 中国沙漠, 32(5): 1463-1471.

董志贵, 2008. 地下水污染风险评价方法研究及软件设计开发[D]. 哈尔滨: 东北农业大学.

范伟, 2007. 吉林省平原区地下水功能评价[D]. 长春: 吉林大学.

方樟, 2006. 松嫩平原地下水脆弱性研究[D]. 长春: 吉林大学.

冯平, 1998. 供水系统干旱期的水资源风险管理[J]. 自然资源学报, 13(2): 141-143.

冯平, 李绍飞, 李健柱, 2007. 基于突变理论的地下水环境风险评价[J]. 自然灾害学报, 17(2): 13-18.

冯雪艳, 赵坤, 杜新强, 等, 2007. 突变理论在地下水开发风险评价中的应用研究[J]. 人民黄河, 29(10): 47-50.

鄂彗, 金辉, 2007. 基于 AHP 和模糊综合评价的区域水资源可持续利用评价——以广东省江门市为例[J]. 水资源与水工程学报, 18(3): 50-55, 59.

高远东, 2010. 中国区域经济增长的空间计量研究[D]. 重庆: 重庆大学.

葛书龙, 刘敏昊, 1996. 水利系统经营效益评估的模糊层次分析法[J]. 水利经济(2): 53-58.

耿雷华, 卞锦宇, 徐彭勃, 等, 2008. 水资源合理配置评价指标体系研究[M]. 北京: 中国环境科学出版社.

耿永生, 2010. 环境风险评价简介[J]. 环境科学导刊, 29(5): 86-91.

顾钊, 2014. 科尔沁区地下水脆弱性评价研究[D]. 北京: 清华大学.

郭高轩, 李宇, 许亮, 等, 2014. 北京平原区第四系地下水污染风险评价[J]. 环境科学, 35(2): 562-568.

郭怀成, 2006. 环境规划方法与应用[M]. 北京: 化学工业出版社.

郭文成, 钟敏华, 梁粤瑜, 2001. 环境风险评价与环境风险管理[J]. 云南环境科学(增刊 1): 98-100.

郭先华, 2008. 城市水源地生态风险评价及水质安全管理[D]. 贵阳: 贵州大学.

郭永海, 沈照理, 钟佐燊, 等, 1996. 河北平原地下水有机氯污染及其与防污性能的关系[J]. 水文地质工程地质 (1): 40-42.

韩冰, 何江涛, 陈鸿汉, 等, 2006. 地下水有机污染人体健康风险评价初探[J]. 地学前缘, 13(1): 224-229.

韩绍阳, 侯惠群, 黄树桃, 2002. 基于 ArcView3.2 的证据权重法在层间氧化带型砂岩铀矿定量评价中的应用[J]. 物探与化探, 26(6): 443-449.

郝静, 贾仰文, 张永祥, 等, 2015. 应用正交试验法分析地下水流模型参数灵敏度[J]. 人民黄河, 37(9): 66-68.

贺新春, 邵东国, 陈南祥, 等, 2005. 几种评价地下水环境脆弱性方法之比较[J]. 长江科学学院学报, 22(3): 17-23.

胡二邦, 2000. 环境风险评价使用技术和方法[M]. 北京: 中国环境科学出版社.

胡珺, 李春晖, 贾俊香, 等, 2013. 水环境模型中不确定性方法研究进展[J]. 人民珠江, 34(2): 8-12.

华珊珊, 2016. 变化环境下基于脆弱性评价的中国地下水资源优化管理及保护措施[D]. 长沙: 湖南大学.

黄崇福, 2012. 自然灾害风险分析与管理[M]. 北京: 科学出版社.

黄新, 2010. 西安市地下水污染风险研究[D]. 西安: 西安科技大学.

黄勇, 2010. 沿海垃圾填埋场渗滤液对海洋环境的风险评估——以大连毛茔子垃圾填埋场为例[D]. 大连: 大连海事大学.

黄振平, 2003. 水文统计学[M]. 南京: 河海大学出版社.

靳诚, 陆玉麒, 2009. 基于县域单元的江苏省经济空间格局演化[J]. 地理学报, 64(6): 713-724.

姜桂华, 2002. 地下水脆弱性研究进展[J]. 世界地质, 21(1): 33-38.

姜桂华, 王文科, 乔小英, 等, 2009. 关中盆地地下水特殊脆弱性及其评价[J]. 吉林大学学报(地球科学版), 39(6): 106-110.

江剑, 董殿伟, 杨冠宁, 等, 2010. 北京市海淀区地下水污染风险性评价[J]. 城市地质, 5(2): 14-18.

蒋卫国, 李京, 陈云浩, 等, 2008. 区域洪水灾害风险评估体系——原理与方法[J]. 自然灾害学报, 17(6): 53-59.

姜文来, 1998. 水资源价值论[M]. 北京: 科学出版社.

金菊良, 魏一鸣, 丁晶, 2004. 基于改进层次分析法的模糊综合评价模型[J]. 水利学报, 35(3): 65-70.

金菊良, 刘丽, 汪明武, 等, 2011. 基于三角模糊数随机模拟的地下水环境系统综合风险评价模型[J]. 地理科学, 31(2): 143-147.

寇长林, 郭战玲, 马政华, 等, 2013. 基于主成分回归的河南省地下水硝酸盐脆弱性评价[J]. 应用生态学报, 24(10): 2912-2916.

雷静, 2002. 地下水环境脆弱性的研究[D]. 北京: 清华大学.

雷静, 张思聪, 2003. 唐山市平原区地下水脆弱性评价研究[J]. 环境科学学报, 23(1): 94-99.

李宝兰, 2009. 大连市海水入侵现状与防治措施[J]. 地质灾害与环境保护, 20(3): 59-62.

李彩梅, 杨永刚, 秦作栋, 等, 2015. 基于 FEFLOW 和 GIS 技术的矿区地下水动态模拟及预测[J]. 干旱区地理, 38(2): 359-367.

李波, 2009. 基于模糊模式识别的 C 波段无线电信号智能分析[D]. 成都: 西华大学.

李哈滨, 王政权, 王庆成, 1998. 空间异质性定量研究理论与方法[J]. 应用生态学报, 9(6): 651-657.

李金惠, 李颖, 2012. 环境风险评价内涵与外延研究[J]. 安全与环境学报, 12(1): 119-125.

李连香, 许迪, 程先军, 等, 2015. 基于分层构权主成分分析的皖北地下水水质评价研究[J]. 资源科学, 37(1): 61-67.

李玲玲, 2010. 龙口市平原区地下水污染风险评价研究[D]. 济南: 济南大学.

李如忠, 钱家忠, 2005. 地下水降深的未确知风险分析[J]. 地理科学, 25(5): 631-635.

李如忠, 汪明武, 金菊良, 2010. 地下水环境风险的模糊多指标分析方法[J]. 地理科学, 30(2): 229-234.

李绍飞, 2003. 海河流域地下水环境风险分析问题的研究[D]. 天津: 天津大学.

李绍飞, 冯平, 林超, 2007. 地下水环境风险评价指标体系的探讨与应用[J]. 干旱区资源与环境, 21(1): 38-43.

李绍飞, 王勇, 毛慧慧, 等, 2010. 一种改进的 DRASTIC 模型及其在地下水脆弱性评价中的应用[J]. 数学的实践与认识, 40(9): 68-75.

李淑芹, 董洁, 王开章, 等, 2008. 临沂市水资源承载力综合评价[J]. 人民黄河, 30(2): 51-52.

李随民, 姚书振, 周宗桂, 等, 2007. 基于 ARCVIEW 证据权重法的成矿远景区预测——以陕西旬北铅锌矿富集区为例[J]. 地质找矿论丛, 22(3): 179-182.

李涛, 2004. 基于 MapInfo 的大沽河地下水库脆弱性评价[D]. 青岛: 中国海洋大学.

李文文, 2009. 浅层地下水污染敏感性研究——以泰安市区为例[D]. 泰安: 山东农业大学.

李燕, 2007. 徐州市张集水源地地下水数值模拟及环境脆弱性评价研究[D]. 合肥: 合肥工业大学.

李岩, 欧名豪, 赵庚星, 2010. 土地整理的区域生态环境影响评价研究[J]. 生态环境学报, 19(2): 398-403.

李砚阁, 雷志栋, 2008. 地下水系统保护研究[M]. 北京: 中国环境科学出版社.

李莹, 2012. 大连市海水入侵区地下水水质评价及防治对策[D]. 大连: 辽宁师范大学.

李志萍, 谢振华, 林健, 2010. 地下水污染风险评价指标体系及方法探讨[J]. 黑龙江水专学报, 37(3): 115-117.

粟石军, 2008. 基于 GIS 技术的地下水重金属污染综合风险评价研究[D]. 长沙: 湖南大学.

梁婕, 谢更新, 曾光明, 等, 2009. 基于随机-模糊模型的地下水污染风险评价[J]. 湖南大学学报(自然科学版), 36(6): 54-58.

辽宁省人民政府, 2006. 辽宁统计年鉴[M]. 沈阳: 辽宁电子出版社.

辽宁省水利厅, 2006. 辽宁水资源公报[R]. 沈阳: 辽宁科学技术出版社.

林茂, 纪丹凤, 崔驰飞, 等, 2016. 阿什河流域地下水脆弱性分区[J]. 环境科学研究, 29(12): 1773-1781.

林山杉, 武健强, 张勃夫, 2000. 地下水环境脆弱程度图编图方法研究[J]. 水文地质工程地质, 27(3): 6-8, 24.

林学钰, 陈梦熊, 王兆馨, 等, 2000. 松嫩盆地地下水资源与可持续发展研究[M]. 北京: 地震出版社.

梁晋文, 陈林才, 何贡, 1989. 误差理论与数据处理[M]. 北京: 中国计量出版社: 78-81.

刘杜娟, 2004. 中国沿海地区海水入侵现状与分析[J]. 地质灾害与环境保护, 15(1): 31-36.

刘敦文, 张聪, 颜勇, 等, 2014. 基于博弈论的隧道施工环境可拓评价模型研究[J]. 安全与环境学报, 14(1): 92-96.

刘国东, 丁晶, 1996. 水环境中不确定性方法的研究现状与展望[J]. 环境科学进展, 4(4): 46-53.

刘开第, 吴和琴, 1997. 未确知数学[M]. 武汉: 华中理工大学出版社.

刘权, 2007. 辽河中下游流域土地利用/覆被变化、环境效益及优化调控研究[M]. 北京: 科学出版社.

刘仁涛, 付强, 2006. 地下水脆弱性研究与探讨[J]. 水资源与水工程学报, 17(6): 1-4.

刘世翔, 薛林福, 孙丰月, 等, 2008. 专家证据权重法在矿产评价中的应用——以黑龙江省西北部金矿为例[J]. 地球科学进展, 23(8): 848-855.

刘淑芬, 1996. 区域地下水防污性能评价方法及其在河北平原的应用[J]. 河北地质学院学报, 19(1): 41-45.

刘宇, 兰双双, 张永祥, 等, 2017. 基于空间自相关的地下水脆弱性时空演变[J]. 环境科学, 38(10): 4236-4244.

鲁程鹏, 束龙仓, 刘丽红, 等, 2010. 基于灵敏度分析的地下水数值模拟精度适应性评价[J]. 河海大学学报(自然科学版), 38(1): 26-30.

路遥, 徐林荣, 陈舒阳, 等, 2014. 基于博弈论组合赋权的泥石流危险度评价[J]. 灾害学, 29(1): 194-200.

陆雍森, 1999. 环境评价[M]. 上海: 同济大学出版社.

罗军刚, 解建仓, 阮本清, 等, 2008. 基于熵权的水资源短缺风险模糊综合评价模型及应用[J]. 水利学报, 39(9): 1092-1097.

罗来平, 2006. 遥感图像分类中模糊模式识别和决策树方法的应用研究[D]. 北京: 首都师范大学.

罗婷, 2016. 成都市地下水脆弱性评价[D]. 成都: 成都理工大学.

吕金虎, 陆君安, 陈士华, 2002. 混沌时间序列及其应用[M]. 武汉: 武汉大学出版社.

马克明, 孔红梅, 关文彬, 等, 2001. 生态系统健康评价: 方法与方向[J]. 生态学报, 21(12): 2106-2116.

毛小苓, 刘阳生, 2003. 国内外环境风险评价研究进展[J]. 应用基础与工程科学学报, 11(3): 266-272.

孟碟, 2012. 水文模型参数的灵敏度分析[J]. 水利水电技术, 43(2): 5-8.

孟宪萌, 胡宏昌, 薛显武, 2013. 承压含水层脆弱性影响因素分析及评价模型的构建——以山东省济宁市为例[J]. 自然资源学报, 28(9): 1615-1622.

蒙美芳, 马云东, 2006. 矿业城市环境灾害演变规律浅析[J]. 灾害学, 21(1): 48-51.

闵庆文, 成升魁, 2002. 全球化背景下的中国水资源安全与对策[J]. 资源科学, 24(4): 49-55.

彭波, 王润群, 2009. 危险废物的环境评估及处理技术现状[J]. 现代农业科技(8): 269, 272.

戚杰, 2005. 突变理论在环境建模中的应用研究[D]. 武汉: 华中科技大学.

齐元静, 杨宇, 金凤君, 2013. 中国经济发展阶段及其时空格局演变特征[J]. 地理学报, 68(4): 517-531.

卿晓霞, 龙腾锐, 2006. 污水处理系统中的人工智能技术应用现状与展望[J]. 给水排水, 32(8): 100-103.

任海, 彭少麟, 2002. 恢复生态学导论[M]. 北京: 科学出版社.

沙桂芝, 1987. 用系统聚类分析方法进行水质评价[J]. 水文地质工程地质(6): 10-13.

申丽娜, 李广贺, 2000. 地下水污染区划方法研究[J]. 环境科学, 31(4): 918-923.

申庆喜, 李诚固, 马佐澎, 等, 2016. 基于服务空间视角的长春市城市功能空间扩展研究[J]. 地理科学, 36(1): 274-282.

沈珍瑶, 杨志峰, 2005. 依赖地下水生态系统的生态环境需水问题[DB/OL]. 中国科技论文在线. [2010-10-2]. http://www.paper.edu.cn/index.php/default/releasepaper/content/200510-49.

施小清, 吴吉春, 袁永生, 等, 2005. 渗透系数空间变异性研究[J]. 水科学进展, 16(2): 210-215.

束龙仓, 朱元生, 2000a. 地下水资源评价中的不确定性因素分析[J]. 水文地质工程地质, 27(6): 6-8.

束龙仓, 朱元生, 孙庆义, 等, 2000b. 地下水资源评价结果的可靠性探讨[J]. 水科学进展, 11(1): 21-24.

束龙仓, 王茂枚, 刘瑞国, 等, 2007. 地下水数值模拟中的参数灵敏度分析[J]. 河海大学学报(自然科学版), 35(5): 491-495.

宋小东, 钮心毅, 2007. 地理信息系统实习教程[M]. 北京: 科学出版社.

苏琳, 苑静, 刘奕, 等, 2009. 灰色关联分析法(GRAP)在油库风险评价中的应用[J]. 消防科学与技术, 28(1): 33-35.

孙才志, 陈相涛, 陈雪姣, 2016. 下辽河平原浅层地下水污染风险评价及空间热点识别(英文)[J]. Journal of Resources and Ecology, 7(1): 51-60.

孙才志, 潘俊, 1999. 地下水脆弱性的概念、评价方法与研究前景[J]. 水科学进展, 10(4): 444-445.

孙才志, 林山杉, 2000. 地下水脆弱性概念的发展过程与评价现状及研究前景[J]. 吉林地质, 19(1): 30-36.

孙才志, 林学钰, 2002. 长春市水资源系统优化调度的模糊决策研究[J]. 东北水利水电, 20(4): 1-3.

孙才志, 左海军, 栾天新, 2007a. 下辽河平原地下水脆弱性研究[J]. 吉林大学学报(地球科学版), 37(5): 943-948.

孙才志, 刘玉兰, 杨俊, 2007b. 下辽河平原地下水生态水位与可持续开发调控研究[J]. 吉林大学学报(地球科学版), 37(2): 249-254.

孙才志, 刘玉玉, 2009. 地下水生态系统健康评价指标体系的构建[J]. 生态学报, 29(10): 5665-5674.

孙才志, 杨磊, 胡冬玲, 2011a. 基于 GIS 的下辽河平原地下水生态敏感性评价[J]. 生态学报, 31(24): 7428-7440.

孙才志, 胡冬玲, 杨磊, 2011b. 下辽河平原地下水系统恢复力研究[J]. 水电水利科技进展, 31(5): 5-10.

孙才志, 李秀明, 2013. 基于 ArcGIS 的下辽河平原地下水功能评价[J]. 地理科学, 33(2): 174-180.

孙才志, 奚旭, 2014. 不确定条件下的下辽河平原地下水本质脆弱性评价[J]. 水利水电科技进展, 34(5): 1-7.

孙东亮, 蒋军成, 杜峰, 2009. 基于事故连锁风险的区域危险源辨识技术研究[J]. 工业安全与环保, 35(12): 48-50, 53.

孙洪波, 杨桂山, 苏伟忠, 等, 2010. 沿江地区土地利用生态风险评价——以长江三角洲南京地区为例[J]. 生态学报, 30(20): 5616-5625.

孙英君, 王劲峰, 柏延臣, 2004. 地统计学方法进展研究[J]. 地球科学进展, 19(2): 268-274.

孙永刚, 2011. 环境风险评价研究综述[J]. 林业经济(6): 90-93.

孙志禹, 1996. 过水围堰初期导流工程风险率计算模型[J]. 水电能源科学, 14(3): 176-181.

汤国安, 陈正江, 赵牡丹, 等, 2002. ArcView 地理信息系统空间分析方法[M]. 北京: 科学出版社.

万本太, 2004. 中国生态环境质量评价研究[M]. 北京: 中国环境科学出版社.

汪长永, 杨卫, 2009. 层次分析法在油气田环境风险评价中的应用[J]. 中国安全生产科学技术, 5(6): 181-183.

汪培庄, 1983. 模糊集合论及其应用[M]. 上海: 上海科学技术出版社.

王才君, 郭生练, 刘攀, 等, 2004. 三峡水库动态汛限水位洪水调度风险指标及综合评价模型研究[J]. 水科学进展, 15(3): 376-381.

王大纯, 张人权, 史毅虹, 等, 2005. 水文地质学基础[M]. 北京: 地质出版社.

王栋, 朱元生, 2002. 风险分析在水系统中的应用研究进展及其展望[J]. 河海大学学报, 30(2): 71-77.

王光远, 1990. 未确知信息及其数学处理[J]. 哈尔滨建筑工程学院学报, 23(4): 1-9.

王捷, 2012. 浅析不确定性原理的哲学内涵[J]. 中国科技纵横(21): 232.

王劲峰, 廖一兰, 刘鑫, 2010. 空间数据分析教程[M]. 北京: 科学出版社.

王金哲, 张光辉, 申建梅, 等, 2008. 地下水功能评价指标选取依据与原则的讨论[J]. 水文地质工程地质, 35(2): 76-81.

王琼, 谭秀益, 陈峻峰, 2012. 中国地下水污染现状分析及研究进展[J]. 环境科学与管理, 37(增刊 1): 52-56.

王嵩, 冯平, 李建柱, 2005. 地下水生态环境控制指标问题的研究现状[J]. 干旱区资源与环境, 19(4): 98-103.

王松云, 于红梅, 2008. 油田放射源环境风险评估[J]. 油气田地面工程, 27(12): 45-46.

王卫东, 宋庆春, 2004. 下辽河平原新近系地下水开采的动态变化特征[J]. 地质调查与研究, 27(3): 144-148.

王文圣, 张翔, 金菊良, 等, 2011. 水文学不确定性分析方法[M]. 北京: 科学出版社.

王西琴, 张艳会, 张远, 2006. 辽河流域地下水超采的生态环境效应及治理对策研究[J]. 环境科学与管理, 31(5): 84-87.

王言鑫, 2009. 基于 GIS-WOE 法的下辽河平原地下水脆弱性研究[D]. 大连: 辽宁师范大学.

王应刚, 2006. 生态失调机理与修复方法[M]. 北京: 气象出版社.

王政权, 1999. 地统计学及在生态学中的应用[M]. 北京: 科学出版社.

魏兴萍, 蒲俊兵, 赵纯勇, 2014. 基于修正 RISKE 模型的重庆岩溶地区地下水脆弱性评价[J]. 生态学报, 34(3): 589-596.

吴登定, 谢振华, 林健, 等, 2005. 地下水污染脆弱性评价方法[J]. 地质通报, 24(10-11): 1043-1047.

吴良林, 1999. 土地利用总体规划中 GIS 技术应用研究[J]. 热带地理, 19(4): 371-375.

奚旭, 孙才志, 吴彤, 等, 2016. 下辽河平原地下水脆弱性的时空演变[J]. 生态学报, 36(10): 3074-3083.

夏军, 黄国和, 庞进武, 等, 2005. 可持续水资源管理——理论·方法·应用[M]. 北京: 化学工业出版社.

谢更新, 2004. 水环境中的不确定性理论与方法研究——以三峡水库为例[D]. 长沙: 湖南大学.

邢立亭, 吕华, 高赞东, 等, 2009. 岩溶含水层脆弱性评价的 COP 法及其应用[J]. 有色金属, 61(3): 139-142.

熊大国, 1991. 随机过程理论与应用[M]. 北京: 国防工业出版社.

许传音, 2009. 基于 GIS 的鸡西市地下水脆弱性评价[D]. 长春: 吉林大学.

徐崇刚, 胡远满, 常禹, 等, 2004. 生态模型的灵敏度分析[J]. 应用生态学报, 15(6): 1056-1062.

徐建华, 2002. 现代地理学中的数学方法(第二版)[M]. 北京: 高等教育出版社.

徐明峰, 李维谦, 金春花, 等, 2005. 尖点突变模型在地下水特殊脆弱性评价中的应用[J]. 水资源保护, 21(5): 19-22.

许树柏, 1988. 实用决策方法一层次分析法原理[M]. 天津: 天津大学出版社.

徐宗学, 叶守泽, 1988. 洪水风险率 CSPPC 模型及其应用[J]. 水利学报(9): 1-9.

徐宗学, 邓永录, 1989. 洪水风险率 HSPPB 模型及其应用[J]. 水力发电学报(1): 46-55.

徐宗学, 曾光明, 1992. 洪水频率分析 HSPPC 模型应用研究[J]. 水科学进展, 3(3): 174-180.

严明疆, 张光辉, 徐卫东, 2005. 石家庄市地下水脆弱性评价[J]. 西北地质, 38(3): 105-110.

晏王波, 张晓祥, 姚静, 等, 2013. 基于 GIS 的盐城市区域发展时空特征研究[J]. 地理空间信息, 11(2): 104-110.

杨桂山, 于秀波, 李恒鹏, 等, 2004. 流域综合管理导论[M]. 北京: 科学出版社.

杨俊, 2008. 下辽河平原地区地下水脆弱性研究[D]. 大连: 辽宁师范大学.

杨庆, 栾茂田, 崇金著, 等, 1999. DRASTIC 指标体系法在大连市地下水易污性评价中的应用[J]. 大连理工大学学报, 39(5): 684-688.

杨瑞芳, 晋华, 郝晓燕, 等, 2016. 以 RISKE 改进模型对辛安泉域岩溶地下水脆弱性评价[J]. 环境科学与技术, 39(10): 170-174.

杨晓华, 杨志峰, 沈珍瑶, 等, 2004. 水资源可再生能力评价的遗传投影寻踪方法[J]. 水科学进展, 15(1): 73-76.

杨宇, 刘毅, 金凤君, 等, 2012. 天山北坡城镇化进程中的水土资源效益及其时空分异[J]. 地理研究, 31(7): 1185-1198.

杨泽元, 2004. 地表水引起的表生生态效应及其评价研究——以秃尾河流域为例[D]. 西安: 长安大学.

尹海伟, 徐建刚, 陈昌勇, 等, 2006. 基于 GIS 的吴江东部地区生态敏感性分析[J]. 地理科学, 26(1): 64-69.

于翠松, 2007. 山西省水资源系统恢复力定量评价研究[J]. 水利学报(增刊): 495-499.

于勇, 翟远征, 郭永丽, 等, 2013. 基于不确定性的地下水污染风险评价研究进展[J]. 水文地质工程地质, 40(1): 115-123.

喻光晔, 2014. 基于改进 DRASTIC 方法的淮河流域平原区浅层地下水脆弱性评价研究[D]. 南京: 南京大学.

曾光明, 杨春平, 卓利, 1994. 环境系统灰色理论与方法[M]. 北京: 中国科学技术出版社.

曾光明, 黄国和, 2002. 环境科学与工程中的不确定性理论与方法[M]. 长沙: 湖南大学出版社.

曾黄麟, 1998. 粗集理论及其应用[M]. 重庆: 重庆大学出版社.

曾庆雨, 田文英, 王言鑫, 2009. 基于复合权重-GIS 的下辽河平原地下水脆弱性评价[J]. 水利水电科技进展, 29(2): 23-26.

曾维华, 杨志峰, 蒋勇, 2001. 水资源可再生能力刍议[J]. 水科学进展, 12(2): 276-279.

曾维华, 宋永会, 姚新, 等, 2013. 多尺度突发环境污染事故风险区划[M]. 北京: 科学出版社.

翟远征, 王金生, 苏小四, 2011. 正交试验法在地下水数值模拟敏感性分析中的应用[J]. 工程勘察, 39(1): 46-50.

张保祥, 2006. 黄水河流域地下水脆弱性评价与水源保护区划分研究[D]. 北京: 中国地质大学.

张保祥, 万力, 余成, 等, 2009. 基于熵权与 GIS 耦合的 DRASTIC 地下水脆弱性模糊优选评价[J]. 现代地质, 23(1): 150-156.

张光辉, 2009. 区域地下水功能可持续性评价理论与方法研究[M]. 北京: 地质出版社.

张海波, 2007. 矿区水资源可持续利用评价指标体系的研究——以唐山为例[J]. 现代矿业, 26(3): 41-44.

张虹, 张代钧, 卢培利, 2017. 重庆市页岩气开采的浅层地下水污染风险评价[J]. 环境工程学报, 11(4): 2016-2024.

张军以, 王腊春, 苏维词, 等, 2014. 岩溶地区人类活动的水文效应研究现状及展望[J]. 地理科学进展, 33(8): 1125-1135.

张丽华, 苏小四, 孟祥菲, 等, 2014. 地下水流数值模拟参数全局灵敏度分析[J]. 中国农村水利水电(8): 92-97.

张丽君, 2006. 地下水脆弱性和风险性评价研究进展综述[J]. 水文地质工程地质, 33(6): 113-119.

张礼中, 林学钰, 张永波, 等, 2008. 基于 GIS 的区域地下水功能评价模型系统[J]. 工程勘察(4): 38-42.

张令, 2012. 大连市低碳农业发展存在的问题及发展对策[J]. 现代农业科技(22): 247-248.

张人权, 1987. 水文地质学发展的若干趋向[J]. 水文地质工程地质(2): 1-2.

张少坤, 付强, 张少东, 等, 2008. 基于 GIS 与熵权的 DRASCLP 模型在地下水脆弱性评价中的应用[J]. 水土保持研究, 15(4): 134-141.

张雪刚, 毛媛媛, 李致家, 等, 2009. 张集地区地下水易污性及污染风险评价[J]. 水文地质工程地质, 36(1): 51-55.

张妍, 李发东, 欧阳竹, 等, 2013. 黄河下游引黄灌区地下水重金属分布及健康风险评估[J]. 环境科学, 34(1): 121-128.

张艳茹, 2010. 大连市区地下水易污染性评价研究[D]. 大连: 辽宁师范大学.

赵冬艳, 2011. 大连市近 760 年降水变化特征分析[J]. 现代农业科技(6): 23-24.

赵静, 2010. 黑河流域陆地水循环模式及其对人类活动的响应研究[D]. 北京: 中国地质大学.

赵克勤, 宣爱理, 1996. 集对论——一种新的不确定性理论、方法与应用[J]. 系统工程, 14(1): 18-23.

赵清, 杨志峰, 张珞平, 等, 2007. 生态城市特征性指标的辨析及其应用[J]. 安全与环境学报, 7(2): 86-90.

赵媛, 杨足膺, 郝丽莎, 等, 2012. 中国石油资源流动源——汇系统空间格局特征[J]. 地理学报, 67(4): 455-466.

郑德凤, 王本德, 2004. 地下水库调蓄能力综合评价方法探讨[J]. 水利学报, 35(10): 56-62.

郑德凤, 苏琳, 李红英, 等, 2015. 随机模拟暴露参数的地下饮用水中污染物健康风险评价[J]. 地下水, 37(6): 87-90.

郑德凤, 孙才志, 2017. 水资源与水环境风险评价方法及其应用[M]. 北京: 中国建材工业出版社.

郑西来, 吴新利, 荆静, 1997. 西安市潜水污染的潜在性分析与评价[J]. 工程勘察(4): 22-25.

郑西来, 2009. 地下水污染控制[M]. 武汉: 华中科技出版社.

钟政林, 曾光明, 杨春平, 1996. 环境风险评价研究进展[J]. 环境科学进展, 4(6): 17-21.

周超哲, 2016. 村镇地下水脆弱性评价及其验证[D]. 长沙: 湖南大学.

周厚贵, 1988. 应用风险评审技术(VERT)进行水利工程施工风险分析的探讨[J]. 水利经济(4): 44-46.

周绍江, 2003. 突变理论在环境影响评价中的应用[J]. 人民长江, 34(2): 52-54.

周仰效, 李文鹏, 2008. 地下水质监测与评价[J]. 水文地质工程地质, 35(1): 1-11.

周宜红, 肖焕雄, 1999. 三峡工程大江截留风险决策研究[J]. 武汉水利电力大学学报, 32(1): 4-6.

周玉祥, 王志宏, 2009. 下辽河平原土地沙漠化现状调查与综合治理[J]. 防护林科技(6): 58-59.

朱静, 2014. 下辽河平原浅层地下水环境风险评价及其空间关联格局研究[D]. 大连: 辽宁师范大学.

朱菊艳, 郭海朋, 李文鹏, 等, 2014. 华北平原地面沉降与深层地下水开采关系[J]. 南水北调与水利科技, 12(3): 165-169.

祝晔, 2012. 江苏城市旅游竞争力评价及其空间差异研究[D]. 南京: 南京师范大学.

邹志红, 孙靖南, 任广平, 等, 2005. 模糊评价因子的熵权法赋权及其在水质评价中的应用[J]. 环境科学学报, 25(4): 552-556.

左海军, 2006. 下辽河平原地下水脆弱性研究[D]. 大连: 辽宁师范大学.

左丽琼, 2008. 煤矿底板突水预测的突变理论研究[D]. 石家庄: 石家庄经济学院.

AL-Zabet T, 2002. Evaluation of aquifer vulnerability to contamination potential using the DRASTIC method[J]. Environmental Geology, 43(1-2): 203-208.

Agterberg F P, 1989. Computer programs for mineral exploration[J]. Science, 245(4913): 76-81.

Agterberg F P, Bonham-Carter G F, Wright D F, 1990. Statistical pattern integration for mineral exploration[C]//Gaal G, Merriam D F, eds. Computer Applications in Resource Estimation. Oxfod: Pergamon Press:1-21. Pergamon, Oxford: 1-21.

Alaibet M, Margat J, 1970. Cartographie de la vulnerabilité a la pollution des nappes d'eau souterraine[J]. Bull BRGM, 2éme série, 3(4): 13-22.

Alberti M, 1996. Measuring urban sustainability[J]. Environmental Impact Assessment Review, 16(4-6): 381-424.

Alemaw B F, Shemang E M, Chaoka T R, 2004. Assessment of groundwater pollution vulnerability and modelling of the Kanye Wellfield in SE Botswana—a GIS approach[J]. Physics and Chemistry of the Earth, 29(15-18): 1125-1128.

Aller L, Bennett T, Lehr J H, et al., 1985. DRASTIC: a standardized system for evaluating groundwater potential using hydrogeological settings[M]. Ada Oklahoma: Environmental Research Laboratory.

Andrienko N, Andrienko G, 2006. Exploratory analysis of spatial and temporal data[M]. Berlin: Springer.

Antonakos A, Lambrakis N J, 2007. Development and testing of three hybrid methods for the assessment of aquifer vulnerability to nitrates, based on the drastic model, an example from NE Korinthia, Greece[J]. Journal of Hydrology, 333(2): 288-304.

Anselin L, 1988. Spatial econometrics: methods and models[M]. Dordrecht, The Netherlands: Kluwer.

Anselin L, 1992. Space and applied econometrics: introduction[J]. Regional and Urban Economics, 22(3): 307-316.

Anselin L, Smirnov O, 1996. Efficient algorithms for constructing proper higher order spatial lag operators[J]. Journal of Regional Science, 36(1): 67-89.

Ashkar F, Rousselle J, 1981. Design discharge as a random variable: a risk study[J]. Water Resource Research, 17(3): 577-591.

Assaf H, Saadeh M, 2009. Geostatistical assessment of groundwater nitrate contamination with reflection on DRASTIC vulnerability assessment: the case of the upper Litani Basin, Lebanon[J]. Water Resources Management, 23(4): 775-796.

Ayse M, Ahmet Y, 2006. A fuzzy logic approach to assess groundwater pollution levels below agricultural fields[J]. Environmental Monito Ring and Assessment, 118(1-3): 337-354.

Bachmat Y, Collin M L, 1990. Management-oriented assessment of groundwater vulnerability to pollution[R]. Jerusalem: Israel Hydrological Service Report.

Barber C, Otto C J, Bates L E, et al., 1996. Evaluation between land-use changes and groundwater quality in a water-supply catchment, using GIS technology: the Gwelup wellfield[J]. Hydrogeology Journal, 4(1): 6-19.

Beck M B, 1987. Water quality modeling: a review of the analysis of uncertainty[J]. Water Resources Research, 23(8): 1393-1442.

Bonham-Carter G F, Agterberg F P, Wright D F, 1990. Integration of geological datasets for gold exploration in nova scotia[J]. Photogrammetric Engineering & Remote Sensing, 54(11): 1585-1592.

Bonham-Carter G F, Agterberg F P, Wright D F, 1989. Weights of evidence modeling: A new approach to mapping mineral potential[C]//Bonham-Carter G F, Agterberg F P. Statistical Applications in the Earth Sciences. Geological Survey of Canada: 171-183.

Bonham-Carter G F, 1994. Geographic information systems for geoscientists: modelling with GIS[M]. Oxford: Pergamon Press.

Brian M, Stephen F, 2006. Assessment of groundwater pollution risk[M/OL]. https://pdfs. semanticscholar. org/84b5/ f00c4615308a34aa69d0742caa659d497605. pdf. [2010-03-10].

Burn D H, Mcbean E A, 1985. Optimization modeling of water quality in an uncertain environment[J]. Water Resource Research, 21(7): 934-940.

Caers J. Chapter 6 Geostatistics: From pattern recognition to pattern reproduction[J]. Developments in Petroleum Science, 2003, 51(3): 97-115.

Chauncey S, 1969. Social benefit versus technological risk: what is society willing to pay for safety?[J]. Science, 165(3899): 1232-1238.

Cheng Q, Agterberg F P, 1999. Fuzzy weights of evidence method and its application in mineral potential mapping[J]. Natural Resources Research, 8(1): 27-35.

Civita M V, De Maio M, 2006. Assessing groundwater contamination risk using ArcInfovia GRID function[C/OL]. http://gis. esri. com/library/userconf/proc97/to600/paper591/p591. htm. [2010-03-18].

Cliff A D, Ord J K, 1969. The problem of spatial autocorrelation[J]. Regional Science(2008): 26-55.

Cliff A D, Ord J K, 1973. Spatial Autocorrelation[M]. London: Pion.

Colbourne D, Suen K O, 2004. Appraising the flammability hazards of hydrocarbon refrigerants using quantitative risk assessment model. Part Ⅱ. model evaluation and analysis[J]. International Journal of Refrigeration, 27(7): 784-793.

Collin M L, Melloul A J, 2001. Combined land-use and environmental factors for sustainable groundwater management[J]. Urban Water, 3(3): 229-237.

Cressie N, 1993. Statistics for spatial data[M]. New York: John Wiley & Sons, Inc.

Dixon B, 2005. Applicability of neuron-fuzzy techniques in predicting ground-water vulnerability: a GIS-based sensitivity analysis[J]. Journal of Hydrology, 309(1/4): 17-38.

Dörfliger N, Zwahlen F, 1998. Practical guide, groundwater vulnerability mapping in karstic regions(EPIK). Swiss Agency for the Environment, Forests and Landscape(SAEFL)[Z]. Bern.

Dong-il S, 1994. 水质模型不确定性的一种新定量方法[C]//给水与废水处理国际会议论文集. 北京: 中国建筑工业出版社.

Foster S S D, Hirata R, 1988. Groundwater pollution risk assessment-a methodology using available data[R]. Lima, Peru: Pan American Center for Sanitary Engineering and Environmental Sciences(CEPIS).

Foster S S D, Skinner A C, 1995. Groundwater protection: the science and practice of land surface zoning[J]. Hydrological Sciences Journal, 225: 471-482.

Freeze A, 1975. A stochastic-conceptual analysis of one-dimensional groundwater flow in nonuniform homogeneous media[J]. Water Resources Research, 11(5): 725-741.

Fred W, Dnaa K, 2004. Aquifer vulnerability to pesticide pollution-combining soil, land-use and aquifer properties with molecular descriptor[J]. Journal of Hydrology, 293(1-4): 191-204.

Geary R C, 1954. The contiguity ratio and statistical mapping[J]. The Incorporated Statistician, 5(3): 115-145.

Getis A, Ord J K, 1992. The analysis of spatial association by use of distance statistics[J]. Geographical Analysis, 24(3): 189-206.

Gogu R C, Dassargues A, 2000. Current trends and future challenges in groundwater vulnerability assessment using overlay and index methods[J]. Environmental Geology, 39(6): 549-559.

Goovaerts P, 1997. Geostatistics for natural resources evaluation[M]. New York: Oxford University Press.

Griffith D A, 1987. Spatial auto correlation: a primer[R]. Washington D. C.: Association of American Geographers.

Griffith D A, 1995. Some guidelines for specifying the geographic weights matrix contained in spatial statistical models[M]. Boca Raton: CRC Press.

Gunderson L H, Houing C S, 2002. Panarchy: understanding transformations in human and naturesystems[M]. Washington D. C.: Island Press.

Hashimoto T, Stedinger J R, Loucks D P, 1982. Reliability, resiliency and vulnerability criteria for water resources system performance evaluation[J]. Water Resources, 18(1): 14-20.

Hammerlinck J D, Arneson C S, 1998. Wyoming ground water vulnerability assessment handbook[M]. Latamie: University of Wyoming.

Harris J R, Wilkinson L, Heather K, et al., 2001. Application of GIS processing techniques for producing mineral prospectivity maps-a case study: mesothermal Au in the Swayze Greenstone Belt, Ontario, Canada[J]. Natural Resources Research, 10(2): 91-124.

Holling C S, 1973. Resilience and stability of ecological systems[J]. Annual Review of Ecology and Systematics, 7(4): 1-23.

Huang G H, 1994. Grey mathematical programming and its application to municipal solid waste management planning[D]. Hamilton: McMaster University.

Insaf S, Babiker, 2005. A GIS-based DRASTIC model for assessing aquifer vulnerability in Kakamigahara Heights, Gifu Prefecture, central Japan[J]. Science of the Total Environment, 345(2005): 127-140.

Jaroslav V, Axlexander J, 1994. The guide book on mapping groundwater vulnerability(IAH Contribution to Hydrogeology 16)[M]. Hannover: AA Balkma.

Journel A G, Huijbregts C J, 1978. Mining Geostatistics[M]. London: Academic Press.

Kemp L D, Bonham-Carter G F, Raines G L, et al., 2001. Arc-SDM: ArcView extension for spatial data modelling using weights of evidence, logistic regression, fuzzy logic and neural network analysis[J/OL]. http://ntserv.gis.nrcan.gc.ca/sdm.

Mackay D M, Roberts P V, Cherry J A, 1985. Transport of organic contaminants in groundwater[J]. Environmental Science and Technology, 19(5): 384-392.

Maged M, Joel P, Philip B, 1995. Probabilistic screening tool for groundwater contamination assessment[J]. Journal of Environmental Engineering, 121(11): 767-775.

Margat J, 1968. Ground water vulnerability to contamination[R]. Orleans: France BRGM.

Marta S, Montse M, Alex X, 2001. The use of Monte-Carlo simulation techniques for risk assessment: study of a municipal waste incinerator[J]. Chemosphere, 43(2): 787-799.

Martin L C, Abraham J M, 2001. Combined land-use and environmental factors for sustainable groundwater management[J]. Urban water, 3(2001): 229-237.

McKone T E, Bogen K T, 1991. Predicting the uncertainties in risk assessment[J]. Environmental Science and Technology, 25(10): 1674-1681.

Melching, Charls S, Yoon C G, 1996. Key sources of uncertainty in QUAL2E model of Passaic River[J]. Journal of Water Resources Planning and Management, 122(2): 105-113.

Michael R B, Burkart, Dana W K, et al., 1999. Assessing groundwater vulnerability to agrichemical contamination in the Midwest U S[J]. Water Science Technology, 39(3): 103-112.

Moran P A P, 1950. Notes on Continuous Stochastic Phenomena[J/OL]. Biometrika, 37(1-2), 17-23. [2018-2-15]. https://dds.cepal.org/infancia/guide-to-estimating-child-poverty/bibliografia/capitulo-IV/Moran%20Patrick%20A%20P%20(1950)%20Notes%20on%20continuous%20stochastic%20phenomena.pdf.

Morris B, Foster S, 2006. Assessment of groundwater pollution risk[M/OL]. [2011-2-20]. http://www.lnweb18.Worldbank.org/essd/ essd. nsf.

Mustafa A K, Ali E, Nezar H, 2006. Vulnerability mapping of shallow groundwater aquifer using SINTACS model in the Jordan Valley area, Jordan[J]. Environmental Geology, 50(5): 651-667.

Navulur K C S, 1996. Groundwater vulnerability evaluation to nitrate pollution on a regional scale using GIS[D]. West Lafayette: Purdue University.

Nazar A M, Hall W A, Albertson M L, 1981. Risk avoidance objective in water resources[J]. Journal of the Water Resources Planning & Management Division, 107: 201-209.

Noss R F, 2000. High risk ecosystems as foci for considering biodiversity and ecological integrity ecological risk assessments[J]. Environmental Science and Policy, 3(6): 321-332.

Nico G, 2005. Karst groundwater vulnerability mapping: application of a new method in the Swabian Alb, Germany[J]. Hydrogeology Journal, 13(4): 555-564.

Olmer M, Rezac B, 1974, Methodical principles of maps for protection of groundwater in Bohemia and Moravia, scale 1/200, 000[J]. IAH, 10(1): 105-107.

O'Loughlin J, Paradis G, Renaud L, et al., 1998. One-year predictors of smoking initiation and of continued smoking among elementary school children in multiethnic、low-income、inner-city neighbourhoods[J]. Tobacco Control, 7(3): 268-275.

Ord J, Getis A, 1995. Local spatial autocorrelation statistics: Distributional issues and application[J]. Geogranal, 27(4): 286-306.

Ord K, 1975. Estimation method for models of spatial interaction[J]. Journal of American Statistical Association, 70(349): 102-126.

Panagopoulos G P, 2005. Optimization of the DRASTIC method for groundwater vulnerability assessment via the use of simple statistical methods and GIS[J]. Hydrogeology Journal, 14(6): 894-911.

Palmquist R B, Roka F M, Vukina T, 1991. Hog operations, environmental effects, and residential property values[J]. Land Economics, 73(1): 14-24.

Pawlak Z, 1997. Rough set approach to Knowledge-based decision support[J]. European Journal of Operational Research, 99(1): 48-57.

Porwal A, Carranza E J M, Hale M, 2006. A hybrid fuzzy weights-of-evidence model for mineral potential mapping[J]. Natural Resources Research, 15(1): 1-13.

Poston T, Ian Stewant, 1978. Catastrophe theory and application[M]. Lord: Pitchman.

Raines G L, 1999. Evaluation of weights of evidence to predict epithermal-gold deposits in the great basin of the western United States[J]. Natural Resources Research, 8(4): 257-276.

Ranjan K D, Shuichi H, Atsuko N M Y, et al., 2008. GIS-based weights-of-evidence modeling of rainfall-induced landslides in small catchments for landslide susceptibility mapping[J]. Environmental Geology, 54(2): 311-324.

Ronald E G, Robert E Y, 1997. A parametric representation of fuzzy numbers and their arithmetic operators[J]. Fuzzy Sets and Systems, 91(2): 185-202.

Sappa G S, Vitale, 2001. Groundwater protection: contribution from Italian ecperence[R]. Polish: Ministry of the environment.

Schabenberger O, Gotway C A, 2005. Statistical Methods for Spatial Data Analysis[M]. New York: Chapman & Hall/CRC.

Secunda S, Collin M L, 1998. Groundwater vulnerability assessment using a composite model combining DRASTIC with extensive agricultural land use in Isreal's Sharon region[J]. Journal of Environmental Management, 54(1): 39-57.

Serageldin I, 1995. Towards sustainable management of water resource[R]. Washington D. C.: The World Bank.

Singer H, 1998. Continuous panel models with time dependent parameters[J]. Journal of mathematics Sociology, 23(2): 77-98.

Stephen F, Ricardo H, Daniel G, et al., 2002. Groundwater Quality Protection, a guide for water utilities, municipal authorities, and environment agencies[R]. Washington D. C.: The World Bank.

Soile T, Vesa N, Jouni L, et al., 2007. Classification of soil groups using weights-of-evidence-method and RBFLN-Neural nets[J]. Natural Resources Research, 16(2): 159-169.

Thirumalaivasan D, Karmegam M, Venugopal K, 2003. AHP-DRASTIC: software for specific aquifer vulnerability assessment via the use of simple statistical methods and GIS[J]. Hydrogeology Journal, 14(6): 894-911.

Tiefelsdorf M, 1995. The exact distribution of Moran's I[J]. Environment and Planning A, 27(6): 985-999.

Tim U S, Jain D, Liao H, 1996. Interactive modeling of groundwater vulnerability within a geographic information system environment[J]. Ground Water, 34(4): 618-627.

Tobler W, 1970. A computer movie simulating urban growth in the detroit region[J]. Economic Geography, 46(2): 234-240.

Todorovic P, Zelenhasic E, 1970. A stochastic model for flood analysis[J]. Water Resource Research, 6(6): 1641-1648.

Todorovic P, Rousselle J, 1971. Some problems of flood analysis[J]. Water Resource Research, 7(5): 1144-1150.

USEPA, 1986. Guidelines for Carcinogen Risk Assessment[J]. Federal Register, 51(185): 33992-34003.

USEPA, 1988. Proposed Guidelines for Female Reproductive Risk[R]. Washington D. C.

USEPA, 1989. Risk assessment guidance for superfund volume I: human health evaluation manual(Part A)[R]. Interim final.

USEPA, 1992. Framework for ecological risk assessment[R]. Washington D. C.

USEPA, 1994. Revised interim soil lead guidance for CERCLA sites and RCRA corrective action facilities[R]. Washington D. C.: OSWER Directive.

USEPA, 1998. Guidelines for ecological risk assessment[J]. Federal Register, 63(93): 26846-26924.

van Stempvoort D, Evert L, Wassenaar L, 1993. Aquifer vulnerability index: a GIS compatible method for groundwater vulnerability mapping[J]. Canadian Water Resources Journal, 18(1): 25-37.

Varnes D J, 1984. Commission on landslides and other mass-movement-IADE landslide hazard zonation: A review of principles and practices[M]. Paris: the UNESCO Press.

Wade M, Katebi R, 2002. Data mining and knowledge extraction in wastewater treatment plants[C]// Iee Seminar Developments in Control Systems in the Water Industry. 2002.

Willett A H. 1901. The economic theory of risk and insurance[M]. New York: Columbia University Press.

Tsai W T, 2005. Environment risk assessment of hydrofluoroethers[J]. Journal of Hazardous Materials, 119(7): 69-78.

Yen B C, 1970. Risks in hydrologic design of engineering projects[J]. Journal of the Hydraulics Division, 96(4): 959-966.

Yen B C, Ang A H S, 1971. Risk analysis in design of hydraulic projects[C]//Chiu C L, eds. Proc Ist Inter Sympo on Stocha Hydrau. Pittsburg: University of Pittsbueg: 694-709.

Zadeh L A, 1965. Fuzzy sets[J]. Information and Control, 8(3): 338-353.

Zahiri H, Palamara D R, Flentje P, et al., 20p06. A GIS-based Weights-of-Evidence model for mapping cliff instabilities associated with mine subsidence[J]. Environmental Geology, 51(3): 377-386.

彩　图

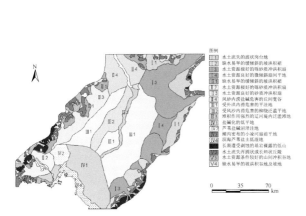

图 2-3　下辽河平原地貌图

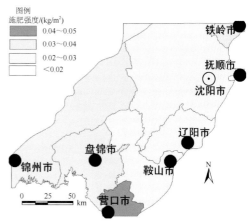

图 5-4　施肥强度分布图

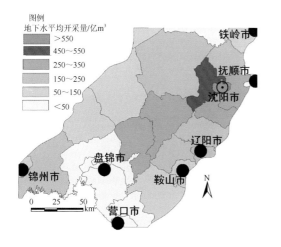

图 5-5　地下水平均开采量分布图

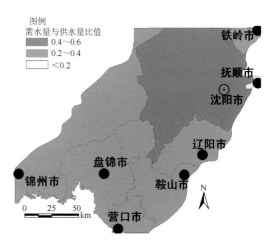

图 5-6　需水量与供水量比值分布图

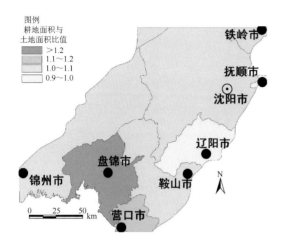

图 5-7　耕地面积与土地面积比值分布图

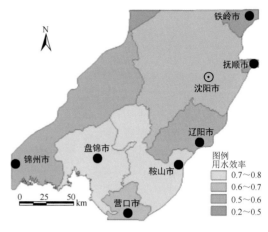

图 5-8　用水效率分布图

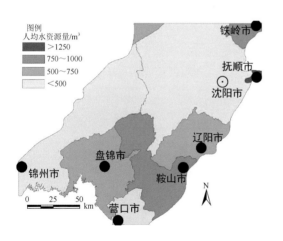

图 5-9　人均水资源量分布图

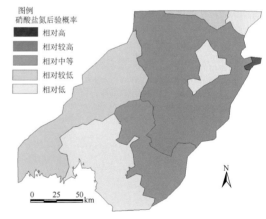

图 5-11　下辽河平原区地下水硝酸盐氮后验概率分

布图

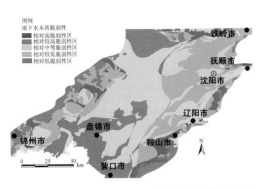

图 5-12　下辽河平原区地下水本质脆弱性分布图

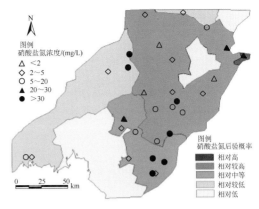

图 5-13　下辽河平原区地下水硝酸盐氮后验概率分布及 2005 年监测井硝酸盐氮浓度水平分布图

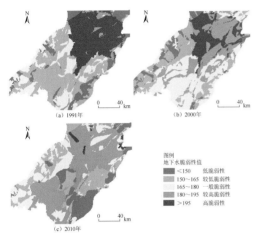

图 6-1　下辽河平原 1991 年、2000 年与 2010 年地下水脆弱性分布

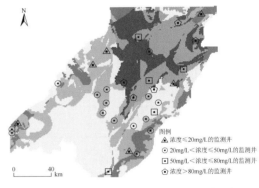

图 6-2　下辽河平原多年平均地下水脆弱性分布及氮元素浓度水平对应图

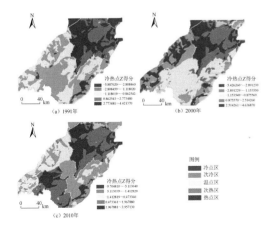

图 6-5　下辽河平原 1991 年、2000 年与 2010 年地下水脆弱性热冷点分布图

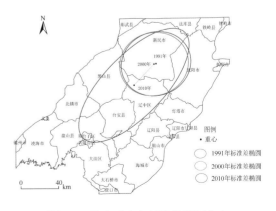

图 6-6　热点重心与标准差椭圆分布

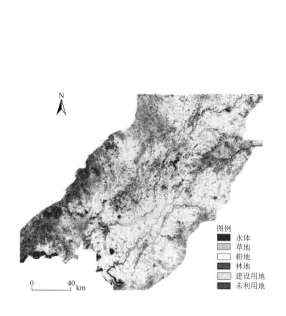

图 6-8　下辽河平原土地利用类型

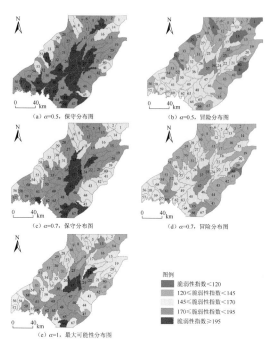

图 6-11　下辽河平原地下水脆弱性软区划分布图

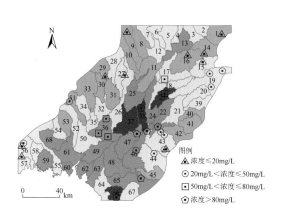

图 6-12　监测点及氮元素浓度对应分布图

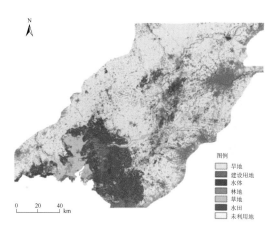

图 7-1　下辽河平原土地利用类型

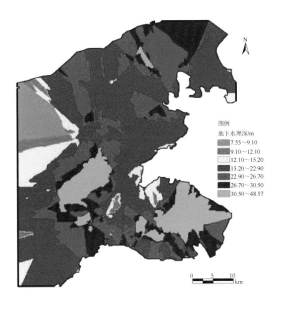

图 8-6　大连市地下水埋深评分图

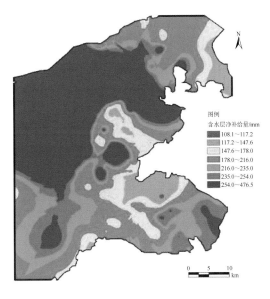

图 8-7　大连市含水层净补给量评分图

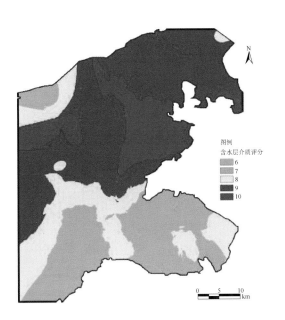

图 8-8　大连市地下水含水层介质评分图

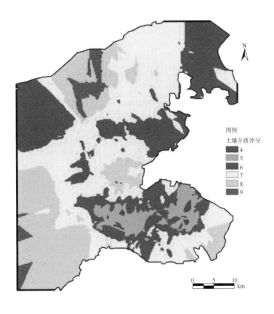

图 8-9　大连市土壤介质评分图

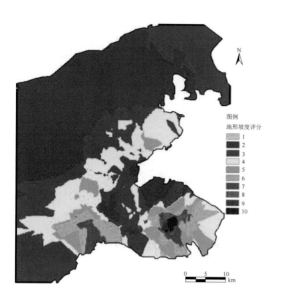

图 8-10　地下水脆弱性地形坡度评分图

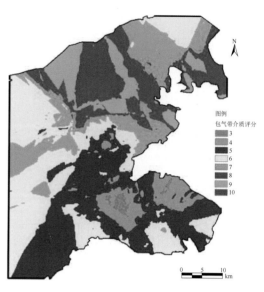

图 8-11　地下水脆弱性包气带介质类型评分图

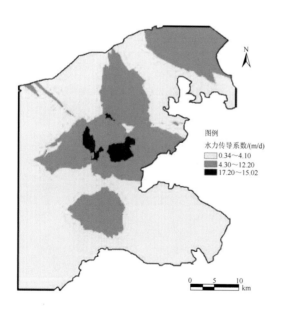

图 8-12　含水层水力传导系数评分图

图 8-13　基于熵权法的地下水脆弱性评价分区图

图 8-17　大连市地下水水质污染等级分布图

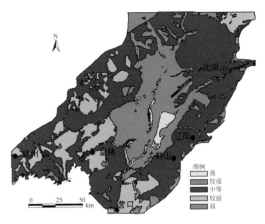

图 11-4　下辽河平原地下水系统本质恢复力
评价等级划分图

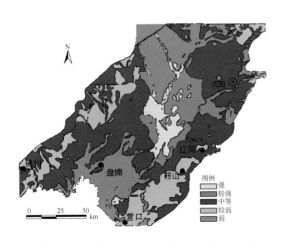

图 11-6　下辽河平原地下水系统综合恢复力
评价等级划分图

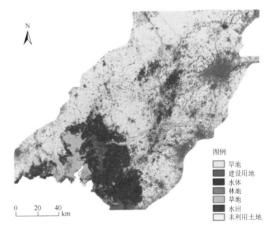

图 12-1　下辽河平原土地利用类型图

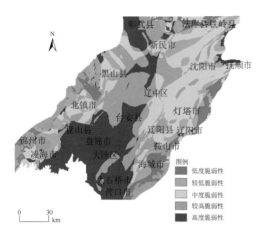

图12-2　下辽河平原浅层地下水本质脆弱性图

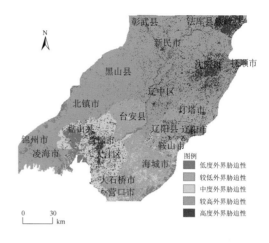

图12-3　下辽河平原浅层地下水外界胁迫性图

图12-4　下辽河平原浅层地下水价值功能性图

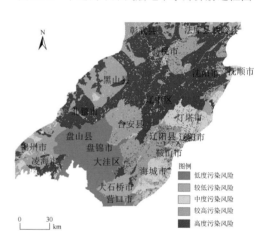

图12-5　下辽河平原浅层地下水污染风险图

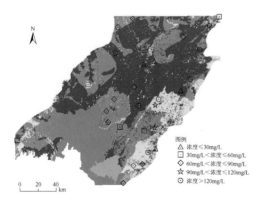

图12-6　下辽河平原地下水污染风险与氮元素
浓度水平对应图

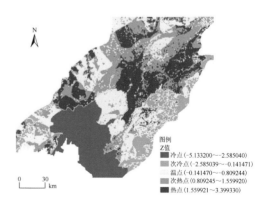

图12-8　下辽河平原浅层地下水污染风险空间
热点分布图